江苏省高等学校重点教材（编号：2021-2-124）
现代制造工程训练系列教材

# 工程训练与创新实践

主　编　徐　锋　张　庆
副主编　高　珏　王化明

电子工业出版社
Publishing House of Electronics Industry
北京·BEIJING

## 内 容 简 介

本书共12章，阐述了机械工程的相关基础知识、现代设计方法、机械制造工艺技术及智能制造技术等。本书内容既包含了车削、铣削、磨削、钳工等传统制造方法，又包含了数控加工、特种加工、快速成型、工业测量、机电一体化、工业机器人和智能制造等先进制造工艺，还介绍了智造金工锤、势能小车设计与制作、跨障越野机器人的设计、创意陶瓷花器的设计等创新实践综合案例。本书部分内容配有视频，扫描书中相应二维码即可观看。

本书适合于高等院校工程训练和创新实践类课程教学，也可供技术人员参考和使用。

未经许可，不得以任何方式复制或抄袭本书之部分或全部内容。
版权所有，侵权必究。

图书在版编目（CIP）数据

工程训练与创新实践 / 徐锋，张庆主编．—北京：电子工业出版社，2023.4
ISBN 978-7-121-45370-0

Ⅰ．①工… Ⅱ．①徐… ②张… Ⅲ．①机械工程－高等学校－教材 Ⅳ．①TH

中国国家版本馆 CIP 数据核字（2023）第 060561 号

责任编辑：杜　军　　　　　　特约编辑：田学清
印　　刷：三河市鑫金马印装有限公司
装　　订：三河市鑫金马印装有限公司
出版发行：电子工业出版社
　　　　　北京市海淀区万寿路 173 信箱　　　邮编：100036
开　　本：787×1092　1/16　印张：20　字数：525 千字
版　　次：2023 年 4 月第 1 版
印　　次：2023 年 4 月第 1 次印刷
定　　价：52.00 元

凡所购买电子工业出版社图书有缺损问题，请向购买书店调换。若书店售缺，请与本社发行部联系，联系及邮购电话：(010) 88254888，88258888。
质量投诉请发邮件至 zlts@phei.com.cn，盗版侵权举报请发邮件至 dbqq@phei.com.cn。
本书咨询联系方式：dujun@phei.com.cn。

# 前 言

在"新工科建设"背景下，本书为适应高校教学"新基建"要求，进一步提高创新性人才培养质量，满足机械工程、电子、自动化、计算机等专业多学科交叉培养的需求，在总结了工程训练多年教学研究与实践经验的基础上编写完成。

本书以培养智能制造领域的高素质复合型人才的核心能力为主线，按照通俗易懂、循序渐进的原则选择内容，在编写中力求做到"理论先进，内容实用，操作性强，学以致用"。书中系统全面地阐述了现代制造工程的产品设计、加工制造、机电控制等方面的基础知识和基本技能，体现了工程训练的基础性和实践性；同时，本书引入了工业机器人、智能制造等较新的制造发展成果，注重工业技术与信息技术的融合，满足一流课程的"高阶性、创新性和挑战度"的要求。本书突出"案例导向"的教学特点，创编了面向智能制造的工程训练项目、赛课融合和科教融合的学生创新实践等内容，重视理论教学、工程训练及创新实践的深度融合，实现"知识、能力、实践、创新"一体化培养。此外，本书依托江苏省一流本科课程（线上）"工程训练"，以视频、慕课等新形态立体化形式呈现，可实现"教材+微课+慕课+SPOC+教学"有机融合。

本书由徐锋、张庆担任主编，高珏、王化明担任副主编，第 1 章由吕常魁、张庆负责编写，第 2、4 章由高珏、徐锋负责编写，第 3、7 章由刘润、吕常魁负责编写，第 5、8 章由葛旺、陈春阳负责编写，第 6、10 章由王恒厂、王化明负责编写，第 9 章由黄娟负责编写，第 11 章由张文艺、徐锋负责编写，第 12 章由葛旺、黄娟、高珏、许玲负责编写。

本书的编写和出版得到了南京航空航天大学教务处、南京航空航天大学公共实验教学部、电子工业出版社的大力支持和帮助，在此谨表示衷心感谢。

限于编者水平，书中难免有欠妥之处，恳请读者指正并将问题反馈给我们，以便再版时修改完善。

编 者<br/>
2023 年 1 月

# 目 录

**第 1 章 绪论** ·········································································································· 1
1.1 工程与现代制造工程 ··················································································· 1
1.2 工程能力培养框架 ······················································································ 5
1.3 新工科背景下工程训练课程的基本特征 ····················································· 6
1.4 项目式创新实践 ·························································································· 8
1.5 教材框架结构 ····························································································· 9

**第 2 章 产品设计** ································································································· 11
2.1 概述 ········································································································· 11
2.2 CAD 技术 ································································································ 12
    2.2.1 CAD 技术的含义 ············································································ 12
    2.2.2 CAD 系统的构成 ············································································ 12
    2.2.3 CAD 技术的特点 ············································································ 12
    2.2.4 CAD 常用软件 ················································································ 13
    2.2.5 CAD 产品设计的一般流程 ······························································ 13
    2.2.6 CAE 技术 ······················································································· 14
2.3 CAD 设计案例 ························································································· 15
    2.3.1 简单零件建模案例 ········································································· 15
    2.3.2 台钻部件装配案例 ········································································· 18
2.4 逆向设计 ·································································································· 21
    2.4.1 逆向工程的概念和应用领域 ··························································· 21
    2.4.2 逆向设计的工作流程 ····································································· 21
    2.4.3 叶轮逆向设计案例 ········································································· 22
2.5 3D 打印技术 ···························································································· 24
    2.5.1 3D 打印技术原理和工艺 ································································ 24
    2.5.2 飞机模型 3D 打印案例 ·································································· 25
思考题 ················································································································ 28

# 第3章 材料成型及热处理 ... 29

## 3.1 工程材料基础 ... 29
### 3.1.1 金属材料 ... 29
### 3.1.2 非金属材料 ... 33

## 3.2 铸造 ... 39
### 3.2.1 铸造的概念和特点 ... 39
### 3.2.2 砂型铸造 ... 39
### 3.2.3 熔模铸造 ... 42
### 3.2.4 戒指铸造案例 ... 42

## 3.3 焊接 ... 45
### 3.3.1 焊接的概念和特点 ... 45
### 3.3.2 焊接方法 ... 45
### 3.3.3 四轴自动激光焊接机焊接案例 ... 49

## 3.4 金属热处理与表面处理 ... 51
### 3.4.1 金属热处理 ... 51
### 3.4.2 钢的表面热处理和化学热处理 ... 53

## 思考题 ... 55

# 第4章 切磨削加工 ... 57

## 4.1 车削加工 ... 57
### 4.1.1 车削加工的概念 ... 57
### 4.1.2 常用车床 ... 58
### 4.1.3 车刀 ... 60
### 4.1.4 工件安装 ... 63
### 4.1.5 车床操作基础 ... 66
### 4.1.6 车削加工基本方法 ... 68
### 4.1.7 榔头柄车削加工案例 ... 76

## 4.2 铣削加工 ... 76
### 4.2.1 铣削加工的概念 ... 76
### 4.2.2 常用铣床 ... 77
### 4.2.3 铣刀 ... 78
### 4.2.4 工件安装 ... 80
### 4.2.5 铣削加工基本方法 ... 83

## 4.3 磨削加工 ... 88
### 4.3.1 磨削加工的概念 ... 88
### 4.3.2 常用磨床 ... 89
### 4.3.3 砂轮 ... 90

4.3.4　磨削加工基本方法 …… 92
4.4　其他常见切磨削加工方法 …… 95
思考题 …… 96

## 第5章　数控加工 …… 97

5.1　概述 …… 97
　　5.1.1　数字机床 …… 97
　　5.1.2　数控机床发展历程 …… 97
　　5.1.3　数控机床发展趋势 …… 98
5.2　数控加工基础知识 …… 99
　　5.2.1　数控机床组成及原理与坐标系 …… 99
　　5.2.2　数控机床分类 …… 102
　　5.2.3　数控机床特点及加工范围 …… 104
　　5.2.4　数控机床编程概述 …… 105
5.3　数控车削加工 …… 109
　　5.3.1　数控车床的结构、分类和特点 …… 109
　　5.3.2　数控车床编程特点及基本指令 …… 111
5.4　数控铣削加工 …… 114
　　5.4.1　数控铣床工作原理和组成 …… 115
　　5.4.2　数控铣床的加工范围和特点 …… 116
　　5.4.3　数控铣削刀具的选用 …… 119
　　5.4.4　数控铣床基本指令 …… 119
　　5.4.5　数控系统介绍 …… 125
　　5.4.6　加工中心的软件功能 …… 128
　　5.4.7　加工中心的基本操作 …… 129
5.5　CAM/DNC技术 …… 131
　　5.5.1　CAM技术的概念和常用软件 …… 131
　　5.5.2　CAM系统功能与基本操作 …… 133
　　5.5.3　CAM系统的应用 …… 138
　　5.5.4　数控程序的输出与DNC技术 …… 142
5.6　数控加工编程案例 …… 145
　　5.6.1　数控车床编程案例 …… 145
　　5.6.2　数控铣床编程案例 …… 146
思考题 …… 151

## 第6章　钳工与钣金 …… 153

6.1　概述 …… 153

## 6.2 钳工常用工具和设备 ... 153
### 6.2.1 钳工常用工具 ... 153
### 6.2.2 钳工常用设备 ... 154
## 6.3 钳工基本操作 ... 155
### 6.3.1 划线 ... 155
### 6.3.2 锯削 ... 160
### 6.3.3 锉削 ... 164
### 6.3.4 钻孔、扩孔、锪孔、铰孔 ... 166
## 6.4 钳工装配工艺 ... 174
### 6.4.1 装配工艺过程 ... 175
### 6.4.2 典型零件的装配 ... 176
## 6.5 传动机构装配案例 ... 179
## 6.6 钣金 ... 180
### 6.6.1 下料 ... 180
### 6.6.2 弯曲 ... 181
### 6.6.3 滚弯原理及工艺 ... 183
### 6.6.4 放边 ... 184
### 6.6.5 收边 ... 184
### 6.6.6 拔缘 ... 185
### 6.6.7 拱曲 ... 185
### 6.6.8 卷边 ... 186
### 6.6.9 咬缝种类和应用 ... 186
### 6.6.10 校正 ... 187
## 思考题 ... 188

# 第7章 特种加工
## 7.1 概述 ... 189
### 7.1.1 特种加工的产生和发展 ... 189
### 7.1.2 特种加工的分类 ... 190
### 7.1.3 特种加工技术的发展趋势 ... 190
## 7.2 电火花加工 ... 191
### 7.2.1 电火花加工原理、特点和分类 ... 191
### 7.2.2 电火花线切割 ... 194
### 7.2.3 电火花成型加工 ... 197
## 7.3 电化学加工 ... 198
### 7.3.1 电化学加工的基本原理 ... 198
### 7.3.2 电化学加工的分类 ... 199

  7.3.3 电解加工 ································· 199

7.4 激光加工 ······································· 200
  7.4.1 激光加工的基本原理和特点 ······ 200
  7.4.2 激光加工的基本设备 ·················· 202
  7.4.3 激光加工的应用 ························ 202
  7.4.4 机器人激光加工 ························ 203

7.5 高能水射流加工 ··························· 207
  7.5.1 高能水射流加工的发展 ············ 207
  7.5.2 磨料水射流加工的基本原理 ····· 207
  7.5.3 磨料水射流加工的应用 ············ 208

思考题 ···················································· 210

## 第8章　零件检测技术 ···························· 211

8.1 概述 ··············································· 211
  8.1.1 检测的定义 ······························ 211
  8.1.2 测量的基本概念 ························ 212

8.2 测量方法和仪器 ··························· 212
  8.2.1 测量方法的分类 ························ 212
  8.2.2 常用测量仪器的分类 ················· 213
  8.2.3 测量仪器的基本计量参数 ·········· 213

8.3 常用测量仪器的使用、维护 ······· 213
  8.3.1 游标卡尺 ·································· 213
  8.3.2 外径千分尺 ······························ 215
  8.3.3 百分表 ····································· 217

8.4 三坐标测量机 ······························ 218
  8.4.1 三坐标测量机的功能 ················· 218
  8.4.2 三坐标测量机的工作原理和组成结构 ······ 219

8.5 白光干涉仪 ··································· 220

思考题 ···················································· 222

## 第9章　机电系统 ···································· 223

9.1 机电技术简介 ······························ 223
  9.1.1 机电技术概述 ·························· 223
  9.1.2 机电产品 ································· 223
  9.1.3 机电技术发展 ·························· 223

9.2 机械系统 ······································· 224
  9.2.1 机械系统的组成 ······················· 224

9.2.2　常用基本机械机构 ……………………………………………………………… 224
9.3　驱动系统 ………………………………………………………………………………… 226
　　9.3.1　电动驱动系统 …………………………………………………………………… 227
　　9.3.2　气压驱动系统 …………………………………………………………………… 228
9.4　控制系统 ………………………………………………………………………………… 229
　　9.4.1　控制系统的概念 ………………………………………………………………… 229
　　9.4.2　ROBO TXT 控制器 ……………………………………………………………… 230
　　9.4.3　ROBO Pro 编程软件简介 ………………………………………………………… 231
9.5　检测系统 ………………………………………………………………………………… 232
　　9.5.1　检测系统的概念和组成 …………………………………………………………… 232
　　9.5.2　常用传感器 ………………………………………………………………………… 233
思考题 …………………………………………………………………………………………… 235

# 第 10 章　工业机器人 …………………………………………………………………………… 236

10.1　概述 …………………………………………………………………………………… 236
10.2　工业机器人的定义与发展 …………………………………………………………… 237
10.3　工业机器人的组成与分类 …………………………………………………………… 238
　　10.3.1　工业机器人组成 ………………………………………………………………… 238
　　10.3.2　工业机器人技术参数 …………………………………………………………… 239
　　10.3.3　工业机器人分类 ………………………………………………………………… 240
10.4　工业机器人编程 ……………………………………………………………………… 241
　　10.4.1　库卡机器人编程指令 …………………………………………………………… 242
　　10.4.2　库卡机器人程序结构 …………………………………………………………… 246
　　10.4.3　数据的存储类型 ………………………………………………………………… 247
10.5　库卡工业机器人操作 ………………………………………………………………… 247
　　10.5.1　示教器 smartPAD 的介绍 ……………………………………………………… 247
　　10.5.2　示教器 smartPAD 的使用介绍 ………………………………………………… 248
　　10.5.3　库卡机器人示教器操作界面的功能认知与使用 ……………………………… 248
　　10.5.4　库卡机器人坐标系 ……………………………………………………………… 251
　　10.5.5　库卡机器人编程 ………………………………………………………………… 252
思考题 …………………………………………………………………………………………… 254

# 第 11 章　智能制造系统 ………………………………………………………………………… 255

11.1　智能制造和智能制造系统 …………………………………………………………… 255
　　11.1.1　智能制造 ………………………………………………………………………… 255
　　11.1.2　智能制造技术 …………………………………………………………………… 255
　　11.1.3　智能制造系统概述 ……………………………………………………………… 255

## 11.2 智能制造系统体系结构与关键技术·················256
### 11.2.1 智能制造标准化参考模型·················256
### 11.2.2 智能制造标准体系结构·················257

## 11.3 智能工厂·················263
### 11.3.1 智能工厂的典型场景·················263
### 11.3.2 智能工厂的特点·················264
### 11.3.3 智能工厂的典型网络结构·················265

## 11.4 应用实例——直升机旋翼系统制造智能工厂·················271
### 11.4.1 案例基本情况·················271
### 11.4.2 案例系统介绍·················272

## 思考题·················274

# 第12章 创新实践综合案例·················275

## 12.1 智造金工锤·················275
### 12.1.1 项目任务·················275
### 12.1.2 制作锤手柄套·················275
### 12.1.3 制作锤柄·················277
### 12.1.4 制作锤头·················278
### 12.1.5 激光打标·················279

## 12.2 势能小车设计与制作·················281
### 12.2.1 项目任务·················281
### 12.2.2 势能小车理论模型设计·················283
### 12.2.3 势能小车结构模型设计·················289
### 12.2.4 势能小车制造工艺与经济性分析·················290
### 12.2.5 势能小车调试与验证·················296

## 12.3 跨障越野机器人的设计·················298
### 12.3.1 项目任务·················298
### 12.3.2 机器人功能分解·················299
### 12.3.3 机器人功能原理分析·················299
### 12.3.4 机器人运动方案设计·················300
### 12.3.5 机器人控制方案设计·················301

## 12.4 创意陶瓷花器的设计·················303
### 12.4.1 项目任务·················303
### 12.4.2 项目分析·················304

## 思考题·················306

# 参考文献·················307

# 第 1 章

# 绪论

"科学家研究已有的世界，工程师创造未来的世界"
——冯·卡门

## 1.1 工程与现代制造工程

　　工程泛指人类为满足社会需求，应用科学技术与数学知识，实现自然资源向技术系统转化的实践活动。这些活动通常包括工程的论证与决策、规划与设计、实施、运营与维护等环节。工程活动所产生的技术系统应具有一定的使用价值或经济价值，如建筑、机床、家电、软件、商业运营模式等，它们都是工程活动产生的技术系统，即工程成果。人们将在某一领域的长期工程活动中解决各种工程问题所应用的科学知识、工程技术、工程经验予以总结，形成了较为完整的知识体系，用于指导该领域的工程实践活动，这样就形成了工程学科，如机械工程、材料科学与工程、电气工程、计算机科学与技术、控制科学与工程、矿业工程、生物医学工程等。

　　工程与科学在概念上有着一定的区别。科学是人类探索、研究自然规律与社会规律的知识体系的总称，研究对象往往是未知领域，研究立题源于好奇心、兴趣或工程问题。现代科学体系分为自然科学和社会科学，自然科学研究物质世界，而社会科学研究人类与社会。科学研究具有主动性、自由性的特点，注重理论抽象和规律挖掘，科学理论从实践中获得，又用以指导实践。工程则是社会发展的直接需求，要更多考虑经济、产业发展，目的简单明确。工程是基于已有科学理论的具体应用，可以说是改造世界的过程。工程实施往往需要应用多门学科的综合知识，具有一定的复杂性和艰巨性。科学理论是工程的基础支撑，而工程也在推动科学理论的发展，工程实施过程中往往会产生新的科学问题，促生新的科学研究，二者相辅相成。

　　工程具有社会性、创造性、综合性、伦理约束性、科学性与经验性等基本特征。因为工程的目的是服务人类与社会，为社会创造价值和财富，所以工程实践必然受到社会政治、经济、文化的制约。工程实践综合应用科学与技术，解决系列工程问题，创造出工程成果、社会效益和经济效益。工程实施往往需要多学科交叉的知识与技术的支撑，同时要综合考虑经济、法律、人文等因素，以保证获得最优工程产出。工程的顺利实施以遵循科学规律为基本前提，同时要求工程师具备较为丰富的相关领域实践经验。由于工程以增进人类福祉为目标，因此为了确保工程产出用于造福人类而不是摧毁人类，工程应用必须受到道德与工程伦理的约束。

工程由工程项目组成。美国项目管理协会（Project Management Institute，PMI）出版的《项目管理知识体系》（Project Management Body Of Knowledge，PMBOK）中，对项目的定义：项目是为创造独特的产品、服务或成果而进行的临时性工作。项目具有明确的目标，受质量、成本、时间、资源、规范等因素的约束，具有一次性、临时性的特点和明确的时间节点要求。项目实施一般需要建立项目组织，项目结束后组织解散。一款新产品的开发、一项公益活动的策划，都可称为一个项目。一些包含大量子项目的大型或超大型项目，往往直接称为工程，如探月工程、南水北调工程等。

制造是将原材料转化为有应用价值、市场价值产品的工艺过程，制造业（Manufacturing Industry）直接体现了一个国家的生产力水平，是区别发展中国家和发达国家的重要因素，包含订单处理、产品设计、原材料采购、产品制造、设备组装、仓储运输、批发零售等环节。根据材料形态的变化特点、工艺过程的连续性等，制造业可划分为离散制造业（Discrete Manufacturing）和流程制造业（Process Manufacturing）；根据产品属性，制造业可划分为金属冶炼和压延、设备制造、汽车制造、化工、医药、纺织等30多个门类。

制造工程是指通过新产品、新技术、新工艺的研究与开发，并通过有效的管理，用最少的费用生产出高质量的产品来满足社会需求的工程活动。信息技术、管理科学的迅速发展使得制造技术产生了革命性变化，制造工程升级为系统工程。现代制造工程成为一个以制造科学为基础，由制造模式和制造技术构成，对制造资源和制造信息进行加工处理的有机整体，它是传统制造工程与计算机技术、数控技术、机器人技术、信息技术、控制论及系统科学、管理科学等学科相结合的产物。

20世纪中叶以来，生产需求向多样化方向发展，竞争加剧迫使产品制造向多品种、变批量、短周期方向演变，传统的刚性生产模式逐渐被更先进的生产模式代替，产生了精益生产（Lean Production，LP）、柔性制造（Flexible Manufacturing，FM）、敏捷制造（Agile Manufacturing，AM）、计算机集成制造（Computer Integrated Manufacturing，CIM）、快速可重组制造（Rapidly Reconfigurable Manufacturing，RRM）、虚拟制造（Virtual Manufacturing，VM）、绿色制造（Green Manufacturing，GM）、智能制造（Intelligent Manufacturing，IM）等先进制造模式。现代制造系统通过需求驱动、高度柔性化、生产精简、并行工程、企业联合，以及先进制造技术、信息技术、先进管理科学的应用，实现了对系统内外变化的快速响应。

在技术层面上，先进制造技术可概括为面向制造的设计、制造工艺、制造自动化3个技术群。面向制造的设计包含产品设计与工艺设计，所涉及的技术有计算机辅助设计（Computer Aided Design，CAD）、计算机辅助工程（Computer Aided Engineering，CAE）、计算机辅助制造（Computer Aided Manufacturing，CAM）、面向制造和装配的设计（Design For Manufacturing and Assembly，DFMA）、计算机辅助工艺规划（Computer Aided Process Planning，CAPP）、高级计划与排程（Advanced Planning and Scheduling，APS）、产品数据管理（Product Data Management，PDM）、虚拟仿真等。制造工艺包含材料生产、加工工艺、连接与装配、测试与检验、维修等方面的先进工艺技术，如液态模锻、精密成型制造、激光焊接、超精密加工、数控加工、超声波加工、快速成型（Rapid Prototyping，RP）等。制造自动化包含信息技术、自动化装备与工具、传感器与控制技术等。现代制造车间信息流示例如图1-1所示。

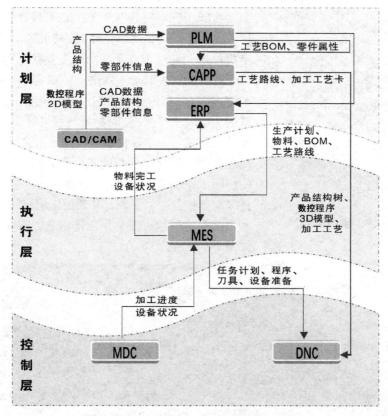

图 1-1 现代制造车间信息流示例

2013 年，在汉诺威工业博览会上，德国正式提出工业 4.0（Industry 4.0）概念。工业 4.0 是以智能制造为主导的第四次工业革命，按照目前的共识，工业 1.0 是蒸汽机时代，工业 2.0 是电气化时代，工业 3.0 是信息化时代，工业 4.0 则是利用信息化技术促进产业变革的时代，即智能制造时代。

工业 4.0 旨在通过充分利用通信技术和信息物理系统（Cyber-Physical Systems，CPS）相结合的手段，实现向智能制造的转型。CPS 本质上是一个具有控制属性的网络。设备联网后，工业软件通过传感器、工业网络，不断感知、采集设备数据，建立起设备信息与设备物理实体之间的虚实映射（又称为数字孪生，Digital Twin）。工业软件基于设备数据，按照预设模型与规则，进行分析、推理，做出决策，给出该场景下精确的控制指令，控制指令从数字孪生体下行到物理实体设备的控制器，驱动设备的执行器精准动作，实现对物理实体设备的精确控制。总的来说，CPS 是一个"状态感知、实时分析、自主决策、精准执行"的智能闭环，如图 1-2 所示，CPS 涉及物联网（Internet of Things，IoT）传感技术、云计算（Cloud Computing）、边缘计算（Edge Computing）、大数据分析（Big Data Analytics，BDA）、机器学习（Machine Learning，ML）等计算技术。

工业 4.0 概念主要包含两大主题：一是智能工厂（Smart Factory），重点研究智能化生产系统和过程，以及网络化分布式生产设施的实现；二是智能生产，主要涉及整个企业的生产物流管理、人机互动及 3D 技术在工业生产过程中的应用等方面。

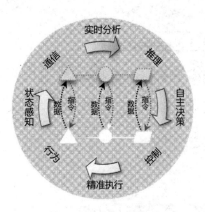

图 1-2 CPS 智能闭环

智能工厂本质是一个 CPS，可以理解为虚拟数字工厂和物理工厂的数字孪生体。数控机床、工业机器人等制造执行单元通过工业互联网高度互联，车间物流信息通过工业物联网实时加入网络，MES 基于 DNC、MDC 等系统，实现对制造过程的集中管控调度。智能管理决策系统基于实时生产数据，对制造过程进行迭代优化，调整决策并下行执行，实现自适应、自优化的智能制造。同时，高度互联与数字化的智能工厂为人机交互提供了透明化的协同工作场景，看板生产使得计划、生产指令、质量数据等重要信息一目了然，并通过供应链网络，为供应商、客户提供实时的可视化供应链信息。智能工厂基础架构如图 1-3 所示。

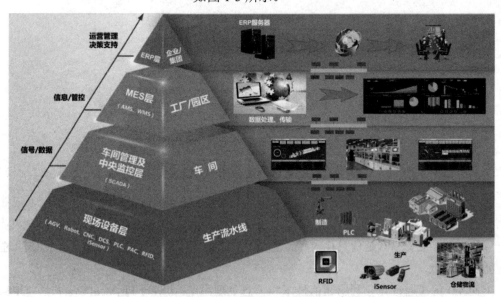

图 1-3 智能工厂基础架构

全球众多优秀制造企业开展了智能工厂建设实践。例如，FANUC 公司实现了机器人和伺服电动机生产过程的高度自动化和智能化，并利用自动化立体仓库在车间内的各个智能制造单元之间传递物料，实现了生产最高 720 小时无人值守；全球重型卡车巨头 MAN 公司搭建了完备的厂内物流体系，利用 AGV（Automatic Guided Vehicle，自动导引车）装载装配件与整车，便于灵活调整装配线，并建立了物料超市，取得明显成效；海尔佛山滚筒洗衣机厂实现了订单拉动的制造与装配，采用高柔性无人生产线，生产线中广泛应用了精密装配机器人，实现了设备互联、机物互联与人机互联，通过射频识别（Radio Frequency Identification，RFID）技术对产品与物料进行全程跟踪追溯，采用 MES 系统对生产进行全程管控；东莞劲胜精密组件公司的手机壳加工智能制造车间实现了钻攻生产线、打磨生产线的数控机床、工业机器人等车间设备的网络互联，配置有轨制导车辆（Rail Guided Vehicle，RGV）、AGV 等实现了自动车间物流，配套 PLM、MES、APS、CAPP、产品在线检测及生产过程监控 3D 仿真系统，建立了车间的数字孪生。该项目的实施节省了 70%以上生产人员，产品不良率降低了 30%以上，设备利用率提高了 25%以上。

## 1.2 工程能力培养框架

  工科院校以培养工程师与工程学家为主要目的。现代工程具有系统化、规模化、复杂性、不确定性等特征，对工程师的知识结构提出了宽博性、专业性、交叉性并重的要求，扎实的理论基础、实践能力、创新创造能力与综合工程素养应是现代工程师具备的基本品质。与此相呼应，高等工程教育应密切贴合社会需求，以现代工程师核心能力培养为主要目标，实施以理论与实践密切结合为表征的工程通识教育，引导学生构建工程知识、能力和素质的综合品质结构，最终实现毕业生到现代工程师角色的平滑过渡。

  清晰构建工程师能力结构对于工程人才的培养和未来国家经济的发展，都有着重要的战略意义。欧美发达国家的工程师培养体系一直保持世界领跑者地位。对于工程人才培养的能力特征问题，美国早在 20 世纪 80 年代初就开始了这方面的探索工作。2004 年，美国"2020 工程师（The Engineer of 2020）"计划在发布的《2020 工程师：新世纪工程的愿景》中，提出未来工程人才需要具备分析能力、实践经验、创造力、沟通能力、商务与管理能力、伦理道德、终身学习能力等 7 个能力特征。美国工程与技术认证委员会（Accreditation Board for Engineering and Technology，ABET）在 2012 年发布的 ABET 工程认证标准中列出了毕业生达到工程师标准应具备的 11 个能力特征，要求毕业生不仅应具备工程知识与技能，更强调了其作为一个社会人应对外界环境的态度，包括在政治、经济、社会、环境及伦理道德等方面应当具备的素养。作为高等工程教育发源地的欧洲地区，20 世纪末在欧盟的资助下推动了一系列工程教育改革。欧洲国家工程协会联合会（European Federation of National Engineering Associations，FEANI）启动了欧洲工程教育认证体系（European Accredited Engineer，EUR-ACE）项目"工程项目认证框架标准（2008 年）"（Framework Standards for the Accreditation of Engineering Programs），标准中针对工程毕业生给出了知识及理解、工程分析、工程设计、调查研究、工程实践、可转移技能（Transferable Skills）等 6 个方面的能力要求。除传统的知识、能力要求外，更为宽泛的可转移技能成为毕业生需要掌握的核心内容之一，包括职业人需要的团队、沟通、责任等，还要了解工程对人身、法律、社会和环境等影响，同时应当具备相应的商业管理知识，包括风险管理等。

  我国拥有世界上最大规模的工程教育，已建成了世界最大的工程教育供给体系。当前，新一轮科技革命和产业变革加速进行，综合国力竞争愈加激烈。工程教育与产业发展紧密联系、相互支撑。科技革命使工程人才的培养模式发生了改变。在国家对创新型人才和复合型高级工程技术人才需求大幅增加的新形势下，教育部开展了卓越工程师教育培养计划、CDIO 特色专业建设、中国工程教育专业认证等多项工程教育实践改革，均在不同程度上强调培养学生解决实际工程问题的能力。2014 年，中国工程教育专业认证协会专门提出了培养学生解决复杂工程问题的能力。2016 年，我国正式加入工程教育本科专业认证的国际互认协议《华盛顿协议》，我国由工程教育大国向工程教育强国的转变加快。2017 年，中国工程教育专业认证协会发布《工程教育认证标准（通用标准）》修订版本，提出工程教育专业毕业要求涵盖工程知识、复杂工程问题分析、工程方案设计、复杂工程问题研究、现代工具应用、工程与社会、环境与可持续发展、职业规范、个人与团队、沟通、项目管理、终身学习等方面内容。2018年，教育部发布了《普通高等学校本科专业类教学质量国家标准》，这是我国高等教育领域首个教学质量国家标准。该标准立足于立德树人，明确了各专业类的内涵、学科基础与人才培养方向。

依据《普通高等学校本科专业类教学质量国家标准》中的机械类教学质量国家标准、《工程教育认证标准（通用标准）》等，参考美国《2020工程师：新世纪工程的愿景》报告，结合工程训练的课程特点，确立以下能力培养架构。

- 基础知识应用能力：能够应用工程基础知识、专业知识和数学知识，理解、分析项目需求，基于现有技术条件，解决项目核心工程问题，形成项目实施的初步方案。
- 设计能力：能够基于项目需求与现有工艺技术条件，完成产品设计、实施方案（含测试方案）设计与工艺设计。
- 工程问题的分析、解决能力：项目实施的核心是解决系列工程问题，创新的目的即解决工程问题。在项目实施过程中，能够秉持创新、创造意识，系统分析、准确定义工程问题，采用相关分析、建模、实验方法解决问题。
- 现代工程工具的应用能力：在理解相关工程技术的基础上，能够合理选择、应用现代工程装备、仪器、系统（含软件系统），解决工程问题，形成符合工程规范的产出。
- 团队协作与沟通能力：能够秉持团队意识，明确项目目标与分工，共担责任，协同作业；能够就工程问题与团队成员及其他项目相关群体进行有效沟通和交流，能够在跨文化背景下进行沟通交流。
- 工程伦理意识：秉持社会责任意识与工程师职业操守，明确项目目标需要将公众福祉置于首位，工程表述客观诚实，项目实施充分兼顾技术、经济、人文、环境、道德、法律、舆论等因素。
- 国际技术视野：明确项目涉及的工程技术在国际相应领域中的地位，了解该领域的国际尖端技术和技术发展趋势。
- 终生学习能力：技术的快速发展及未来工程师职业生涯中面临的各种技术挑战，都要求工程师终身进行学习，及时更新知识库，及时掌握新技术。

## 1.3　新工科背景下工程训练课程的基本特征

工程训练是一门主要面向理工科专业本科生开设的通识性、实践性技术基础课程，由金工实习课程发展而来。经过多年发展，工程训练课程的内涵产生了质的飞跃。现代工程训练课程体系立足机械工程大主题，以项目训练为主要教学形式，以培养现代工程师核心能力为教学目标，教学内容涵盖产品设计、工程材料、传统金工、数控加工、增材制造、特种加工、工业机器人、机电控制等多个领域，工程性愈发鲜明。工程训练课程与专业课程实验环节有着本质的区别，其中最重要的区别是工程训练课程的工程性。工程性要求以需求为驱动，通过实践完整的工程过程，遵循严格的工程规范，解决系列涉及多门类学科的工程问题，最终实现满足技术需求的装置、装备、系统的开发。

# 第1章 绪论

国家新工科人才培养需求对工程训练课程提出了更高要求。为主动应对新一轮科技革命与产业变革,支撑服务创新驱动发展等一系列国家战略,2017年,教育部提出新工科概念,先后发布了《关于开展新工科研究与实践的通知》《关于推荐新工科研究与实践项目的通知》,指出新经济快速发展迫切需要新型工科人才支撑,需要高校面向未来布局新工科建设,探索更加多样化和个性化的人才培养模式,要面向当前产业急需和未来发展不断推动新工科建设,主动适应和引领新经济。新工科自提出后,先后奏响了"复旦共识""天大行动""北京指南"新工科建设三部曲,各高校在探索中也涌现出了新工科建设的"天大方案""F计划""成电方案"等。2019年4月,"六卓越一拔尖"计划2.0启动大会以新工科建设为龙头,全面推进新工科、新医科、新农科、新文科建设。

新工科以应对变化、塑造未来为建设理念,以多元化、创新型卓越工程人才为培养要求,通过继承与创新、交叉与融合、协调与共享进行人才培养。新工科的"新"不仅是面向新产业结构、新经济的专业设置之"新",更是打破学科壁垒、理工融合、多学科交叉的系统化人才培养之"新",是人才培养过程中科学、工程、人文兼顾的融合型培养模式之"新"。

我们将新工科背景下工程实践教育课程体系的改革与发展趋势归结为两个系统化。

一是贴合现代产业结构与产业需求,系统化的课程体系设计:在技术上与当代主流成熟工业技术同步,贴合主流工科专业特色,结合课程实际取舍,凝练主题,循序建设。研发教学载体,设计通识性和专业性综合训练项目,实施以学生为主体的项目驱动实践教学。设计项目应目的明确,脉络清晰,环环相扣,能够体现完整的工程过程和多学科融合交叉的特色。项目训练以各环节系列工程问题分析、解决为基本形式,强调设计、实践、探索和项目各环节规范的工程产出。

二是面向现代工程人才需求,系统化的人才培养模式:除培养学生的系统设计能力、项目实施能力、工程问题研究能力、先进制造工艺知识与主流工艺系统的基本应用实践能力外,还要进行哲学、工程伦理、工程美学、企业文化、工程师精神等人文方面的熏陶。

对于新工科背景下的现代工程训练课程,工程性鲜明的训练项目是优秀的教学载体。我们将新工科背景下工程训练课程的特点归结如下。

- 工程性:鲜明的工程性——以工程项目为教学载体。
- 融合性:新技术融合、多学科融合、教研学融合。
- 多元性:课程同时服务于实践教学(基础、综合、专业)、大学生竞赛、大学生科研。
- 学本性:以学生为主体的研究性、探索性训练教学。
- 跨界性:企业深度参与教学。

基于上述思想,编写本部教材,提出以下教学目标。

教育部2009年颁布了《普通高等学校工程材料及机械制造基础系列课程教学基本要求》,在机械制造实习教学基本要求部分,提出了学习工艺知识,增强工程实践能力,提高综合素质,培养创新精神和创新能力的教学目标要求。在贯彻该教学目标的基础上,通过综合项目训练,培养学生系统设计、工艺实施、工程问题研究、先进制造工艺系统应用等方面的工程能力,培养学生的创新思维与设计思维、产品意识、伦理意识、环保意识、美学意识,培养学生以"客观、忠诚、担当、严谨"为表征的工程师精神,使学生养成较高工程素养。

## 1.4 项目式创新实践

　　项目式创新实践是工程训练的基本形式。训练项目一般涉及多门类工程技术，具有较显著的学科交叉特征；项目具有一定的复杂性，实施方案需要综合考虑多方面因素，一般涉及多个功能部件或满足多层面功能需求的设计，需要应用多种工艺方法组合实施；项目训练注重工程过程的完整性，项目各环节不要求一定按串行顺序执行，部分环节可以并行实施，各环节可以迭代重复、不断修正，每个环节最终要有规范的工程产出；项目实施过程往往涉及多种现代工程装备、仪器及软件系统的应用，需要预先了解相关的工程知识，掌握一定的工艺技能。鉴于项目的工程复杂性与学科交叉性，项目活动一般以团队形式组织，团队成员明确分工，相互支撑，协同作业。

　　训练项目应该是产品设计、产品制造环节并重的，工程问题清晰明了，以实现全面、充分的训练，较好地达成课程目标。

　　设计是产品创新的灵魂，核心任务是流畅有效地将技术资源转化为用户价值。德国工业设计大师 Dieter Rams 提出的设计十项原则（创新、实用、唯美、易读、内敛、真诚、经典、精细、环保、至简），较完整地诠释了什么是好的设计，处处折射着"以人为本"的内涵。21世纪初，美国 IDEO 公司推广的设计思维，从方法论层面，将"以人为本"的设计理念推向了极致。该设计思维将产品设计划分为共情、问题定义、概念设计、原型制作、测试5个阶段，将设计焦点由面向技术转移到面向用户上，将情景的充分理解和用户的深度研究放在实践的核心位置，基于用户需求凝练工程问题，多角度寻求创新，最后收敛成为合理的解决方案。可以说，用户需求是产品创新的源泉。对于项目训练，通过合理选题与需求导向控制，上述理念、方法可以自然融入训练过程。

　　工业产品制造一般包含工艺规划、零部件加工、模块开发、质量控制等部分。制造既是设计的实现，又是设计的检验。工艺条件、加工成本等制造环节因素，会对产品设计产生一定的制约。很多设计问题是在制造阶段发现的。例如，不合理的设计可能会导致制造工艺复杂化、成本激增，而且制造结果达不到设计期望，甚至可能会出现现有工艺条件无法实现、部分参数指标无法量测、部分组件无法装配等问题。所以设计阶段要充分考虑制造环节的制约，制造环节的问题要及时反馈给设计环节，以修正设计方案。这实质上是并行工程（Concurrent Engineering，CE）理念。1986 年，美国国防部防御分析研究所（Institute for Defense Analyses，IDA）在发表的 R-338 报告中，提出了并行工程理念，并行工程是集成地、并行地设计产品及其相关过程（包括制造过程和协同过程）的系统方法，要求产品开发人员在设计伊始，就要尽量考虑产品从概念形成到报废的整个生命周期中的所有因素。在项目训练中应该推广并行工程理念，以实现高效的设计与流畅的制造，设计训练环节应在充分了解相关工艺技术的条件下实施，鼓励学生及时发现不合理设计导致的制造问题并修正设计方案。

　　项目训练一般包含需求分析与工程问题定义、问题分析与方案设计、工艺编制与产品制造、集成与测试、评估等环节。

**1．需求分析与工程问题定义**

分析需求，分解工程目标，明确定义、准确表述系列关键工程问题，定位需要着重解决的难点问题。

**2．问题分析与方案设计**

集团队整体智慧，应用数学知识、专业知识、工程基础知识及日常生活知识等，分析系列工程问题，查阅文献资料，激发创新思维，获得多种解决方案。基于产品性能要求与现有工艺条件，兼顾经济、人文、环境、工程美学等因素，选择较优的问题解决方案，最终形成项目总体方案。团队成员分工协作，完成项目方案设计。在形成方案的过程中，可以快速搭建、制作简单的特定功能的原型，并通过一些简单的试验来验证方案的合理性。

**3．工艺编制与产品制造**

了解现有工艺技术条件，掌握相关工程工具的应用技能，基于设计方案，制定、实施合理的工艺方案，团队成员分工协作，分析、解决实施过程中的系列工艺问题，完成产品零部件、模块的制造、开发。

**4．集成与测试**

完成产品的装配、集成工作。基于项目需求的产品性能指标，制定测试方案，搭建必要的测试环境，完成产品的测试工作。分析测试结果，分析、解决产品存在的问题，改进设计方案或工艺方案，进一步完善产品。

**5．评估**

总结训练过程，撰写技术报告。可灵活采用答辩、竞赛、用户体验等多种形式，对项目成果进行评估。

## 1.5 教材框架结构

教材框架结构基本按离散制造业一般工业过程，规划为产品设计、材料成型及热处理、切磨削加工、特种加工和智能制造系统等板块，每章都有项目基础案例，并且在最后一章有创新实践综合案例。章节内容本着由传统到现代、由简单到复杂、由单一到综合的原则进行编写。教材框架结构图如图1-4所示。

产品设计：包含产品的正向设计、逆向设计和熔融沉积成型（Fused Deposition Modeling，FDM）等内容。鉴于FDM在产品设计中，常用来快速制造产品原型以验证设计方案，所以这里将FDM纳入产品设计板块。

材料成型及热处理：包含金属表面处理及热处理、铸造、焊接等内容。由传统到现代，焊接训练包含了焊条电弧焊、氩弧焊、激光焊接、机器人焊接等内容。熔模铸造以金属工艺品设计制作项目为载体，集CAD设计、立体光固化成型（Stereo Lithography Appearance，SLA）技术与离心铸造技术于一体，有着较鲜明的新工科特色。

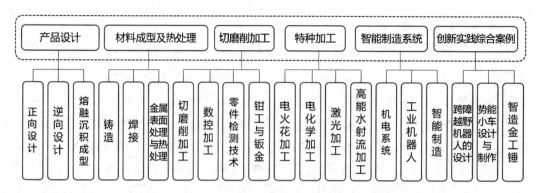

图 1-4　教材框架结构图

切磨削加工：包含切削加工、数控加工、零件检测技术、钳工与钣金等内容，其中 CAM/DNC 技术与数控加工构成了一个简单的数字化制造底层模块。

特种加工：包含电火花加工（Electrical Discharge Machining，EDM）、激光加工、电化学加工、高能水射流加工等内容。电火花加工包含电火花成型加工（Sinker EDM）、电火花线切割加工（Wire Cut EDM）两个部分；激光加工包含激光打孔、激光切割、激光表面处理、机器人激光加工（以机器人激光切割为例）等内容。之所以选入机器人激光切割这部分内容，是因为该技术涉及 CAD 建模、CAM、机器人编程、机器人切割虚拟仿真、机器人与激光器装备实操等先进制造训练内容，综合性较强，结合钣金、焊接等技术，较容易选择合适的项目载体，设计出具有新工科特色的综合训练项目。

智能制造系统：包含机电系统、工业机器人与智能制造，分为复杂装置设计与控制、工业机器人综合训练两个部分。复杂装置设计与控制部分本着以机为主、机电结合、强调设计、物化验证的思路驱动任务，学生在完成设计后，应用慧鱼、探索者及自制套件搭建相关机械装置、设计控制系统、编制控制程序、进行整机调试，最后达成任务目标。工业机器人综合训练部分以机器人为制造执行单元，通过单机编程作业训练与联合作业调试训练，着重向学生展现由机器人群、RGV/AGV、自动化仓储、自动检测等单元组成的柔性制造系统；展现基于工业物联网，MES 系统管控下的柔性制造系统联合自动化作业；展现看板生产为人机交互带来的便捷，让学生对智能制造和工业 4.0 的基础架构有一个初步的认知。

创新实践综合案例：包含智造金工锤、势能小车设计与制作、跨障越野机器人的设计等综合案例。通过案例的完成，进一步培养学生的工程意识、工程实践能力、工程综合素质、工程创新精神，促进学生知识、能力和素质协调发展，使学生在获取知识和提高实践能力的过程中，同步提高自身的综合素质，并培养学生从事工程实践创新的兴趣。

# 第 2 章 产品设计

## 2.1 概述

产品设计是一个复杂的系统工程，涉及的内容很广，设计的复杂程度也不尽相同，和产品设计相关的学科和领域也很广泛。通常，产品开发设计基本流程如图 2-1 所示，即规划、概念开发、系统设计、详细设计、整合测试、试产扩量。

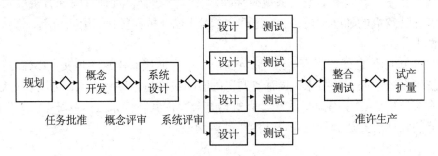

图 2-1　产品开发设计基本流程

规划：规划阶段通常称为零阶段，因为它先于项目审批和实际产品开发流程的启动。这个阶段始于依据企业战略所做的机会识别，包括技术发展和市场目标评估。规划阶段输出的是该项目的使命陈述，详述产品的目标市场、业务目标、关键假设和约束条件。

概念开发：概念开发阶段识别了目标市场的需求，形成并评估了可选择产品的概念后，选择出一个或多个概念进行进一步开发和测试。概念是对一个产品的形式、功能和特征的描述，通常伴随着一系列的规格说明、对竞争产品的分析及项目的经济论证。

系统设计：系统设计阶段包括产品架构的界定，将产品分解为子系统、组件及关键部件，进行初步设计。此阶段通常也会制定生产系统和最终装配的初始计划。此阶段的输出通常包括产品的几何布局、产品每个子系统的功能规格及最终装配流程的初步流程图。

详细设计：详细设计阶段包括了产品所有非标准部件的几何形状、材料、公差的完整规格说明，以及从供应商处购买的所有标准件的规格。这个阶段将编制工艺计划，并为即将在生产系统中制造的每个部件设计工具。此阶段的输出是产品的控制文档，包括描述每个部件几何形状和生产模具的图纸或计算机文件、外购部件的规格、产品制造和组装的流程计划。

整合测试：整合测试阶段涉及产品多个试生产版本的创建和评估。这一阶段可以试制一些原型样机，对原型样件进行测试，确定该产品是否符合期望并满足性能、可靠性等要求，是否需要对最终产品进行必要的工程变更。

试产扩量：在试产扩量（或称为生产爬坡）阶段，产品将通过目标生产系统制造出来。

本章主要介绍的是整个流程中的详细设计部分，包括利用 CAD/CAE 技术直接进行正向建模设计，以及对产品实物样件表面进行数据采集和处理后，利用可实现逆向 3D 造型设计的软件来重新构造 3D 设计模型。

## 2.2 CAD 技术

### 2.2.1 CAD 技术的含义

CAD 是 Computer Aided Design 的缩写，称为计算机辅助设计技术。CAD 技术发展得很迅速，目前对其含义的理解也有一些差异。CAD 系统最初主要用于绘制工程图纸，它的内容为计算机图形学。但随着计算机硬件的发展，CAD 软件也大大发展。现在 CAD 已经形成一个灵活协调的系统，将人类智慧与系统硬件和软件巧妙结合，设计者与计算机取长补短，从而使设计者在计算机的辅助下进行 3D 建模、工程计算分析和优化、运动仿真、评价修改、决策等创造性工作。

1973 年，国际信息处理联合会给了 CAD 一个广义而极有深意的定义：CAD 是将人和机器混编在解题专业中的一种技术，从而使人和机器的最好特性联系起来。可以说 CAD 是一个人机混编系统。在 CAD 系统中，人和计算机均充分发挥其特性，这样不仅可以大大加快设计速度，还能使设计质量达到最优，设计的产品达到最好。

### 2.2.2 CAD 系统的构成

CAD 系统通常由软件和硬件两部分组成，硬件包括计算机主机及相关的外围设备，软件包括系统软件、应用支撑软件和专用软件，如图 2-2 所示。

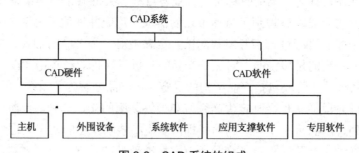

图 2-2 CAD 系统的组成

### 2.2.3 CAD 技术的特点

CAD 技术归纳起来，其特点如下。

- 提高设计效率。绘图速度可以大幅提高，而且图纸格式统一、质量高，节省的人力可应用于创造性设计，充分发挥人的长处，使设计周期大大缩短。
- 能充分应用各种现代设计方法，提高设计质量。使用 CAD 系统，可用有限元法分析产品的静动特性、强度、振动、热变形等；也可运用优化方法选择产品最佳性能、最高效率、最小消耗、最低成本等；还可利用计算机仿真软件对产品进行动态仿真，避免干扰，预先了解产品性能，降低试验费用。
- 充分实现数据共享。图形系统和数据库使整个生产制造过程都使用统一的数据信息。这是实现 CAD 和 CAM 集成制造系统的前提与基础。同时，共享意味着产品数据标准化，易于企业积累产品资源，方便产品数据的存储、传输、转换，为无纸化加工奠定基础。
- 利于实现智能设计。提高设计质量，根本在于人与计算机的有机结合，充分发挥计算机的长处。做好这一点必然要发展计算机智能化技术。实现人工智能设计，只有在 CAD 系统基础上才有可能。

## 2.2.4　CAD 常用软件

CAD 技术的发展先后经过大型机时代、小型机时代、工作站时代、微机时代，每个时代都有当时流行的 CAD 软件。现在，工作站和微机平台 CAD/CAM 软件已经占据主导地位，并且出现了一批比较优秀、比较流行的商品化软件。

目前国外较为流行的 CAD 软件有 SolidEdge、UG、AutoCAD、MDT、SolidWorks、Pro/Engineer 和 CATIA 等。国内较为流行的 CAD 软件主要有北京高华计算机有限公司推出的高华 CAD、北京北航海尔软件有限公司开发的 CAXA 电子图板和 CAXAME 制造工程师软件、浙江大天电子信息工程有限公司开发的基于特征的参数化造型系统 GS-CAD98、广州红地技术有限公司开发的基于 STEP 标准的 CAD/CAM 系统——金银花（Lonicera）系统、华中理工大学机械学院开发的具有自主版权的基于微机平台的 CAD 和图纸管理软件——开目 CAD 等。

## 2.2.5　CAD 产品设计的一般流程

CAD 产品设计的一般流程是概念设计→零部件 3D 建模→2D 工程图，如图 2-3 所示。

概念设计。首先根据功能参数进行产品的总体设计，设计者必须富有创造性地确定产品的性能结构和外形。计算机可从已有的设计中搜索各种信息，供设计者参考，并迅速形成产品的造型。

零部件 3D 建模。从产品结构总图中分离零件图，并分别对各零件进行造型、结构尺寸等设计。有些产品对外观要求比较高，如汽车和家用电器，往往要进行工业外观造型设计。

工程分析。在进行零部件 3D 建模后，为了满足产品结构强度、运动、生产制造与装配等方面的要求，还需要进行大量的分析工作，如应力分析、运动仿真、结构强度仿真、动态仿真、数控仿真与优化、公差分析与优化、疲劳分析、热分析等。

设计评价。在工程分析的基础上对设计进行全面评价、优化，以达到整体最优。

2D 工程图。形成零件图、装配图及设计的各种信息文件。

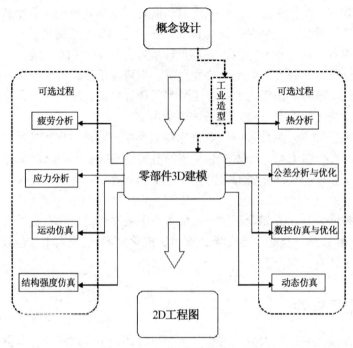

图 2-3　CAD 产品设计一般流程

## 2.2.6　CAE 技术

计算机辅助工程（Computer Aided Engineering，CAE）是指工程设计中的分析计算与分析仿真，具体包括工程数值分析、结构与过程优化设计、强度与寿命评估、运动/动态仿真，用来验证未来工程/产品的可用性与可靠性，把工程（生产）的各个环节有机地组织起来，其关键是将有关的信息集成，使其产生并存在于工程/产品的整个生命周期。CAE 是各大企业设计新产品过程中不可缺少的一环。随着企业信息化技术的不断发展，CAE 技术与 CAD/CAM/CAPP/PDM/ERP 一起，成为支持工程行业和制造企业信息化的主导技术，在提高工程/产品的设计质量、降低研究开发成本、缩短开发周期方面都发挥了重要作用，成为实现工程/产品创新的支撑技术。

当应用 CAE 软件对工程/产品进行性能分析和模拟时，一般要经历以下 3 个过程。

前处理：对工程/产品进行建模，建立合理的有限元模型。

有限元分析：对有限元模型进行单元特性分析、有限元单元组装、有限元系统求解和有限元结果生成。

后处理：根据工程/产品模型与设计要求，对有限元分析结果进行用户所要求的加工、检查，并以图形方式提供给用户，辅助用户判定计算结果与设计方案的合理性。

常用 CAE 软件有 Ansys，其国内应用最广，用户成熟度最高，尤其是在高校科研领域。Ansys 在 2006 年收购了 Fluent，在 2008 年收购了 An-soft。Fluent 是应用最广的流体分析软件，An-soft 是应用最广的电磁分析软件。在收购整合的过程中，Ansys 的多物理场耦合成为一大特色。其他 CAE 软件有 Hyperworks，主要进行前处理（分单元加载荷、加约束）和后处理（看输出结果和仿真）；Pro/Engineer Mechanica；SolidWorks Simulation；ABAQUS，其被广泛地认为是功能最强的有限元分析软件，可以分析复杂的固体力学结构系统；ADINA，具有强大的非线性功能；LS-DYNA，强大的动态问题求解器，专门的汽车分析模块；Nastran，线性问题求解器；Pamcrash，专门的碰撞研究软件；AutoForm，钣金冲压，特别是拉伸分析软件；MADYMO，汽车安全系统（如气囊）、整车碰撞性能分析软件等。

## 2.3 CAD 设计案例

### 2.3.1 简单零件建模案例

本节将以一个简易烟灰缸的案例介绍零件的造型过程与造型方法。该案例用 Pro/Engineer Wildfire 软件实现。

首先分析一下该零件的特征组成，烟灰缸的几何造型流程如图 2-4 所示。

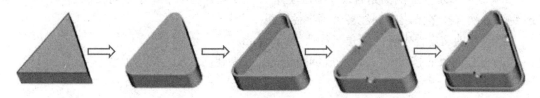

图 2-4 烟灰缸的几何造型流程

启动 Pro/Engineer Wildfire 后，首先设置工作目录，新建文件，设置单位为 mm。然后单击【确定】按钮进入实体建模界面进行特征建模。具体步骤如下。

**1．增加材料的拉伸特征**

单击拉伸工具，或者选择【插入】→【拉伸】命令。

在弹出的拉伸特征操控面板上单击 放置 中的按钮 定义...，如图 2-5 所示。

图 2-5 拉伸特征操控面板

如图 2-6（a）所示，在弹出的【草绘】对话框中选择 FRONT 面作为草绘平面，其余选项选择默认即可。单击【草绘】按钮进入草绘界面来绘制拉伸截面，绘制边长为 100.00mm 的等边三角形，如图 2-6（b）所示，单击按钮 ✓ 退出草绘界面。

选择深度图标后的三角形，选择合适的深度定义方式，在后面的文本框中输入深度为 20mm。

单击操控面板的按钮 ✓，即完成拉伸特征的创建，如图 2-7 所示。

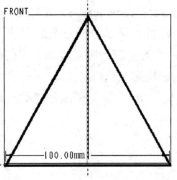

(a)【草绘】对话框　　　　　（b)绘制拉伸截面

图 2-6　定义拉伸截面　　　　　　　　图 2-7　完成拉伸特征的创建

**2．倒圆角特征**

单击倒圆角工具，或者选择【插入】→【倒圆角】命令。

如图 2-8 所示，在倒圆角管理工具栏上选择【设置】选项卡，单击需要倒圆角的边，按 Ctrl 键可一次选择多条边，创建多个等半径圆角。

在图 2-8 的文本框中输入圆角半径值为 5.00mm。

单击操控面板的按钮，即完成倒圆角特征的创建，如图 2-9 所示。

图 2-8　倒圆角管理工具栏　　　　　　图 2-9　完成倒圆角特征的创建

**3．壳特征**

单击壳工具，或者选择【插入】→【壳】命令。

在壳管理工具栏上选择【参照】选项卡，系统弹出壳特征操控面板，如图 2-10 所示。

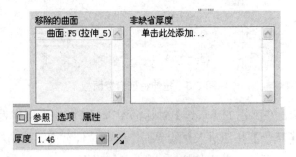

图 2-10　壳特征操控面板

从实体上选中需要被移除的面，选中后的面会被加亮显示，如图 2-11 所示。

在壳特征操控面板的文本框中输入壳体的厚度为 1.46mm。

单击操控面板的按钮，即完成壳特征的创建，如图 2-12 所示。

图 2-11　选中需要被移除的面

图 2-12　完成壳特征的创建

**4．切除材料的拉伸特征**

切除材料的拉伸特征的方法同"增加材料的拉伸特征"。切除材料拉伸特征的截面如图 2-13 所示。切除材料拉伸特征的完成结果如图 2-14 所示。

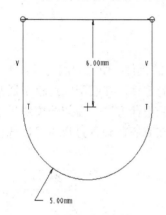

图 2-13　切除材料拉伸特征的截面　　图 2-14　切除材料拉伸特征的完成结果

**5．扫描特征**

选择【插入】→【扫描】→【伸出项】命令，弹出如图 2-15 所示的【伸出项：扫描】对话框与【菜单管理器】窗口。

从【菜单管理器】窗口中选择【选取轨迹】选项，弹出选取轨迹的【链】菜单，如图 2-16 所示，依次选取曲线，如图 2-17 所示，按住 Ctrl 键可同时选取多条曲线，被选取的曲线以粗红色线条显示。

图 2-15　【伸出项：扫描】对话框与【菜单管理器】窗口　　图 2-16　【链】菜单

选取曲线后，继续选择【链】菜单中的【完成】选项，在【选取】对话框中单击【确定】

按钮,在【方向】菜单中选择【正向】选项,进入扫描截面草绘界面。

绘制如图2-18所示的矩形截面。

单击按钮 ✓ ,退出草绘界面,弹出【伸出项:扫描】对话框,单击【确定】按钮即完成扫描特征的创建。零件实体完成图如图2-19所示。

图2-17 选取曲线　　　　图2-18 矩形截面　　　　图2-19 零件实体完成图

## 2.3.2 台钻部件装配案例

Pro/Engineer系统装配模块的作用是组合一些独立的元件,使它们满足设计需要。元件可以是已有的零件、子装配体或直接在装配模块中创建的零件。在装配的过程中通常有两种方法,放置已有元件组成装配体的过程是自底向上的装配设计方法,在装配模块里建立元件的过程则是自顶向下的装配设计方法,如图2-20所示。在真正的设计过程中可以选用其中任何一种装配设计方法,也可以两种结合使用。

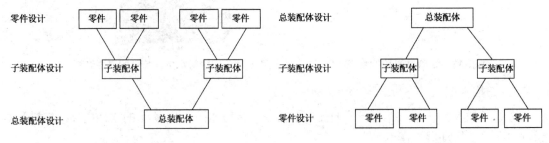

图2-20 两种装配设计方法

下面以南京航空航天大学工程训练中心实际训练模型台钻中的一个装配部件——升降座部件为例,介绍装配体创建的一般过程。该部件由4个零件组成,图2-21所示为其装配图及装配分解图。

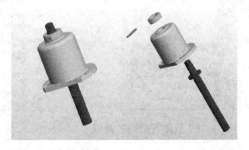

图2-21 台钻升降座部件装配图及装配分解图

## 1. 命名一个新的装配体 3D 模型

选择【新建】命令,在工具栏中单击按钮 。

在弹出的【新建】对话框中的【类型】选区选中【组件】单选按钮,并取消勾选【使用缺省模板】选项,如图 2-22 所示。

在【新文件选项】对话框中选择【模板】为空,如图 2-23 所示。单击【确定】按钮,完成文件的新建和模板的设置。

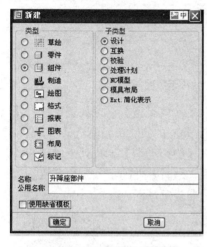

图 2-22 【新建】对话框

图 2-23 【模板】为空

## 2. 装配第一个零件

在主菜单栏中选择【插入】→【元件】→【装配】菜单命令。

此时系统弹出【打开】对话框,首先在对话框中选中文件 shengjiangluoganzuo.prt,然后单击【打开】按钮,如图 2-24 所示,就将该零件模型引入装配模块中了。

图 2-24 单击【打开】按钮

## 3. 装配第二个零件

在主菜单栏中选择【插入】→【元件】→【装配】菜单命令。

此时系统弹出【打开】对话框，在对话框中选中文件 shengjiangluogan.prt，然后单击【打开】按钮，就将该零件模型引入装配模块中了。

单击窗口左下角图标，在弹出的对话框中的【约束类型】下拉列表中选择【对齐】选项，增加一个对齐约束，并在图形显示区中分别选择两个零件的中心轴线，来放置零件 shengjiangluoganzuo。建立的第一个约束示意图如图 2-25 所示。

图 2-25  建立的第一个约束示意图

增加第二个约束。选择【新建约束】选项，并在【约束类型】下拉列表中选择【匹配】选项，在图形显示区中分别选择两个零件需要匹配的面。建立的第二个约束示意图如图 2-26 所示。

增加第三个约束。选择【新建约束】选项，并在【约束类型】下拉列表中选择【匹配】选项，在图形显示区中分别选择两个零件需要匹配的面，这时零件处于完全约束状态，建立的第三个约束示意图如图 2-27 所示，单击按钮完成约束装配过程。

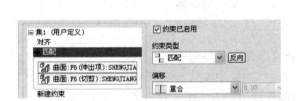
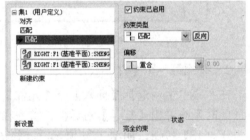

图 2-26  建立的第二个约束示意图　　　　图 2-27  建立的第三个约束示意图

**4. 装配第三个零件和第四个零件**

依次引入第三个零件 dangquan 和第四个零件 yuanzhuxiao4x30，选择合适的约束方法，使其处于完全约束状态，详细操作步骤与装配 shengjiangluoganzuo 过程相同，这里不再赘述。依次装配其余零件示意图如图 2-28 所示。

图 2-28  依次装配其余零件示意图

**5. 装配体分解图的创建**

在主菜单栏中选择【视图】→【分解】→【分解视图】菜单命令，可以创建装配体的分解图，还可以在主菜单栏中选择【视图】→【分解】→【编辑位置】菜单命令来编辑分解图中零件的位置。

### 6. 装配体干涉检查

一个装配体完成后，通常需要检查装配体中是否存在零件干涉的问题，在 Pro/Engineer 系统中，可以选择主菜单栏中【分析】→【模型】→【全局干涉】菜单命令，来进行零件的干涉问题分析。如果存在零件之间的干涉，那么可以在分析的结果区中看到干涉分析的结果，包括干涉零件的名称、干涉的体积大小，同时在模型上可以观察到干涉的部位是以红色加亮的方式显示的。如果装配体中没有干涉的零件，那么分析的结果区显示没有零件。

## 2.4 逆向设计

### 2.4.1 逆向工程的概念和应用领域

逆向工程（Reverse Engineering，RE）也称反向工程，是通过各种测量手段，将已有产品和实物模型转化为 3D 数字模型，并对已有产品进行优化设计、再创造的过程。

逆向工程不是简单的复制，而是在原有的基础上进行二次创新。它为产品的改进设计提供了方便、快捷的工具，缩短了产品开发周期，使企业更好地适应市场多品种、小批量的需求，从而在激烈的市场竞争中处于有利的地位。目前，逆向工程应用比较广泛的有产品的仿制与改型设计，模具制造，产品数字化检测，文物、艺术品的修复，影视动画角色、场景、道具等 3D 虚拟物体的设计和制作及医学等领域。

### 2.4.2 逆向设计的工作流程

传统的设计过程是根据功能和用途来设计的，首先从概念出发绘制产品的工程图纸，然后制作 3D 几何模型，经审查满意后制造出产品，采用的是从抽象概念到具体实物的思维方法。

逆向工程是首先对现有的实物模型进行精确测量，并根据测量的数据重构出数字模型，对该模型进行分析、修改、检验、输出图纸，然后制造出产品的过程。在新产品开发过程中，由于新产品形状复杂，包含许多自由曲面，很难用计算机建立数字模型，因此常常需要以实物模型为依据，进行仿形、改型或工业造型设计，最终获得所需要的产品。例如，汽车车身的设计，家用电器、玩具和覆盖件的制造，通常先由工程师手工制作出油泥或树脂模型形成设计原型，再用 3D 测量的方法获得数字模型，接着进行零件设计、有限元分析、模型修改、误差分析和数控指令加工等，也可进行快速原型验证（3D 打印出产品模型）并进行反复优化评估，直到得到满意的设计结果。

逆向工程开发产品的工艺路线：用 3D 扫描设备准确、快速地测量实物的轮廓坐标值，并构建曲面，经编辑、修改后，先将图档转至 CAD/CAM 系统，再将 CAD/CAM 系统生成的数控加工路径送至 CNC 加工机床制造所需磨具，或者通过 3D 打印技术将样品模型制作出来。逆向工程开发产品的工艺路线图如图 2-29 所示。

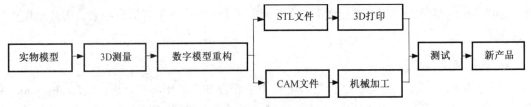

图 2-29　逆向工程开发产品的工艺路线图

### 2.4.3　叶轮逆向设计案例

叶轮是一个典型的机械零件，它外形复杂且曲面较多，正向设计比较困难。通过 3D 扫描的方式获取其点云数据，进行数据处理，便于 CAD 模型重构。下面将以一个叶轮模型为例，介绍如何实现逆向设计。

**1．准备实物，喷粉**

叶轮模型如图 2-30 所示，为了使叶轮清晰显像，首先对它的表面喷一层薄薄的哑光白色显像剂，这样可以在扫描时获得更精确的数据。

**2．3D 测量，数据采集**

1）贴标记点

将喷粉后完全晾干的叶轮放于工作台上，根据叶轮的大小与表面特征，选择合适的标记点。将标记点 3 个一组以三角形形状无规则分散粘贴于叶轮表面，粘贴过程中确保有至少 3 个共同的标记点作为已扫描和未扫描的过渡点。贴标记点如图 2-31 所示。全部标记点贴完以后，检查叶轮上的显像剂是否脱落和剐蹭，标记点粘贴是否合理和牢固，无误后等待扫描。

图 2-30　叶轮模型

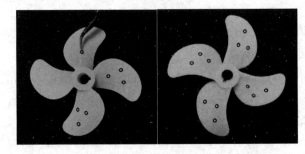

图 2-31　贴标记点

2）扫描，采集数据

打开扫描软件的界面后，新建工程对话框，进入采集窗口并打开相机。将贴好标记点的叶轮放在可旋转的托盘上，打开光机，使光机投射出蓝色光源，将光栅投射到叶轮上。调节扫描仪的高度、前后位置和仰俯角度使投射光栅的十字光标进入相机的中心方框内，调节光机的调焦旋钮，使光栅达到最清晰状态。打开相机对焦如图 2-32 所示。

进行数据采集，此时可以旋转托盘，改变叶轮的位置，从各个角度来进行数据的采集，经过多次扫描，完成叶轮的

图 2-32　打开相机对焦

所有数据采集，如图 2-33 所示，保存原始采集数据。

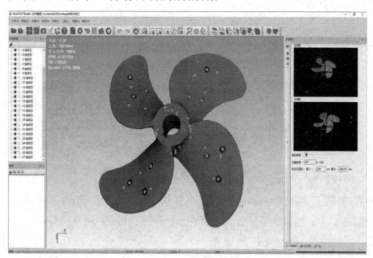

图 2-33　数据采集

3）删除杂点，导出数据

保存原始采集数据后，需要利用套索等工具对原始数据进行删除杂点等处理，并导出数据。

**3．数据处理，建立数字模型**

在扫描过程中由于环境、拼接等影响，取得的原始点云数据仍然会存在一定问题，如杂点、重点、孔洞等，对后续的模型重建有较大的影响，因此需要进行去杂、补洞、简化数据等操作。此时，可以打开 Geomagic Studio 软件，导入上一步的数据，首先进行数据处理和坐标对齐操作，删除体外孤点、减少噪声点、统一采样精确数据，然后封装成 STL 格式，进行填补孔洞、去除错误特征等操作，接着输出到 CAD 软件中重构模型，最后以*.stl 格式导出文件。数据处理及建立数字模型如图 2-34 所示。

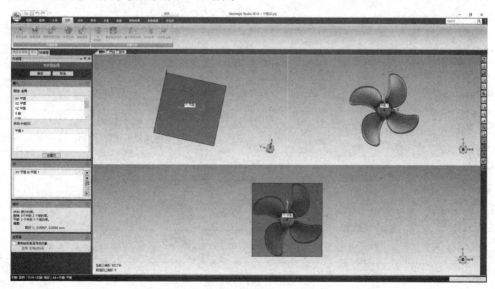

图 2-34　数据处理及建立数字模型

## 2.5 3D 打印技术

### 2.5.1 3D 打印技术原理和工艺

3D 打印技术是快速成型技术的一种，又称增材制造技术，是一种以数字模型文件为基础，运用粉末状金属或塑料等可黏合材料，通过逐层打印的方式来构造物体的技术。3D 打印技术广泛运用于航空航天、生物医疗、工业制造等领域，在工业制造领域的产品概念设计、原型制作、产品评审、功能验证等方面发挥了重要的作用。下面简要介绍该技术。

**1. 3D 打印技术原理**

日常生活中使用的普通打印机可以打印计算机设计的平面物品，普通打印机的打印材料是墨水和纸张，而 3D 打印机内装有金属、陶瓷、塑料、砂等不同的打印材料，是实实在在的原材料。3D 打印技术基于离散/堆积的成型过程，采用逐层叠加的方法制造实体零件或零件原型，即材料增量制造。该技术首先采用计算机生成零件的 3D CAD 模型，然后 CAM 成型软件沿着成型方向将模型离散为一系列等厚度的层片，并根据每一层的轮廓（必要时包括支撑部分）信息生成加工路径，接着由成型系统将材料按照轮廓轨迹逐层堆积，最后叠加形成 3D 实体零件。

**2. 常见 3D 打印成型工艺**

3D 打印存在着许多不同的技术。它们的不同之处在于使用材料的方式，并以不同层构建部件。表 2-1 列出了几种常见的 3D 打印成型工艺。

表 2-1 常见的 3D 打印成型工艺

| 成型工艺 | 材料类型 | 基本原理 |
| --- | --- | --- |
| 熔融沉积成型 FDM | 热塑性塑料、共晶系统金属、可食用材料 | 材料由供丝机构不断送向喷嘴，并在加热块中加热熔化后从喷嘴内挤压而出，逐层堆积 |
| 激光选区烧结 SLS（Selective Laser Sintering） | 热塑性塑料、金属粉末、陶瓷粉末 | 逐层铺粉、逐层烧结。采用高强度 $CO_2$ 激光来烧结或熔融粉末 |
| 分层实体制造 LOM（Laminated Object Manufacturing） | 纸、金属膜、塑料薄膜 | 利用在一定条件下（如加热等）可以黏结的片状材料，运用 $CO_2$ 激光切割出各层形状，随后使各层黏合为一个整体 |
| 立体光固化成型 SLA（Stereo Lithography Apparatus） | 各种光敏树脂 | 液态光敏树脂材料在一定波长和强度的紫外光照射下迅速发生光聚合反应，材料从液态转变成固态 |

**3. 3D 打印的步骤**

3D 打印的步骤如图 2-35 所示。

图 2-35 3D 打印的步骤

产品设计模型：通过 3D 制作软件在虚拟 3D 空间构建出具有 3D 数据的模型。既可以使用计算机软件建模，又可以通过 3D 扫描仪逆向工程建模。

生成 STL 文件：模型建好后转为.stl 格式保存。在保存为.stl 格式时需要设置弦高（Chord Height）、角度控制值（Angle Contro 1）和步长大小（Step Size）这 3 个参数。其中，弦高为近似三角形的轮廓边与曲面的径向距离，表示三角形平面逼近曲面的绝对误差。弦高的改变只影响曲面体的 STL 精度。角度控制值是三角形平面与其逼近的曲面切平面的夹角余弦值（设置区间为 0～1），用于控制曲面的光滑度，该值越大，逼近的曲面越圆润、细致，逼近效果越好。三角形平面数直接反映 STL 模型精度，三角形平面数越多，精度越高。当模型精度太低时，STL 文件就会在表达实体模型方面出现失真的情况；当模型精度过高时，计算机则会因 STL 文件尺寸过大，运行缓慢，甚至难以运行。STL 模型的精度和数据量是一对矛盾，至今还没有得到很好的解决。

模型分层切片：将 3D 模型切片，设计好打印的参数（填充密度、角度、外壳等），并将切片后的文件存储成.gcode 格式（3D 打印机能直接读取并使用的文件格式）。

打印：启动 3D 打印机，通过数据线、SD 卡等方式把 STL 格式的模型切片得到 GCODE 文件传输给 3D 打印机，同时装入 3D 打印材料，调试打印平台，设定打印参数，最终经过分层打印、层层黏合、逐层堆砌，完成打印。

产品后置处理：3D 打印机完成工作后，取出物体，进行后期处理。例如，去除多余的支撑物、抛光物体表面等。

### 2.5.2 飞机模型 3D 打印案例

本节使用 FDM 设备介绍一个 3D 打印案例。通过飞机模型制作，验证模型的设计。

**1．CAD 模型设计**

CAD 模型可以通过常用的计算机辅助设计软件直接构建 3D 模型，或者采用逆向设计方法进行建模。3D 模型如图 2-36 所示。

图 2-36　3D 模型

**2．STL 近似处理**

将 CAD 模型转换为 STL 文件格式，设置弦高、角度控制值和步长大小等参数，建议在平面数为 20000 个左右的范围内选取。

**3．准备 FDM 设备**

准备打印平台，将蜂窝垫板安放在打印平台上，如图 2-37 所示。蜂窝垫板上均匀分布孔

图 2-37　安放蜂窝垫板

洞，打印时熔融的材料将填充进板孔，防止在打印的过程中发生模型偏移，保证模型稳固。借助打印平台自带的 8 个弹簧固定蜂窝垫板：在打印平台下方有 8 个小型弹簧，请将蜂窝垫板按正确方向置于打印平台上，轻轻拨动弹簧以便卡住蜂窝垫板。

**4. 载入模型**

设备通电，启动计算机和 3D 打印机。单击 图标启动 UP Studio 软件，单击左侧工具栏中 图标载入 STL 模型，将模型自动摆放在软件窗口平台中央。

选择缩放工具，对模型进行缩放操作，将模型尺寸调整到平台尺寸范围之内。模型缩放面板如图 2-38 所示。

选择模型的放置方向，使得加工时产生的台阶效应小，模型能获得较好的精度及表面质量，且支撑结构简单，耗材少，收缩变形小。模型放置方向面板如图 2-39 所示。

图 2-38　模型缩放面板

图 2-39　模型放置方向面板

**5. 参数设置**

在打印设置页面设置层片厚度、填充方式和支撑等参数，如图 2-40 所示。

图 2-40　设置打印参数

设置层片厚度：当选择层片厚度时，要从成型速度和精度两方面综合考虑。层片厚度小，层片数多，成型耗时长，但台阶效应小，模型精度和表面质量较好。反之，层片厚度大，层片数少、成型耗时短，但台阶效应大，影响模型精度和表面质量。

设置填充方式：填充方式影响模型的强度、质量、耗材和成型时间。选择合适填充率，在满足模型具体性能要求的同时，使耗材和成型时间尽量少，提高成型的经济性。

设置支撑结构：以上参数设置完毕，进入打印预览页面，如图 2-41 所示，查看支撑结构、打印时间和所需材料等。退出预览后才可打印。

### 6. 打印模型

按下初始化按键（长按 3 秒），或者单击程序页面左侧的初始化功能键，打印机即发出蜂鸣声并开始初始化。喷嘴和打印平台返回打印机的初始位置，当准备好后将再次发出蜂鸣声。此时数控系统上电，$X$ 轴、$Y$ 轴、$Z$ 轴回原点。

单击【打印】按钮，设备开始打印模型，屏幕显示打印页面。在模型打印过程中可根据需要随时停止或暂停打印。当模型完成打印时，打印机会发出蜂鸣声，喷嘴和打印平台停止加热并返回初始位置。取下蜂窝垫板，用铲刀贴紧模型底部，铲除或撬松模型。

### 7. 模型后处理

打印完毕的模型如图 2-42 所示，此时取下模型，对模型进行支撑材料剥离、打磨、抛光等处理。支撑材料可以使用多种工具（钢丝钳、尖嘴钳或斜口钳等）来拆除。支撑材料拆除后，可进一步用锉刀、砂纸等打磨、抛光模型。

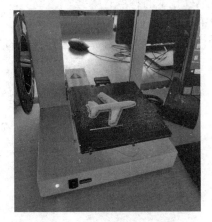

图 2-41 打印预览页面　　　　　图 2-42 打印完毕的模型

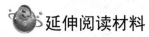

延伸阅读材料

**金属 3D 打印无限可能硬核科技**

中国是目前世界上唯一掌握飞机钛合金大型主承力结构件激光快速成型技术并实现工程应用的国家，这项技术为我国重大装备的研发做出了不可磨灭的贡献。伴随着科技飞速发展，这一技术也经历着不断的改进和突破。2020 年 5 月 8 日，我国新一代载人飞船试验船返回舱，在预定区域成功着陆，飞行任务试验取得圆满成功。飞船上有一个很重要的零件——航天飞船底盖，这是由我国金属 3D 打印技术领域的第一位院士，王华明教授带领的团队采用金属 3D 打印技术制造的。这个看着像锅底的零件其实是钛合金框架，当整个载人飞船要返回地球的时候，需要穿过稠密的大气层，经历几千度的高温，钛合金框架的作用就是支撑防热结构。如果这个框架不够结实，气动的压力就会把防热结构压得支离破碎，影响飞船返回。

金属 3D 打印技术不仅满足了航天事业发展的需求，还标志着我国在控制系统、材料工艺等关键技术领域取得了重要突破。技术突破背后，是科研工作者艰辛而漫长的探索。2007年春节，王华明教授与团队研究人员在经历了无数个日夜的艰苦奋战后，终于在除夕夜，利用打印技术完成了一个大型零件制造。然而，喜悦是短暂的，大年初一早上，王华明教授赶往实验室，却发现零件已裂成几块，这意味着整个团队耗费 2 年多时间解决的问题以失败告终。王华明教授说道："都说科研十年磨一剑，然而，可能一生磨一剑，也未必能磨成。但必须要有这种科研精神，能够执着于解决问题。"

从神奇的 3D 打印到冲破传统制造技术天花板的变革性优势，金属 3D 打印一直在不断地拓展人类的想象空间和活动范围，而与技术进步相比，更让人动容的是背后的故事，是科研团队为实现技术创新突破流过的汗水和泪水，是坚持不懈、永不放弃的攀登精神。

## 思考题

1. 简述产品设计的一般流程。
2. CAD 技术的特点有哪些？
3. 简述逆向设计的步骤。
4. 3D 打印技术的原理是什么？常见的工艺类型有哪些？

# 第 3 章

# 材料成型及热处理

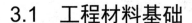

## 3.1 工程材料基础

### 3.1.1 金属材料

**1. 金属材料的发展**

根据所使用的工具材料的发展，可以将人类的历史大致分为石器时代和金属时代，而金属时代又分为铜器时代和铁器时代，标志着人类生产发展的 3 个飞跃阶段。20 世纪中期之后，随着高分子材料和先进复合材料的迅速发展，人类进入了高分子材料时代，但是这并不意味着金属材料的发展变慢了，而是更加迅猛地进入了一个大发展的新时期，到目前为止，全世界金属材料的年总产量（包括钢、铸铁和有色金属材料）已经高达数十亿吨以上。

早在约 5000 年前，人类在烧制陶器的过程中发现了冶铜术，后来人们在铜中加入金属锡（铜锡合金），使较软的铜制品变得非常坚硬。公元前 1200 年左右出现了炼铁技术，从此人类进入铁器时代。而我国青铜冶炼始于公元前 2000 年左右（夏朝早期），春秋战国时期就已经在农业生产中大量地使用铁器了。随后由铸铁发展到炼钢，大规模炼钢技术是 18 世纪工业革命的重要内容。我国在明朝之前钢铁生产量一直居世界前列，到了近代才逐渐落后于其他国家，以至于在新中国成立前我国年钢铁生产量最高也只有几十万吨。新中国成立后我国金属冶炼业得到了巨大的发展，其中钢铁生产量在 2005 年达到 3.5 亿吨，一跃成为世界第一产钢大国。

综上所述，金属材料在 20 世纪中期之前一直占据绝对优势地位，之后才逐渐被其他材料（高分子材料、无机非金属材料和先进复合材料等）取代，但是目前金属材料仍然占据主导地位，这主要是因为金属材料有着完善的生产工艺和庞大的生产能力，同时具有独特的物理性能，如高韧性和良好的导电性能等。

**2. 金属材料的分类**

金属材料按照其发展历程可以分为传统材料和先进材料，传统材料是指那些生产和使用历史都比较长的材料，如钢铁、铜和铝等，由于使用量比较大，与国民经济关系密切，因此有时也称为基础材料；先进材料是指那些具有优异性能且正在发展中的材料，如快（急）冷技术促进的非晶态金属软磁薄带，它比传统的冷轧硅钢片具有更高的高频导磁特性和低铁损；

由气相沉积技术促进的各种类型的金属薄膜等。

金属材料按照组成特点可以分为黑色金属、有色金属和特殊金属材料。黑色金属包括生铁（含碳量>2%）、钢（含碳量为 0.04%～2%）和工业纯铁；有色金属包括重金属（如铜、铅、锌、镍等）、轻金属（如铝、镁、钛等）、贵金属（如金、银、铂等）、稀有金属（如钨、钼、钽、铌、铀、钍、钯、铟、锗等）；特殊金属材料包括非晶态金属、形状记忆合金、超塑金属、储氢合金、超导合金、减震合金和高强高模铝锂合金等。

金属材料按照使用性能可以分为结构材料和功能材料。结构材料是指以力学性能为主要性能的材料，如飞机框架、压力容器和海洋平台等材料；功能材料是指以物理或化学性能为主要性能的材料，如高温测试用的热电偶金属丝、手机中磁铁采用的永磁材料、硬盘读写磁头用的金属多层膜巨磁阻材料等。

金属材料还有其他的分类方法，如按照学科问题可以分为相图与相变、结构与缺陷、表面和界面等，也可以按照材料的形式来分，如块体、薄膜、微粒、纤维等。

**3．金属材料的力学性能**

金属材料的力学性能是材料抵抗外力作用的能力，有时也称为机械性能。常用的力学性能指标有强度和塑性、硬度、疲劳极限等。

1）强度和塑性

强度是材料在外力作用下抵抗变形和破坏的能力。根据外力作用方式的不同，强度可以分为屈服强度、抗拉强度、抗压强度、抗弯强度和抗剪强度等。其中工程上常用的是屈服强度和抗拉强度。测定材料强度最基本的方法是拉伸试验，拉伸试验是指用静压力对拉伸标准试样进行缓慢的轴向拉伸，直到拉断的一种试验方法。在试验中可以测量力的变化和试样的伸长量，得到应力 $\sigma$ 和应变 $\varepsilon$ 的关系曲线，即应力-应变曲线，从而确定材料的强度和塑性。

在试验前按照 GB/T 228—2002 的规定，拉伸标准试样可以制成圆形和板形，因为圆形试样夹紧时易于对中，所以优先使用圆形试样。

低碳钢的应力-应变曲线如图 3-1 所示。从图 3-1 中可以看出，低碳钢在拉伸试验过程中明显地表现出 3 个阶段，即弹性变形、塑性变形和断裂阶段。在变形曲线 Ob 中，试样的伸长量随着载荷的增加而增加，外力去除后试样能够恢复原状，所以 Ob 段称为弹性变形阶段；在 Oa 段，应力和应变呈现正比关系，符合胡克定律；当应力超过 $\sigma_p$ 时，试样进入塑性变形阶段，曲线出现"平台"或锯齿，应力不增加或只有少量增加，而试样继续伸长（bc 段），称为屈服现象。当应力超过 $\sigma_s$ 时，整个试样发生均匀而显著的大量塑性变形（ce 段）。当应力增加到 $\sigma_b$ 时，试样发生局部变形，产生颈缩，应力明显减小，试样迅速伸长。

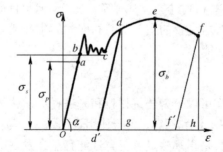

图 3-1 低碳钢的应力-应变曲线

(1) 屈服强度。

在应力-应变曲线上，$s$ 点应力 $\sigma_s$ 称为屈服极限或屈服强度，即 $\sigma_s = F_s/S_0$，其中 $F_s$ 为材料屈服时的最小拉伸力（N）；$S_0$ 为试样截面积（mm²）。

屈服强度是具有屈服现象的材料特有的强度指标，除退火或热轧的低碳钢、中碳钢等少数合金外，大多数合金没有屈服现象，所以工程上设定当标准试样产生的塑性变形量为标距长度的 0.2%时，所对应的应力值为该种材料的条件屈服强度，以 $\sigma_{0.2}$ 表示。屈服强度表明材料抵抗塑性变形的能力，其值越大，抵抗塑性变形的能力越强。由于在一些工程结构或机器上是不允许塑性变形的，因此屈服强度是工程设计和选材的重要依据。

(2) 抗拉强度。

在应力-应变曲线上，$b$ 点应力 $\sigma_b$ 称为抗拉强度。抗拉强度是材料在断裂之前所承受的最大应力，又称为强度极限。它是材料抵抗断裂的能力，也是评定材料强度的重要指标。例如，脆性材料没有屈服强度，则用抗拉强度作为设计依据。

(3) 塑性。

塑性是材料在静载荷作用下，断裂前发生永久变形的能力。常用的指标有断后伸长率 $\delta$ 和断面收缩率 $\psi$。断后伸长率 $\delta$ 是指拉断后标距的伸长量与原始标距的百分比。断面收缩率 $\psi$ 是指颈缩处截面积的最大缩减量与原始截面积的百分比。$\psi$ 越大，则材料的塑性越好，不受试样尺寸的影响，所以用 $\psi$ 表示塑性更接近材料的真实应变。

2) 硬度

硬度是材料抵抗局部塑性变形的能力。硬度是一个由材料的弹性、强度、塑性、韧性等一系列不同力学性能组成的综合性能指标。硬度越高，表示材料抵抗局部塑性变形的能力越强，也表示在一般情况下，材料的耐磨性能越好。

硬度的测定方法很多，常用的两类是压入法和划痕法，其中静载荷压入法可以测定布氏硬度（HB）、洛氏硬度（HR）、维氏硬度（HV）、显微硬度（HM）等；动载荷压入法可以测定肖氏硬度（HS）；划痕法可以测定莫氏硬度。不同测量方法得到的硬度不能直接比较，但是可以通过硬度换算表来对照比较。在机械制造生产中，应用广泛的硬度类别是布氏硬度、洛氏硬度和维氏硬度。

(1) 布氏硬度。

布氏硬度试验法将一定直径的钢球或硬质合金球，以一定的静载荷压入被测金属的表面，保持一段时间后卸除载荷，用显微镜测出压痕平均直径，用载荷除以压痕表面积求得布氏硬度值。布氏硬度试验法示意图如图 3-2 所示。

布氏硬度的计算公式为：

$$\text{HBS (HBW)} = 0.102 \frac{F}{\pi D h} = 0.102 \frac{2F}{\pi D(D - \sqrt{D^2 - d^2})}$$

当用淬火钢球做压头时，测得的硬度值用 HBS 表示，适用于测定硬度不高（小于 HB450）的材料，如退火钢、调质钢、有色金属；当材料的硬度值范围是 HB450～HB650 时，用硬质合金做压头，用 HBW 表示。

(2) 洛氏硬度。

洛氏硬度试验法用夹角为 120° 的金刚石锥体或直径为 1.588mm 的淬火钢球,以一定大小的压力压入试样表面,卸除压力,根据压痕深度确定硬度值。洛氏硬度试验法示意图如图 3-3 所示。

先以初载荷 98N 压入材料,这是为了消除试样表面不平对结果的影响,压到图 3-3 中位置 1,压入深度为 $h_1$;再加主载荷,压到位置 2,最后去除主载荷(初载荷不去除),压痕弹回到位置 3,深度为 $h_2$。两次载荷作用后深度差 $h = h_2 - h_1$,洛氏硬度用深度差 $h$ 来表示。人们习惯认为材料越硬,压痕越浅,硬度越高,为了符合人们的习惯,用某一常数值减去 $h$ 的差值作为硬度值。生产中常将洛氏硬度分成 A、B、C 三级,HRA 测定硬质合金、表面淬火层、渗碳钢;HRB 测定有色金属、退火钢、正火钢;HRC 测定淬火钢、调质钢。对于 HRA 和 HRC,常数值为 0.2mm,对于 HRB,常数值为 0.26mm,此外规定 0.002mm 为一个洛氏硬度单位,所以计算公式如下:

$$HRA = HRC = \frac{0.2 - h}{0.002} = 100 - \frac{h}{0.002}$$

$$HRB = \frac{0.26 - h}{0.002} = 130 - \frac{h}{0.002}$$

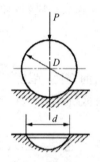

图 3-2 布氏硬度试验法示意图

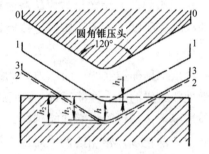

图 3-3 洛氏硬度试验法示意图

(3) 维氏硬度。

维氏硬度试验法与布氏硬度试验法基本相同,不同点是采用的压头是夹角为 136° 的金刚石四棱锥,试验力可以任选。维氏硬度试验法示意图如图 3-4 所示。压头在压力作用下压入被测材料的表面,保持一段时间后卸除压力,测量两条对角线的平均长度为 $d$,计算出表面积,最后计算出平均压力值,以此作为维氏硬度,计算公式如下:

$$HV = \frac{F}{S} = 0.1891 \frac{F}{d^2}$$

3) 疲劳极限

材料在交变应力的作用下发生断裂的现象称为疲劳。在规定次数(钢铁材料为 107 次,有色金属为 108 次)交变载荷作用下,不会引起材料断裂的最大应力,称为疲劳极限,光滑试样的弯曲疲劳极限用 $\sigma_{-1}$ 表示。

许多机器的零件(如轴、弹簧和齿轮等)在工作时承受交变载荷,当交变载荷值远远低于屈服极限时,零件就发生了断裂。疲劳断裂的发生是突然性的,事先没有明显的塑性变形阶段,是低应力脆断。金属材料的疲劳曲线如图 3-5 所示。从图 3-5 看出金属材料的应力越大,那么断裂前能够承受交变应力的次数 $N$ 越小,当最大交变应力 $\sigma_{max}$ 小于 $\sigma_{-1}$ 时,曲线与横坐标平行,金属材料能够承受的交变应力次数为无限大,不会发生断裂。一般钢铁材料的 $\sigma_{-1}$ 约是 $\sigma_b$ 的一半,非金属材料的疲劳极限远远低于金属材料。产生疲劳断裂的原因是材料内部的杂质或加工过程中形成的刀痕和尺寸变化引起的应力集中等,生产中常采用表面强化工艺(表面淬火、喷丸处理等)改善结构形状和表面质量来提高材料的疲劳极限。

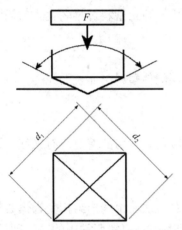

图 3-4　维氏硬度试验法示意图

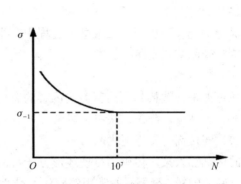

图 3-5　金属材料的疲劳曲线

## 3.1.2　非金属材料

工业中除大量使用金属材料外,一些非金属材料也得到了广泛的应用。非金属材料是指除金属材料以外的其他一切材料。这类材料种类很多,发展迅速,主要由有机高分子材料、无机非金属材料和复合材料 3 个部分组成。典型的有机高分子材料包括塑料、橡胶、化纤等;典型的无机非金属材料包括水泥、陶瓷、玻璃等;典型的复合材料包括无机非金属材料基复合材料、有机高分子材料基复合材料、金属基复合材料。本节主要介绍塑料、陶瓷和复合材料,了解其结构组成、性能等方面的基本知识。

**1. 塑料**

1)塑料的组成

塑料是以树脂为主要成分,加入各种添加剂的有机高分子材料。它在一定温度和压力下具有可塑性,能制成一定形状的制品,并且在常温下能保持形状不变,所以称为塑料。

(1)树脂。

树脂是塑料的主要成分,由于它在塑料中起着黏结的作用,并且决定塑料的基本性能,因此绝大多数塑料是以所用的树脂的名称来命名的,如酚醛塑料的主要成分是酚醛树脂。树脂分天然树脂(如松香、虫胶等)和合成树脂两类。合成树脂是用低分子的有机化合物作为原料,经过化学合成制造出的与天然树脂某些性能相似的树脂状产物,如聚乙烯、聚苯乙烯、聚酰胺(尼龙)等。

(2)填充剂。

填充剂比合成树脂便宜,常用来降低塑料成本,同时用来弥补树脂的某些性能不足,如加入铝粉可以提高塑料对光的反射能力及防止老化。常用的填充剂有木粉、玻璃纤维、石棉、云母粉、铝粉、二硫化钼、石墨粉等。

（3）增塑剂。

增塑剂是用来提高树脂的可塑性和柔软性的添加剂，满足塑料成型和使用要求。常用的增塑剂有氧化石蜡、磷酸酯类、甲酸酯类等。

（4）稳定剂。

稳定剂可以提高树脂在受热和光照作用下的稳定性，防止塑料过早老化。常用的稳定剂有硬脂酸盐、铅的化合物和环氧化合物等。

（5）润滑剂。

润滑剂能够防止塑料在成型的过程中产生粘模，还能使塑料制品表面光亮美丽。常用的润滑剂有硬脂酸和硬脂酸盐类。

（6）着色剂。

着色剂是使塑料制品具有美丽色彩的有机或无机颜料。常用的着色剂有铁红、铬黄、氧化铬绿、士林蓝、锌白、铁白、炭黑等。

（7）固化剂（又称硬化剂）。

固化剂加入某些树脂中可使线形分子链间产生交联，从而由线形结构变为体心结构，固化成刚硬的塑料。酚醛树脂常用的固化剂是六次甲基四胺，环氧树脂常用的固化剂是乙二胺、顺丁烯二酸酐，聚酯树脂常用的固化剂是过氧化物等。

（8）其他。

发泡剂、催化剂、阻燃剂、抗静电剂等。

2）塑料的分类

塑料按照应用范围分为以下几类。

（1）通用塑料。

通用塑料是指产量大、价格低、用途广的塑料，主要包括聚乙烯、聚氯乙烯、聚丙烯、聚苯乙烯、酚醛塑料等几类，它们占塑料总产量的 3/4 以上，大多用于生活制品，强度较低。

（2）工程塑料。

工程塑料作为结构材料在机械设备和工程结构中使用，它们的力学性能较高，耐热、耐腐蚀性能较好，常用的有聚酰胺、ABS、聚甲醛、聚碳酸酯 4 类，这类材料目前的发展非常迅速。

（3）特种塑料。

特种塑料是指具有某些特殊性能的塑料，如耐热塑料，一般塑料的工作温度不超过 100℃，但是耐热塑料可以在 100~200℃，甚至更高的温度下工作，包括聚四氟乙烯、聚三氟乙烯、有机硅树脂、环氧树脂等。这类塑料产量少，价格贵，只能用于特殊场合。

3）塑料的性能特点

（1）质量小，密度小，比强度高。

大部分塑料的密度在 1000~2000kg/m³ 之间，聚乙烯、聚丙烯的密度很小（约为 900kg/m³），较重的聚四氟乙烯的密度不超过 2300kg/m³，但是它们的比强度高，超过金属材料。可以考虑用塑料代替某些金属材料制造机械构件，这对要求减轻自重的车辆、船舶、飞机等具有重大意义。

（2）良好的耐腐蚀性能。

大多数塑料对酸、碱、有机溶剂等有良好的耐腐蚀能力，其中聚四氟乙烯连王水也不能腐蚀，所以塑料的出现帮助人们解决了化工设备上的腐蚀问题。

（3）优异的电气绝缘性能。

几乎所有的塑料都具有很好的电气绝缘性能，它们是电机、电器、无线电和电子工业中不可缺少的绝缘材料。

（4）耐磨性好。

大多数塑料摩擦系数低，有自润滑能力，可在湿摩擦和干摩擦条件下有效工作。

（5）良好的成型性。

大多数塑料都可以直接采用注塑或挤压成型工艺，生产率高，成本低。

塑料的不足之处是强度、硬度较低，不及金属；耐热性差，一般塑料仅能在 100℃ 以下工作，受外界能量（光、热）的作用容易老化；塑料的热膨胀系数比金属大 3～10 倍，尺寸稳定性较差；在长期载荷作用下，塑料易产生蠕变。

**2．陶瓷**

1）陶瓷的组成

传统意义上的陶瓷仅指陶器和瓷器两大产品，后来发展到泛指整个硅酸盐材料。现代意义上的陶瓷是对无机非金属材料的总称，除硅酸盐材料外，还包括氧化物类、氮化物类、碳化物类、硼化物类、硅化物类、氟化物类等非硅酸盐材料。

陶瓷是以离子键及共价键为主要结合力的无机非金属材料，它的组织结构非常复杂，一般由晶相、玻璃相和气相组成，相的组成、结构、数量、几何形状及分布状况等都影响陶瓷的性能。

（1）晶相。

晶相为某些化合物或固溶体，是陶瓷的主要组成相，晶相主要决定陶瓷的力学、物理、化学性能。陶瓷中的晶相物质主要有含氧酸盐（硅酸盐、钛酸盐、锆酸盐等）、氧化物（氧化铝、氧化镁等）、非氧化物（氮化物、碳化物等），由于陶瓷材料中的晶相不止一种，因此将多晶体相进一步分为主晶相、次晶相、第三晶相等。常见的晶相结构有氧化物结构和硅酸盐化合物结构。

（2）玻璃相。

玻璃相是在陶瓷烧结时各组成物和杂质产生一系列物理和化学变化后形成的一种非晶态物质。玻璃相是陶瓷材料中不可缺少的组成相，其作用是黏结分散晶相，降低烧结温度，抑制晶相的晶粒生长和填充气孔。玻璃相熔点低，热稳定性差，在较低温度下开始软化，导致陶瓷在高温下产生蠕变，强度低于晶相。因此，工业陶瓷必须控制玻璃相的含量，一般为 20%～40%，特殊情况下可达到 60%。

（3）气相。

气相是指陶瓷间隙中的气体，即气孔。陶瓷中的气孔分为两种，一种是开口气孔，它在生坯烧成时大部分被排出；另一种是闭口气孔，它存在于陶瓷的组织中，常常是产生裂纹的原因，使材料的强度降低。因此，应控制工业陶瓷中气孔的数量、形状、大小、分布，通常气孔体积百分比为 5%～10%。

2）陶瓷的分类

（1）普通陶瓷。

普通陶瓷是指黏土类陶瓷，由黏土、长石、石英配比例烧制而成，其性能取决于 3 种原料的纯度、粒度和比例。其组织中主晶相是莫来石（$3Al_2O_3 \cdot 2SiO_2$），占 25%～30%；次晶相是 $SiO_2$，占 10%～35%；玻璃相占 35%～60%；气相占 1%～3%。

普通陶瓷质地坚硬、耐腐蚀、不导电、能耐一定的高温，加工成型性好，工业上主要用于绝缘用的电瓷和对耐酸碱要求较高的化学瓷及承载要求较低的结构零件。

（2）特种陶瓷。

氧化铝陶瓷。氧化铝陶瓷是以 $Al_2O_3$ 为主要成分（$Al_2O_3>45\%$），含有少量的 $SiO_2$ 的陶瓷，根据 $Al_2O_3$ 的含量不同分为 75 瓷（75%$Al_2O_3$），又称为刚玉，95 瓷（95%$Al_2O_3$）和 99 瓷（99%$Al_2O_3$）。在氧化铝陶瓷中，$Al_2O_3$ 含量越高，玻璃相越少，气孔也越少，其性能越好。氧化铝陶瓷熔点高、硬度高、强度高，并且具有良好的抗化学腐蚀能力和介电性能，但是脆性大，抗冲击性能和抗热震性差，不能承受环境温度的剧烈变化。氧化铝陶瓷常用于制造高温炉的炉管、炉衬、坩埚，以及内燃机的火花塞等，还可制造高硬度的切削刀具，又是制造热电偶绝缘套管的良好材料。

氮化硅陶瓷。氮化硅陶瓷化学性能稳定，耐磨性好，摩擦因数小，热膨胀系数小，本身具有润滑性和优越的抗高温蠕变性能。氮化硅陶瓷在 1200℃条件下工作，强度仍不降低，抗热震性好。氧化硅陶瓷常用于耐磨、耐腐蚀的泵和阀、高温轴承、燃气轮机的转子叶片及金属切削刀具。

氮化硼陶瓷。氮化硼有六方氮化硼和立方氮化硼两种。六方氮化硼有良好的耐热性，导热系数和不锈钢相当，热稳定性能好。六方氮化硼在 2000℃时仍然是绝缘体，硬度低，常作为热电偶绝缘套管、半导体散热绝缘零件、高温轴承、玻璃制品成型模具。立方氮化硼具有仅次于金刚石的硬度，在高温下具有良好的化学稳定性、耐腐蚀、抗氧化、超宽带隙、高热导率、低介电常数、可以通过掺杂得到 N 型或 P 型半导体材料等特性，是超宽禁带半导体领域内最为典型的一种超硬材料，它在高温下不与铁、钴、镍等金属反应，是各行业里黑色金属加工的首选材料。

3）陶瓷的性能特点

（1）力学性能。

陶瓷具有高硬度、高弹性模量、高脆性、低抗拉强度和较高的抗压强度。因为陶瓷的高温强度好，在高温下不但保持高硬度，而且保持其室温下的强度，具有高蠕变抗力和抗高温氧化性，所以广泛用作高温材料。陶瓷承受温度急剧变化的能力（抗热震性）差，当温度剧烈变化时容易破裂。

（2）陶瓷的物理、化学性能。

热性能。陶瓷的热膨胀系数较小，比金属低得多；陶瓷的热传导主要靠原子的热振动来完成，不同陶瓷的导热性能是不同的，有的是良好的热绝缘材料，有的是良好的导热材料，如氮化硼、碳化硅陶瓷。

电性能。由于大多数陶瓷有较高的电阻率，较小的介电常数和介电耗损，因此可以作为绝缘材料；有些陶瓷具有一定的导电性，少数半导体陶瓷、压电陶瓷等已经成为无线电技术和高科技领域中不可缺少的材料，超导陶瓷是高温超导材料的重要组成部分。

光学特性。陶瓷一般不透明，但是随着科技的发展，目前已经研制出固体激光器材料、光导纤维材料、光存储材料等透明陶瓷品种。

化学稳定性。陶瓷的结构非常稳定，具有优良的抗高温氧化性及良好的抗蚀能力，陶瓷不但在室温下不会氧化，而且在 1000℃ 以上高温下不会氧化；不但对酸、碱、盐有良好的抗蚀能力，而且能抵抗熔融金属的侵蚀（$Al_2O_3$ 坩埚）。

**3．复合材料**

1）复合材料的组成

由两种或两种以上不同性质、不同形态的原材料通过复合工艺组合成的多相固体材料称为复合材料。通常将复合材料中比较连续的一相称为基体相，其余被基体相包含的相称为增强相，增强相和基体相之间的交接面称为界面。

基体相起着黏结、保护纤维并把外加载荷造成的应力传递到纤维上的作用。基体相可以由金属、树脂、陶瓷等组成，基体相承受应力作用的比例不大。增强相是主要承载相，起着提高强度或韧性的作用，增强相有细粒状、短纤维、连续纤维、片状等。

复合材料大体上有两种分类方法，按照基体材料分类，可分为金属基复合材料和非金属基复合材料（如树脂基复合材料、橡胶基复合材料、陶瓷基复合材料等）。按照增强材料的形态分类，可分为纤维增强复合材料（如纤维增强塑料、纤维增强橡胶、纤维增强陶瓷、纤维增强金属等）、粒子增强复合材料（如金属陶瓷、烧结弥散硬化合金等）和叠层复合材料（如双层金属复合材料等）。在这 3 类增强复合材料中，纤维增强复合材料发展最快，应用最广。

2）复合材料的分类

（1）常用纤维增强复合材料。

纤维增强复合材料中常用的纤维有玻璃纤维、碳纤维、硼纤维、碳化硅纤维、Kevlar 纤维等。这些纤维不仅可以增强树脂，还可以增强金属和陶瓷。

（2）纤维-树脂复合材料。

纤维-树脂复合材料可分为玻璃纤维-树脂复合材料、碳纤维-树脂复合材料、硼纤维-树脂复合材料、碳化硅纤维-树脂复合材料、Kevlar 纤维-树脂复合材料。

玻璃纤维-树脂复合材料也称玻璃钢。按照树脂性质可将其分为热塑性玻璃钢（玻璃纤维增强热塑性塑料）和热固性玻璃钢（玻璃纤维增强热固性塑料）。热塑性玻璃钢由 20%～40% 的玻璃纤维和 60%～80% 的热塑性树脂（如尼龙、ABS 等）组成，具有高强度和高冲击韧性、良好的低温性能和低热膨胀系数；热固性玻璃钢由 60%～70% 的玻璃纤维和 30%～40% 的热固性树脂（环氧树脂、聚酯树脂等）组成。玻璃钢的优点是密度小，强度高，其比强度超过一般高强度钢和铝合金及钛合金，耐腐蚀性、绝缘性、绝热性好；缺点是弹性模量低，热稳定性不高。玻璃钢主要用于制作要求自身轻的受力构件及无磁性、绝缘、耐腐蚀的零件，如直升机的机身、螺旋桨、发动机叶轮和重型发动机的护环、绝缘零件、化工容器及管道。

碳纤维-树脂复合材料通常由碳纤维和聚酯、酚醛、环氧、聚四氟乙烯等树脂组成。其优点是性能优于玻璃钢，具有高强度、高弹性模量、高比强度和比模量，优良的耐疲劳性能、耐冲击性能、耐腐蚀性和耐热性；缺点是纤维与基体结合力低，材料在垂直于纤维方向上的强度和弹性模量较低。碳纤维-树脂复合材料主要用于制作飞机机身、螺旋桨、尾翼，卫星壳体，机械轴承、齿轮等。

硼纤维-树脂复合材料主要由硼纤维和环氧、聚酰亚胺等树脂组成。其优点是具有高的比强度和比模量，良好的耐热性；缺点是各向异性明显，即纵向力学性能高而横向力学性能低，加工困难，成本昂贵。硼纤维-树脂复合材料主要用于航空航天工业中，制作要求刚度高的结构件，如飞机机身、机翼等。

碳化硅纤维-树脂复合材料是碳化硅纤维与环氧树脂组成的复合材料，具有高的比强度、比模量。其抗拉强度接近于碳纤维-环氧树脂复合材料，而抗压强度为后者的 2 倍。因此，碳化硅纤维-树脂复合材料是一种很有发展前途的新型材料，主要用于制作宇航器上的结构件，飞机的门、机翼、降落传动装置箱等。

Kevlar 纤维-树脂复合材料由 Kevlar 纤维和环氧、聚乙烯、聚碳酸酯等树脂组成。常用的是 Kevlar 纤维与环氧树脂组成的复合材料，其主要特点是抗拉强度大于玻璃纤维-树脂复合材料，与碳纤维-环氧树脂复合材料相似，延展性好，与金属相当。Kevlar 纤维-树脂复合材料具有优良的耐疲劳性和减振性，主要用于制作飞机机身、雷达天线罩、火箭发动机外壳、轻型船舰、快艇等。

（3）纤维-金属（或合金）复合材料。

纤维-金属复合材料由高强度、高模量的脆性纤维（碳纤维、硼纤维、碳化硅纤维）和具有韧性及低屈服强度的金属（铝及其合金、钛及其合金、铜及其合金、镍合金、镁合金、银、铅等）组成，具有比纤维-树脂复合材料高的横向力学性能和层间剪切强度，还具有冲击韧性好、高温强度高、耐热性、耐磨性、导热性、导电性好，尺寸稳定性好，不吸湿、不老化等优点，但是其工艺复杂、价格昂贵，仍处于研制和试用阶段。

（4）纤维-陶瓷复合材料。

由于用碳（或石墨）纤维与陶瓷组成的复合材料能大幅度提高陶瓷的冲击韧性和抗热震性、降低脆性，而且陶瓷能保护碳纤维在高温下不被氧化，因此这类材料具有很大的强度和弹性模量。例如，碳纤维-氮化硅陶瓷复合材料可在 1400℃温度下长期使用，用于制造喷气飞机的涡轮叶片；碳纤维-石英陶瓷复合材料的冲击韧性比纯烧结石英陶瓷大 40 倍，抗弯强度大 5~12 倍，比强度、比模量成倍提高，能承受 1200~1500℃ 的高温气流冲击，是一种很有前途的新型复合材料。

3）复合材料的性能特点

（1）比强度和比模量大。

复合材料的强度和密度之比（比强度）和模量与密度之比（比模量）均较大，如碳纤维—环氧树脂复合材料的比强度高达 $1.03×10^5$MPa/（g/cm$^3$），比模量可达 $0.97×10^7$MPa/（g/cm$^3$），超过一般钢材和铝合金，这些特性为某些要求自重轻和刚度好的零件提供了理想的材料。

（2）抗疲劳性能好。

多数金属的疲劳极限是抗拉强度的 40%~50%，而碳纤维增强的聚合物复合材料可达 70%~80%，这是由于两者在应力状态下裂纹扩展过程完全不同。例如，当金属材料疲劳破坏时，裂纹沿拉力方向迅速扩展而造成断裂，裂纹扩展的总趋势是不改变的；然而纤维增强复合材料在应力状态下，裂纹扩展方向要改变，裂纹尖端的应力状态也发生变化，在一定程度上阻止了裂纹的扩展。金属的疲劳破坏常在没有明显预兆时突然发生，复合材料的疲劳破坏是从基体开始的，逐渐扩展到纤维和基体的界面上，因此，复合材料在破坏前常有预兆，可以检查和补救。

(3) 减振性能好。

由于纤维复合材料的纤维和基体界面的阻尼较大,因此具有良好的减振性能。例如,用相同形状和大小的两种梁分别做振动试验,碳纤维复合材料梁的振动衰减时间比轻金属梁要短得多。

(4) 耐高温性能好。

一般铝合金的弹性模量随着温度升高而大幅下降,在 400℃时接近于零,强度也显著下降。然而碳纤维增强铝合金在此温度下,强度和弹性模量基本不变,为高温下工作的零件开辟了选材新途径。

(5) 抗断裂能力强。

纤维复合材料中有大量独立存在的纤维,一般每平方厘米上有几千到几万根,由具有韧性的基体把它们结合成整体。当纤维复合材料构件超载或其他原因使少数纤维断裂时,载荷就会被重新分配到其他未断裂的纤维上,因而构件不至于在短时间内发生突然破坏。因此,纤维复合材料具有比较高的断裂韧性。

# 3.2 铸造

## 3.2.1 铸造的概念和特点

铸造是熔炼金属,制造铸型,并将液态金属浇注到铸型型腔中,待其冷却凝固后,获得一定形状和性能的毛坯或零件的成型方法。铸件表面比较粗糙,尺寸精度不高,一般作为毛坯,需要经切削加工方能制成零件。少数精密铸件也可直接使用,如用特种铸造的方法生产的某些零件。

铸造生产具有以下特点。

- 可以生产出结构十分复杂的铸件,尤其是具有复杂形状内腔的铸件。
- 工艺灵活性大,几乎各种合金、尺寸、形状、质量的铸件都能生产。
- 生产批量范围大(1~几百万件/年)。
- 铸件的尺寸、形状与零件相近,节省了大量的材料和加工费用;铸造工艺可以利用回收的废旧材料和不合格产品,节约了成本和资源。
- 铸造生产工艺复杂,生产周期长,铸件力学性能较差,劳动强度大,而且容易对环境造成污染,铸件的缺陷较多,质量难以控制,废品较多。

铸造按生产方式不同,可分为砂型铸造和特种铸造。砂型铸造即用型砂紧实成型的铸造方法。特种铸造是与砂型铸造不同的其他铸造方法的统称,如金属型铸造、压力铸造、离心铸造、熔模铸造、陶瓷型铸造等。砂型铸造是应用最广泛的一种铸造方法,其生产的铸件占铸件总量的 80%以上。

## 3.2.2 砂型铸造

**1. 砂型铸造的一般过程**

砂型铸造的生产过程主要由制备铸型、熔炼金属、浇注铸件、铸件的清

3-1 铸造的基本概念.MP4

理等4个部分组成。每个部分由许多工艺操作组成,其中,造型和造芯两道工序对铸件的质量和铸造的生产率影响最大。砂型铸造的工艺过程如图3-6所示。

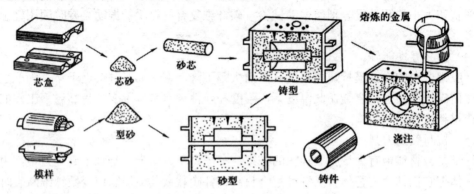

图3-6　砂型铸造的工艺过程

**2. 造型材料**

制造砂型与砂芯的材料称为造型材料。用来制造砂型的材料称为型砂,用来制造砂芯的材料称为芯砂,二者统称为型砂。型砂的质量直接影响铸件的质量和成本,砂型的砂眼、夹砂、气孔与黏砂等缺陷均与型砂的质量有关。

1) 型砂性能的要求

为保证铸件质量,满足砂型在造型、合箱、浇注及凝固冷却时的工作条件要求,型砂应具备如下几个方面的性能。

- 透气性。紧实的型砂通过气体的能力称为透气性。
- 强度。紧实的型砂在外力作用下,不变形、不破坏的性能称为强度。型砂强度过低,易造成塌箱、冲砂、砂眼等缺陷;型砂强度过高,易使透气性和退让性变差。
- 耐火度。型砂在高温金属液作用下不软化、不熔化、不烧结的性能称为耐火度。耐火度差的型砂易被金属液熔化,黏在铸件表面形成黏砂缺陷。
- 退让性。在铸件凝固和冷却过程中产生收缩时,型砂能被压缩、退让的性能称为退让性。退让性不好,铸件易产生内应力或开裂。型砂越紧实,退让性越差。
- 溃散性。型砂在浇注后容易溃散的性能称为溃散性。溃散性对清砂效率和劳动强度有显著影响。

此外,型砂还应有良好的流动性、韧性、可塑性等性能。

砂芯大部分被金属液包围,排气条件差,受高温金属液的作用力和热作用大,清理困难,所以芯砂必须比型砂具有更好的性能。

2) 型砂的组成

型砂一般是由原砂(砂子)、黏结剂、附加物和适量的水配制而成的。原砂是耐高温材料,是型砂的主体,其主要成分为 $SiO_2$(熔点为1713℃)。黏结剂的主要作用是在砂粒表面形成一层黏结膜使砂粒黏结,使型砂具有一定的强度、韧性等,常用的黏结剂为黏土、水玻璃及有机黏结剂等。为满足透气性等性能,型砂中还可加入煤粉、木屑等材料。

3) 型砂的配制

为了得到符合性能要求的型砂,必须按所需的配比和工艺来配制。已配好的型砂必须经过性能检测方可使用。产量大的铸造车间常用型砂性能试验仪检测,测定其湿度、透气性、含水量等。单件小批量生产车间多用手捏法检测,当型砂湿度适当时可用手捏成砂团,手放开后可看出清晰的轮廓;当折断时断面没有碎裂现象,同时有足够的强度。手捏法检测型砂如图3-7所示。

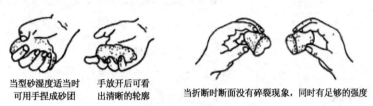

图3-7 手捏法检测型砂

**3. 造型方法**

用型砂、模样等工艺装备制造铸型的过程称为造型,造型分手工造型和机器造型两类,以下讲述手工造型方法。

当手工造型时,紧砂和起模是手工进行的,其操作灵活,工艺装备简单,生产准备时间短,但铸件质量较差,生产率低,且劳动强度大,仅适用于单件、小批量生产。

根据铸件的形状特征和复杂程度,手工造型可采用整模造型、分模造型、三箱造型、活块造型、挖砂造型、假箱造型、刮板造型等方法。下面介绍整模造型和分模造型方法。

1)整模造型

整模造型是用整体模样进行造型的方法,其造型过程如图3-8所示。整模造型的特点是模样为一个整体,造型时全部放在一个砂箱中,最大截面在模样一端是平面,分型面多为平面。整模造型不会产生错箱等缺陷,模样制造、造型都比较简便,适用于形状简单的铸件,如齿轮坯等盘、盖类铸件。

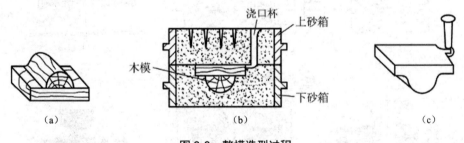

图3-8 整模造型过程

2)分模造型

分模造型的模样沿分模面(模样分开的面)分成两半,并将两个半模样分别放在上、下砂箱内进行造型,依靠销钉定位。分模造型的分型面一般是平面,有时也可为曲面、阶梯面等。其操作过程基本与整模造型相同。分模造型主要适用于最大截面在其轮廓的中部,而其余各截面的尺寸依次向两端递减的零件。分模造型的模样位于两个砂箱内,铸件尺寸精度较低,操作较简便,应用广泛,适用于形状较复杂的铸件,如套筒、管子和阀体等。分模造型过程如图3-9所示。

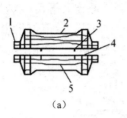 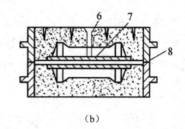 

(a)　　　　　　　　　　　(b)　　　　　　　　　　(c)

图 3-9　分模造型过程

### 3.2.3　熔模铸造

3-2　三遍冲置的步骤.MP4

熔模铸造是从古代失蜡铸造发展而成的一种精密铸造方法。它的工艺过程是根据图纸设计、制造精确的压型；用易熔材料（蜡或塑料）在压型中制成精确的可熔性模样；在可熔性模样上涂以若干层耐火材料，经干燥、硬化成整体型壳；加热型壳熔失模样，经高温焙烧而成耐火型壳，熔化金属浇入型壳，冷凝后敲碎型壳即可取出铸件。熔模铸造工艺过程如图 3-10 所示。

熔模铸造的优点是铸型不分型面，蜡模尺寸精确、表面光洁，所以铸件的尺寸精度较高，尺寸公差等级为 IT11～IT14，表面粗糙度 $Ra$ 可达 1.6～12.5μm，是一种少或无切屑加工的铸造方法。熔模铸造适用于各种合金，尤其适用于高熔点合金及难切削加工合金的复杂铸件生产，如耐热合金钢、磁钢等；适用于单件小批生产，也可成批大量生产。

但熔模铸造的工艺过程复杂，工序较多，生产周期长，成本较高，蜡模强度不高，易受温度影响而变形，故熔模铸造一般不适用于生产大型铸件，铸件质量一般不超过 25kg。目前，它在机械、动力、航空、汽车、拖拉机及仪表等领域有着广泛的应用。

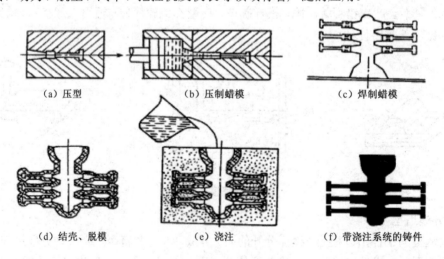

图 3-10　熔模铸造工艺过程

### 3.2.4　戒指铸造案例

下面就戒指铸造案例从 3D 设计到铸造成品进行详细的了解。

## 1. 3D 造型设计

使用 3D 软件设计 3D 造型，如图 3-11 所示，得到 3D 打印所需要的 STL 格式文件。

图 3-11　3D 造型设计

## 2. 3D 打印蜡模

使用 3D 打印机，将 STL 格式文件（数字模型）打印（转化）成实物模型（材料是可铸造光敏树脂），这就是下面将用到的蜡模。实物模型如图 3-12 所示。

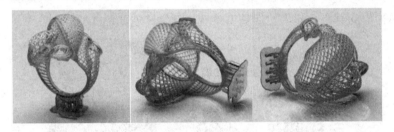

图 3-12　实物模型

## 3. 制作蜡树（铸造流道）

将所有 3D 打印的蜡模按一定顺序和间距集中在主流道四周。制作蜡树如图 3-13 所示。

图 3-13　制作蜡树

## 4. 制备石膏模

使用真空搅粉机，混合一定比例的石膏和水，包裹在蜡树四周得到石膏模。制备石膏模如图 3-14 所示。

图 3-14　制备石膏模

### 5. 焙烧石膏模

焙烧石膏模起到脱水、熔蜡、定型作用，最后得到中空的石膏模。焙烧石膏模如图 3-15 所示。

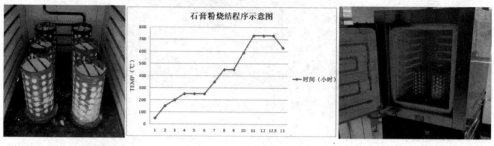

图 3-15　焙烧石膏模

### 6. 真空铸造

熔炼金属，借助真空负压，实现精密铸造。真空铸造如图 3-16 所示。

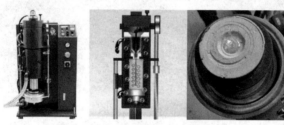

图 3-16　真空铸造

### 7. 高压清洗

将铸造好的石膏模先用水脱模降温，再利用高压清洗机冲掉残余的石膏就可以得到金属模型。高压清洗如图 3-17 所示。

图 3-17　高压清洗

### 8. 手工打磨

利用锉刀、砂纸等工具手工打磨金属模型，如图 3-18 所示。

图 3-18　手工打磨

**9. 磁力抛光**

借助磁力抛光机的磁针去除金属表面毛刺，磁力抛光如图 3-19 所示。

**10. 酸洗提亮**

进行酸洗提亮，完成后的成品如图 3-20 所示。

图 3-19 磁力抛光

图 3-20 成品

## 3.3 焊接

### 3.3.1 焊接的概念和特点

焊接是现代工业生产中广泛应用的一种金属连接方法，它是通过加热或加压（或两者兼用），并且用或不用填充材料，使焊件达到原子（分子）间结合的一种方法。

与机械连接、铆接、黏结等其他连接方法相比，焊接具有质量可靠（如气密性好）、生产率高、成本低、工艺性好等优点。

按照焊接过程的特点，焊接方法分为熔化焊（如气焊、手工电弧焊等）、压力焊（如电阻焊、摩擦焊等）和钎焊（如锡焊、铜焊等）3 类。

焊接的一般生产过程包括下料、装配、焊接、矫正变形、检验等。

### 3.3.2 焊接方法

**1. 焊条电弧焊**

1）设备与工具

（1）焊条电弧焊的常用设备。

3-3 焊接概述.MP4

焊条电弧焊的主要设备有交流电弧焊机和直流电弧焊机，交流电弧焊机又称为电弧焊变压器；直流电弧焊机有整流式直流电弧焊机和旋转式直流电弧焊机，整流式直流电弧焊机又称为电弧焊整流器。

电弧焊机的作用是向负载（电弧）提供电能，电弧将电能转换成热能，电弧热能使焊条和工件熔化，并在冷却过程中结晶，从而实现焊接。

（2）焊条电弧焊的常用工具。

除电弧焊机外，焊条电弧焊还常用到电焊钳、面罩、手锤、焊条保温筒、钢丝刷、皮手套、皮足盖、绝缘胶鞋等防护用具。

(3) 焊条。

焊条是进行焊条电弧焊时的焊接材料（焊接时所消耗的材料统称为焊接材料），由焊芯和药皮两部分组成。

焊芯是焊条内的金属丝，由特殊冶炼的焊条钢拉拔制成，主要起传导电流和填充焊缝的作用，同时可渗入合金。一般规定焊芯的直径和长度即焊条的直径和长度。

3-4 焊条电弧焊—焊条简介.MP4

焊芯表面的药皮由多种矿物质、有机物、铁合金等粉末用黏结剂按一定比例配制而成，主要起造气、造渣、稳弧、脱氧和渗合金等作用。

焊条按用途可分为碳钢焊条、低合金钢焊条、不锈钢焊条、铸铁焊条、镍和镍合金焊条、铜和铜合金焊条、铝和铝合金焊条等；按药皮熔渣化学性质分为酸性焊条和碱性焊条两类。药皮熔渣中酸性氧化物多的焊条称为酸性焊条，反之称为碱性焊条。酸性焊条有良好的工艺性，但焊缝的力学性能，特别是冲击韧性较差，只适合焊接强度等级一般的结构；碱性焊条的焊缝具有良好的抗裂性和力学性能，特别是冲击韧性较好，常用于焊接重要工件。

常用酸性焊条牌号有 J422、J502 等，碱性焊条牌号有 J427、J506 等。牌号中的"J"表示结构钢焊条，牌号中 3 位数字的前两位"42"或"50"表示焊缝金属的抗拉强度等级，如"42"或"50"分别表示焊缝金属的抗拉强度为 420MPa 或 500MPa；最后一位数字表示药皮类型和焊接电源种类，1~5 为酸性焊条，使用交流或直流电源均可，6~7 为碱性焊条，只能使用直流电源。

2) 焊条电弧焊的基本操作

焊条电弧焊的焊接步骤一般包括引弧、运条、焊缝收尾和焊后的清理和检查等。

(1) 引弧。

引弧是指使焊条和焊件之间产生稳定的电弧，从而保证焊接过程顺利进行。在引弧时，首先使焊条接触焊件表面形成短路，然后迅速将焊条向上提起 2~4mm 的距离，电弧即被引燃。

(2) 运条。

引弧后，进入正常的焊接过程。为了形成良好的焊缝，首先要掌握好焊条与焊件之间的角度（焊条与其纵向移动方向成 70°~80°，与垂直焊接方向成 90°）。

3-5 焊条电弧焊的基本操作.MP4

然后焊条要进行 3 个方向的运动，一是向熔池方向逐渐送进；二是沿焊接方向移动；三是为了获得一定宽度的焊缝，焊条沿焊缝横向摆动。以上 3 个方向的运动必须协调。

(3) 焊缝收尾。

在焊缝收尾时，要填满弧坑。因此，焊条在停止前移的同时，应在收弧处画一个小圈并自下而上慢慢将焊条提起，拉断电弧。

(4) 焊后的清理和检查。

焊接结束后，焊缝表面被一层熔渣覆盖，待焊缝温度降低后，用敲渣锤轻轻敲击除掉熔渣；焊件上焊缝两侧的飞溅金属可用扁铲铲除；使用钢丝刷清理焊缝及其周围。清理干净的焊缝，可用肉眼及放大镜进行外观检查，必要时应用仪器检验。若发现焊缝有不允许存在的缺陷，则需要采用修补措施；若变形，则需要进行矫正。

3）焊接接头与坡口

在焊接前，应根据焊接部位的形状、尺寸、受力的不同，选择合适的接头类型。常见的接头形式有对接接头、搭接接头、角接接头和 T 型接头，如图 3-21 所示。

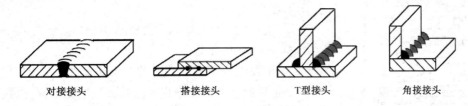

图 3-21　常见的接头形式

为了保证焊接质量，必须在焊接接头处开适当的坡口。坡口的主要作用是保证焊透，此外，坡口的存在还可形成足够容积的金属液熔池，以便焊渣浮起，不致造成夹渣。坡口的几何尺寸必须设计好，以便减少金属填充量、焊接工作量和变形。

对于钢板厚度在 6mm 以下的双面焊，因其手工焊的熔深可达 4mm，故可以不开坡口，即 I 型坡口。对于厚度在 6mm 以上的钢板，可采用 Y 型、双 Y 型和 U 型坡口。对接接头坡口形式如图 3-22 所示。

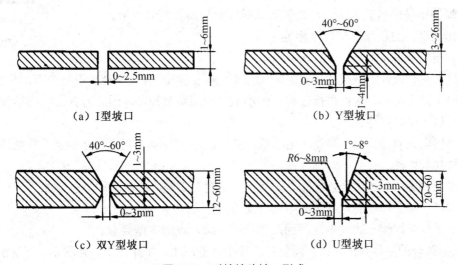

图 3-22　对接接头坡口形式

**2．氩弧焊**

1）设备与工具

氩弧焊是使用氩气作为保护气体的一种焊接技术，又称氩气体保护焊，会在电弧焊的周围通上氩气流，将空气隔离在焊区之外，防止焊区的氧化。氩弧焊按照电极的不同分为熔化极氩弧焊和非熔化极氩弧焊两种。

非熔化极氩弧焊（TIG）是在氩气流保护下，以不熔化的钨极和焊件作为两个电极，利用两个电极之间产生的电弧热量来熔化母材金属及焊丝的一种焊接方法。氩弧焊机前面板如图 3-23 所示。

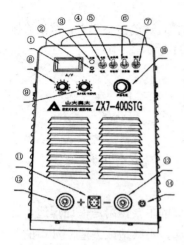

① 电流/电压显示表，当转换为"电流"时，显示焊接实际电流；当转换为"电压"时，显示实际输出电压。

② 保护指示灯，当焊机温度过高时，焊机停止工作，保护指示灯亮。

③ 工作指示灯，指示是否接通 380V 电源，接通时灯亮。

④ 显示转换开关。

⑤ 手弧焊/氩弧焊转换开关，当处于"手弧焊"位置时，焊机处于直流手弧焊工作状态；当处于"氩弧焊"位置时，焊机处于氩弧焊工作状态。

⑥ 自锁/非自锁转换开关。

⑦ 遥控/近控转换开关。

⑧ 引弧电流调节旋钮。

⑨ 推力电流/衰减时间调节旋钮。

图 3-23　氩弧焊机前面板

⑩ 焊接电流调节旋钮，在近控时使用，用于调节焊接电流。

⑪ 遥控/TIG 插座。

⑫ 焊接电缆快速插座（+），在氩弧焊时，此插座接工件。

⑬ 焊接电缆快速插座（-），在氩弧焊时，此插座接氩弧焊枪。

⑭ 出气嘴，与氩弧焊枪气管相连。

3-6　氩弧焊操作.MP4

2）性能特点和应用

- 氩气具有极好的保护作用，能有效地隔绝周围空气。氩气本身既不与金属起化学反应，也不溶于金属，使得焊接过程中的冶金反应简单易控制，因此为获得较高质量的焊缝提供了良好条件。
- 钨极电弧非常稳定，即使在电流很小的情况下（<10A）仍可稳定燃烧，特别适用于薄板材料焊接。
- 热源和填充焊丝可分别控制，因为热输入容易调整，所以这种焊接方法可进行全方位焊接，是实现单面焊双面成型的理想方法。
- 由于填充焊丝不通过电流，因此不产生飞溅，焊缝成型美观。

钨极氩弧焊的应用很广，在不同材料焊接上都能应用，如低合金高强度钢、不锈钢、耐热钢、铜、钛及其合金，铝、镁及其合金。钨极载流能力有限，致使焊缝熔深浅，焊接速度慢，一般适用于厚度小于 6mm 的焊件或管道的打底焊接。

**3．激光焊**

1）设备与工具

图 3-24 所示为四轴自动激光焊接机，由激光器系统、激光电源系统、焊接控制系统、运动控制系统、电动工作台、工作台底座、冷却系统、摄像系统 8 大部分组成。

（1）激光器系统的组成。

激光器是将电能转化为激光的装置，本机采用的是 Nd:YAG 晶体激光器，它包含以下部分。

泵浦灯：将电能转化为光能，对激光工作物质进行"激励"，本机采用高重复率脉冲氙灯，工作时电极和石英玻璃管表面需要冷却。

激光晶体：将光能转化为激光，采用 Nd:YAG 晶体作为工作物质。

聚光腔：将泵浦灯光聚焦、反射到激光晶体上，使激光晶体能够受到更多光的"激励"。

光学谐振腔：提供光学反馈，使光得以激发放大，形成高强度激光输出。

扩束系统：扩束镜将从输出镜片前输出的激光束整形放大，使聚焦镜处得到更加平行放大的激光束。

图 3-24 四轴自动激光焊接机

聚焦镜：将放大后的激光束进行聚焦，使平行的激光束聚焦在一个点上。

（2）激光电源系统的组成。

激光电源系统主要包括主控制板、充电电路、储能电路、放电回路等。

主控制板：采用工业微处理器对整个电源的工作进行控制，还提供电容式触摸屏，使用户观察和调整参数更加方便。

充电电路：由调压恒流系统组成，将交流 380V 变成直流 350~750V，为储能电路提供电源。

储能电路：将整流后的直流电充到高容量的电容里，为瞬间放电提供电能保证。

放电回路：由 IGBT 及驱动电路、保护电路组成，由数控系统按照用户设定参数开启或关闭。

（3）焊接控制系统，实现对焊接参数的控制。

（4）运动控制系统，使激光束按特定的要求沿焊接轨迹移动，实现激光的自动焊接功能。

（5）电动工作台，工作台行程 $X$ 轴为 300mm，$Y$ 轴为 200mm，$Z$ 轴为 80mm，工作台定位精度 $X$ 轴、$Y$ 轴为 ±0.02mm，$Z$ 轴为 ±0.03mm。

（6）工作台底座，为手动底座，精密度高，平稳性能好，使加工时找焦点位置更精确快捷。

（7）冷却系统，为激光发生器提供冷却功能，一般配备 735~3675W 功率的水循环冷水机。

（8）摄像系统，通过此系统对工件进行实时显微观察，用于在编制焊接程序时精确定位和检验焊接效果，一般配备高清数字式摄像系统。

2）性能特点和应用

激光焊适用于卫浴、五金、电池、眼镜行业，如水管接头、变径接头、三通、阀门、花洒头的 3D 空间曲线焊接及叶轮、把手等铸造件的焊接。

### 3.3.3 四轴自动激光焊接机焊接案例

以下讲述四轴自动激光焊接机的焊接案例。

装夹工件，首先将需要焊接的材料安装在夹具上，如图 3-25（a）所示，然后启动水冷机组，对激光发生器进行冷却，如图 3-25（b）所示。

打开激光焊接机的电源，调整激光头与工件的距离，使小显示器清晰地显示工件表面，根据工件情况设置合适的焊接参数，如图 3-26 所示。

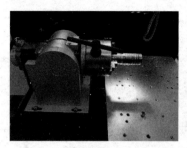

(a)安装　　　　　　　(b)启动水冷机组

图 3-25　装夹工具

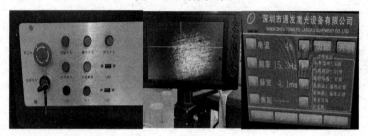

图 3-26　设置参数

启动操作软件,选择焊缝起点及终点,如图 3-27 所示,并拟合回位。

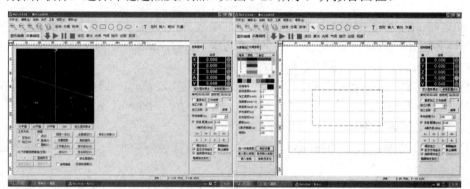

图 3-27　选择焊缝起点及终点

选择拟合后的焊缝并编译执行,如图 3-28 所示。

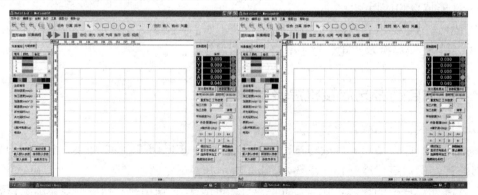

图 3-28　编译执行

## 3.4 金属热处理与表面处理

### 3.4.1 金属热处理

钢的热处理是指钢在固态下被加热、保温、冷却,改变其组织,从而获得所需性能的一种工艺方法。由于热处理的目的是消除毛坯(如铸件、锻件等)中的某些缺陷,改善其工艺性能,提高钢的力学性能,延长使用寿命,因此机械设备中超过 90%的零件都要经过各种热处理后才能使用。

3-7　热处理介绍与硬度测试.MP4

根据加热和冷却方式的不同,热处理分为普通热处理(如退火、正火、淬火、回火等)、表面热处理(如表面淬火、渗碳、渗氮和碳氮共渗等)和特殊热处理(如变形热处理等)。根据热处理在零件加工中的工序位置和作用,热处理还可以分为预备热处理和最终热处理。

热处理的方法很多,但是基本流程都是加热、保温和冷却 3 个阶段,热处理工艺曲线如图 3-29 所示。

钢的普通热处理工艺包括以下种类。

**1. 钢的退火**

退火是首先将金属材料加热到适当温度,保温一段时间,然后缓慢地冷却(随炉冷却)以获得接近于平衡组织的一种热处理工艺。退火的目的:降低硬度,以利于切削加工;消除工件内的残余应力,以稳定其尺寸,防止变形开裂;使不均匀的组织均匀,为以后的热处理工艺做好准备;消除内应力,细化晶粒,改善组织和机械性能。

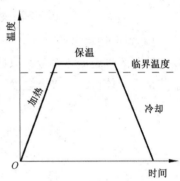

图 3-29　热处理工艺曲线

**2. 钢的正火**

正火是将钢材或钢件加热到 $A_{C3}$(对于亚共析钢)和 $A_{Ccm}$(对于过共析钢)以上 30～50℃,保温适当时间后,在空气中冷却,得到珠光体类型组织(一般为索氏体)的一种热处理工艺。和退火相比,正火的冷却速度更快,得到的组织比较细小,处理后材料的强度和硬度也更高一些,并且操作简便,能耗较少,所以应优先采用正火处理。钢的正火和各种退火的加热温度规范和工艺曲线如图 3-30 所示。正火常用于以下方面。

- 正火可以细化奥氏体,使晶粒均匀化,对于亚共析钢,可以使其中的铁素体-珠光体组织变细,从而提高钢的强度和硬度,且不降低韧性;对于普通结构钢零件,当机械性能要求不高时,常用正火作为最终热处理工艺。
- 对于过共析钢,正火可减少二次渗碳体的析出,从而阻止网状渗碳体析出。
- 改善低碳钢和低碳合金钢的切削加工性能。

**3. 钢的淬火**

淬火是将钢加热到 $A_{C3}$ 或 $A_{C1}$ 以上某一温度,保温一段时间使其奥氏体化后,以大于马氏体临界速度进行快速冷却,从而发生马氏体转变的一种热处理工艺。淬火的目的是提高钢的硬度、强度和耐磨性,淬火是强化钢材最重要的热处理方式。

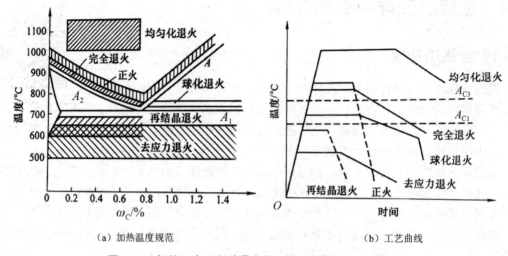

(a) 加热温度规范　　　　　　　　　　　(b) 工艺曲线

图 3-30　钢的正火和各种退火的加热温度规范和工艺曲线

1）淬火加热温度

碳钢的淬火加热温度可以用铁碳相图来确定，碳钢淬火加热温度范围如图 3-31 所示。为了防止奥氏体粗大，淬火温度一般规定在临界温度以上 30～50℃。

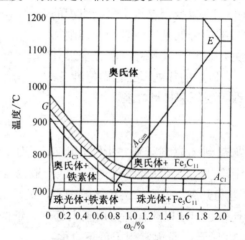

图 3-31　碳钢淬火加热温度范围

对于亚共析钢，一般采用完全奥氏体化，淬火温度为 $A_{C3}$ 以上 30～50℃，淬火后能够获得均匀细小的马氏体组织；如果加热温度在 $A_{C1}$～$A_{C3}$ 之间，则淬火后组织中有先析铁素体组织，钢的强度降低；如果加热温度过高，大于 $A_{C3}$，则引起奥氏体粗大，淬火后得到粗大的马氏体组织，钢的韧性降低。对于亚共析钢和过共析钢而言，由于淬火温度在 $A_{C1}$ 以上 30～50℃，事先经过球化退火处理，因此淬火后的组织是细马氏体加上颗粒状渗碳体和少量残余奥氏体，这种组织不但具有高强度、高硬度、高耐磨性，而且具有较好的韧性；如果将温度提高到 $A_{Ccm}$ 以上进行完全奥氏体化，奥氏体粗大，渗碳体溶解过多，则淬火后的马氏体粗大，马氏体中碳饱和度过大且残余奥氏体增多，不仅降低了硬度、耐磨性和韧性，还会增加变形和开裂的可能。

2) 淬火冷却介质

为了保证淬火质量，减小淬火压力和变形开裂，淬火的冷却方法是很关键的，需要采用适宜的淬火介质和适当的淬火方法。常用的淬火冷却介质有水、盐或碱的水溶液和油等，其冷却能力如表3-1所示。

表 3-1  常用的淬火冷却介质的冷却能力

| 淬火冷却介质 | 冷却速度（℃/s） | |
|---|---|---|
| | 550～650℃ | 200～300℃ |
| 水（18℃） | 600 | 270 |
| 水（50℃） | 100 | 270 |
| 10%NaCl+水 | 1100 | 300 |
| 10%NaON+水 | 1200 | 300 |
| 矿物油 | 100～200 | 20～50 |
| 0.5%聚乙烯醇+水 | 介于油和水之间 | 180 |

**4．钢的回火**

回火是首先将淬火钢重新加热到 $A_{C1}$ 以下某一温度保温，然后冷却的热处理工艺。回火的目的是减小和消除淬火的应力，保证相应的相变转变，提高钢的塑性和韧性，获得塑性、韧性、强度、硬度的适当配合，稳定工件尺寸，以满足各种用途工件的性能要求。

根据回火的温度不同，回火可以分成以下3类。

1) 低温回火（150～250℃）

低温回火的主要目的是降低淬火内应力和脆性。低温回火后的主要组织是回火马氏体，基本保持了淬火马氏体的硬度（58～62HRC）和高耐磨性，主要用于各种高碳钢的刃具、量具、冷冲模具、滚动轴承和渗碳工件。

2) 中温回火（350～500℃）

中温回火后的组织是回火托氏体，其硬度为35～45HRC，具有较高的弹性极限和屈强比，以及较好的冲击韧性，主要用于处理各种弹性零件和热锻模等。

3) 高温回火（500℃以上）

高温回火后的组织是回火索氏体，其硬度为25～35HRC，具有良好的综合力学性能，在保持较高强度的同时，具有良好的塑性和韧性，适用于处理重要结构零件，如在交变载荷下工件的传动轴、齿轮、传递连杆等。

淬火加上高温回火又称调质处理，主要用于中碳结构钢制造的机械零件。钢经过调质处理后得到回火索氏体组织，使钢的各种性能配合恰当，具有良好的综合力学性能。与片状珠光体相比，在强度相同时，回火索氏体的塑性和韧性大为提高。例如，45钢分别经过正火和调质处理后，在强度相同时，调质处理的伸长率提高50%，断面收缩率提高80%，冲击韧性提高100%。

## 3.4.2 钢的表面热处理和化学热处理

许多零件在弯曲、扭转的载荷下工作，同时受到磨损和冲击，其表面要比心部承受更高的应力。因此，要求零件表面具有较高的强度、硬度和耐磨性，而心部要求有一定的强度，较高的韧性和塑性。解决这类问题的途径有两个，一个是表面热处理，另一个是表面化学热处理。

**1. 钢的表面热处理**

表面热处理是指仅对钢的表面进行热处理来改变其组织和性能的工艺，在实际生产中经常用到的是表面淬火。表面淬火是使零件表面获得较高的硬度、耐磨性和疲劳强度，而心部仍保持良好的塑性和韧性的一类处理方法。依据加热方法的不同，表面淬火分为感应加热表面淬火、火焰加热表面淬火、电接触加热表面淬火、激光加热表面淬火、电子束加热表面淬火等。

3-8 钢零件的调质.MP4

**2. 钢的表面化学热处理**

化学热处理是将工件置于特定介质中加热和保温，使介质中的活性原子渗入工件表层，改变表层的化学成分和组织，从而使工件表层具有某些特殊力学性能或物理化学性能的一种热处理工艺。化学热处理一般是以表面渗入的元素来命名的，包括渗碳、渗氮、渗硼、渗铅、渗铝及多元共渗等，表 3-2 列出了化学热处理常用的渗入元素及作用。

化学热处理与表面淬火不同，前者表层不仅有化学成分的变化，还有组织的变化。与表面淬火相比，化学热处理能够获得更高的硬度、耐磨性和疲劳强度，并且可以提高工件表层的耐蚀性和高温抗氧化性。

表 3-2 化学热处理常用的渗入元素及作用

| 渗入元素 | 工艺方法 | 渗层组织 | 渗层厚度（mm） | 表面硬度 | 作用与特点 | 应用 |
| --- | --- | --- | --- | --- | --- | --- |
| C | 渗碳 | 淬火后为碳化物、马氏体、残余奥氏体 | 0.3～1.6 | 57～63HRC | 提高表面硬度、耐磨性、疲劳强度，渗碳温度较高（930℃），工件畸变大 | 常用于低碳钢、低碳合金钢、热作模具钢制作的齿轮、轴、活塞、销、链条 |
| N | 渗氮 | 合金氮化物、含氮固溶体 | 0.1～0.6 | 560～1100HV | 提高表面硬度、耐磨性、疲劳强度、抗蚀性、抗回火软化能力，渗氮温度（550～570℃）较低，工件畸变小，渗层脆性大 | 常用于含铝低合金钢、含铬中碳低合金钢、热作模具钢制作的齿轮、轴、镗杆、量具 |
| C、N | 碳氮共渗 | 淬火后为碳氮化合物、含氮马氏体、残余奥氏体 | 0.25～0.6 | 58～63HRC | 提高表面硬度、耐磨性、疲劳强度、抗蚀性、抗回火软化能力，工件畸变小，渗层脆性大 | 常用于低碳钢、低碳合金钢、热作模具钢制作的齿轮、轴、活塞、销、链条 |
| N、C | 氮碳共渗 | 氮碳化合物、含氮固溶体 | 0.007～0.02 | 500～1100HV | 提高表面硬度、耐磨性、疲劳强度、抗蚀性、抗回火软化能力，工件畸变小，渗层脆性大 | 常用于低碳钢、低碳合金钢、热作模具钢制作的齿轮、轴、活塞、销、链条 |

## 延伸阅读材料

### 世界顶级焊工——高凤林

2014年，在德国纽伦堡国际发明展上，一名来自中国的技术工人同时获得三项金奖，震惊了世界，他就是高凤林。国外有人为高凤林的精湛技艺所折服，向他抛出了橄榄枝，许以丰厚待遇和荣耀，高凤林答道："我相信航天事业发展了，工资待遇一定会赶上、超过你们，至于荣耀嘛，你说它能有我们制造的火箭把卫星送入太空荣耀吗？"

高凤林是世界顶级的焊工，也是我国焊工界金字塔的绝对顶端，他专门负责为我国的航天器部件焊接，是在我国航天事业中发挥了重要作用的人物。长征二号、长征三号都是经他手焊接完成的，我国许多武器研制过程也都有他的身影，人们说他是"为火箭筑心的人"。高凤林先后为90多发火箭焊接过"心脏"，占我国火箭发射总数近四成；先后攻克了航天焊接200多项难关。

由于火箭对外部机体材料要求尽量轻薄，因此高凤林的作业对象常常是只有一两厘米厚的材料或指头那么大的小部件，手略微抖一下或眨眼一下都会导致焊接失败。为了焊接时手法稳当，高凤林在入行初期曾练习平举沙袋，几千克的沙袋一手一个，平举一两个小时，就是为了增强手腕和手臂的力量，防止焊接时出现手抖的现象。

高凤林在长征二号火箭的焊接过程中提出了多层快速连续堆焊加机械导热等一系列保证工艺性能的方法，成功保障了长征二号火箭的发射；在国家"863"攻关项目50吨大氢氧发动机系统研制中，高凤林更是大胆突破理论禁区，创新混用焊头焊接超薄的特制材料……高凤林因为各种技术突破获得国家技术创新二等奖、航天技术能手等十数奖项。

焊接第一人——高凤林

曾经丁肇中先生的一次科研探测器项目在落地时遇到困难，就点名请来高凤林帮忙解决焊接上的技术难题，高凤林的高超技艺毋庸置疑。

统计下来会发现，如果没有高凤林的技术突破，中国大半的火箭升空至少会晚上10年。科学家们为火箭提供理论上的设计图纸，高凤林则是将这份设想转换为现实的至关重要的一环。

高凤林曾经说："每个人岗位不同，作用不同，仅此而已，心中只要装着国家，什么岗位都光荣，有台前就一定有幕后。"高凤林不计自身名利荣誉，一心为祖国的事业做贡献，甘于当祖国航天事业发展上一颗不起眼的螺丝钉，默默发挥自己的作用。

## 思考题

1. 缩颈现象出现在拉伸图上的哪一点？如果没有缩颈现象，是否表示该试样没有发生塑性变形？
2. 属于非金属材料的工程材料有哪些？
3. 试述常用工程塑料的种类、性能和应用。
4. 什么是复合材料？如何分类？

5. 何为铸造?铸造生产有哪些特点？
6. 试述砂型铸造生产铸件的工艺过程。
7. 什么叫型砂?型砂的主要性能要求是什么？
8. 焊条电弧焊常用设备与工具有哪些?
9. 焊条由哪两部分组成？各部分的作用是什么？
10. 简述焊条电弧焊的操作过程。
11. 简述氩弧焊的特点和应用。
12. 正火和退火的主要区别是什么？生产中如何选择正火和退火？
13. 回火的目的是什么？常用的回火种类有哪几种？
14. 简述常用的材料表面化学热处理技术，并说明其应用范围。

# 第 4 章

# 切磨削加工

## 4.1 车削加工

### 4.1.1 车削加工的概念

车削加工是指在车床上利用工件的旋转和刀具的移动,从工件表面切除多余材料,使其成为符合一定形状、尺寸和表面质量要求的零件的一种切削加工方法。它是切削加工中最主要、最常见的加工方法,通用性极强、使用范围广。在各类机床中,车床约占金属切削机床总数的一半左右。无论是在成批大量生产,还是在单件小批生产,以及在机械维护修理方面,车削加工都占有重要的地位。

**1. 车削加工范围**

车床的加工范围较广,主要适用于加工回转零件,包括零件的端面、内外圆柱面、内外圆锥面、内外螺纹、回转成型面、回转沟槽及滚花等。它可以加工各种金属材料(很硬的材料除外)和尼龙、橡胶、塑料、石墨等非金属材料,完成上述表面的粗加工、半精加工,甚至精加工。除用各种车刀外,在车床上还可使用钻头、铰刀、丝锥、滚花刀等。车床可完成的主要工作如图 4-1 所示。一般车削加工可达到的尺寸公差等级为 IT6~IT11,表面粗糙度 $Ra$ 可达 0.8~12.5μm。

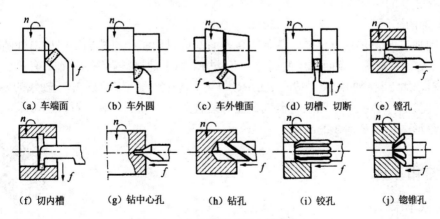

图 4-1 车床可完成的主要工作

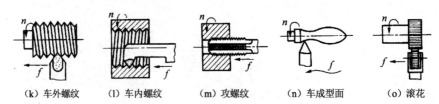

图 4-1 车床可完成的主要工作（续）

**2．车削加工的工艺特点**

1）车削的工艺特点

（1）车削易于保证工件各加工表面之间具有较高的位置精度。

在车床上加工工件时，工件绕某一固定的轴线做旋转运动，各回转表面具有同一个回转轴线，利于保证各个加工表面间同轴度的要求。例如，利用前、后顶尖或心轴安装工件，用拨盘拨动工件回转，其回转轴线是两顶尖中心的连线，在一次安装中加工的各个圆柱表面之间的位置精度很高。工件端面与轴线的垂直度要求则主要由车床本身的精度来保证。

（2）适于有色金属零件的精加工。

对于一些有色金属零件，由于材料本身的塑性好，硬度低，如果采用磨削加工，则砂轮容易被磨屑堵塞，使已加工表面的质量下降。因此，当有色金属零件加工表面的粗糙度 $Ra$ 要求较小时，可以采用车削方法进行加工。例如，用金刚石刀具，以很少的背吃刀量和进给量，以及很高的切削速度，进行精细车削，表面粗糙度 $Ra$ 可达 $0.1 \sim 0.4 \mu m$。

（3）切削过程比较平稳。

由于在车削加工时，刀具几何形状、背吃刀量和进给量一定，切削面积就基本不变，因此切削力基本不发生变化。除加工断续表面外，切削过程要比铣削、刨削平稳。

（4）刀具简单。

车刀是比较简单的刀具之一，制造、刃磨和安装都比较方便。在加工时，可以根据工件的具体加工要求，选择合理的刀具角度，以利于保证加工质量。

（5）生产率较高。

车削加工在一般情况下的切削过程是连续的，因为主运动是连续的旋转运动，可以避免惯性和冲击力的影响，所以车削允许采用较大的切削用量，进行高速切削或强力切削，使车削加工具有较高的生产率。

2）车削的应用

由车削加工的工艺特点可知，各种回转表面都可以用车削方法加工，如内外圆柱面、内外圆锥面、螺纹、沟槽、端面和成型面等。可以加工的工件材料有钢、铸铁、有色金属和某些非金属材料，加工材料的硬度一般在 30HRC 以下。车削一般用来加工单一轴线的零件，如台阶轴和盘套类零件等；采用四爪卡盘或花盘等装置改变工件的安装位置，也可以加工曲轴、偏心轮或盘形凸轮等多轴线的零件。

### 4.1.2 常用车床

**1．卧式车床**

车床种类繁多，主要有卧式车床、立式车床、仪表车床、转塔车

4-1 普通车床简介.MP4

床、多刀车床、自动及半自动车床、数控车床等。卧式车床是应用最广泛的一种，其使用台数约占车床总数的 60%左右。现以常用的 C6136A 型卧式车床为例，介绍型号中的有关含义。

C6136A 型卧式车床型号按照 GB/T 15375－2008《金属切削机床 型号编制方法》，由汉语拼音字母和阿拉伯数字组成。C6136A 型卧式车床的型号含义如下。

C：类代号（车床类）。

6：组代号（落地及卧式车床组）。

1：系代号（卧式车床系）。

36：主参数（车身上最大四转直径为 360mm）。

A：重大改进顺序号（第一次重大改进）。

卧式车床主要由床身、主轴箱、进给箱、光杠、丝杠、溜板箱、刀架、尾架和床腿等部分组成。各部分功能介绍如下。

床身：用来支承和安装车床各部件，并保证其相对位置。床身上面有内、外两组平行的导轨，供刀架及尾架移动导向和定位。

主轴箱：又称床头箱，用来支承主轴，将电动机的运动传给主轴，内部装有变速传动机构，可以使其做各种速度的旋转运动。主轴是空心的，孔中可以放入棒料，主轴右端（前端）的外锥面用来装夹卡盘和拨盘等附件，内锥面用来装顶尖。

进给箱：又称走刀箱，进给箱中装有进给运动的变速机构，调整其变速机构，可得到所需的进给量或螺距，通过光杠或丝杠将运动传至刀架以进行切削。

光杠、丝杠：将进给箱的运动传给溜板箱。光杠用于自动走刀车削除螺纹外的表面，丝杠只用于车削螺纹。丝杠的传动精度比光杠高。

溜板箱：溜板箱用来使光杠和丝杠的转动变为刀架的自动进给运动。溜板箱中设有互锁机构，使光杠和丝杠不能同时使用。

刀架：用来装夹车刀，带动车刀做纵向、横向或斜向进给运动。为此，刀架制成多层结构，从下往上分别是大拖板、中拖板、转盘、小拖板和方刀架。

尾架：尾架装在床身内侧导轨上，可以沿导轨移动到所需位置，也可沿横向进行少量调节，用来车削小锥度长锥面。尾架用于安装顶尖以支承轴类工件，或者装上钻头、铰刀、丝锥、板牙等进行切削加工。

床腿：固定在地基上，左右床腿内安装有电动机、开关等电气装置。

**2．立式车床**

立式车床如图 4-2 所示。装夹工件用的工作台绕垂直轴线旋转，故称为立式车床。

立式车床适合加工直径大而高度小于直径的大型工件，按其结构形式可分为单柱式和双柱式两种。立式车床的工作台处于水平位置，对于笨重工件的装卸和找正都比较方便，工件和工作台的质量比较均匀地分布在导轨和推力轴承上，有利于保持机床的精度，提高其生产率。

**3．转塔车床**

转塔车床可以说是卧式车床的一种变异，如图 4-3 所示，其结构上的明显特点是没有尾架和丝杠，卧式车床的尾架由转塔车床的转塔刀架代替。转塔刀架可以同时装夹 6 把（组）刀具，既能加工孔，又能加工外圆和螺纹。这些刀具按零件加工顺序装夹。转塔刀架每转 60°

就可以更换一把（组）刀具。四方刀架上亦可以装夹刀具进行切削。

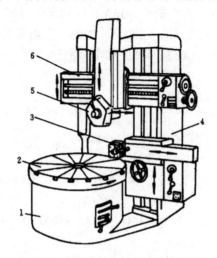

1—底座；2—工作台；3—侧刀架；4—立柱；5—垂直刀架；6—横梁

图 4-2 立式车床

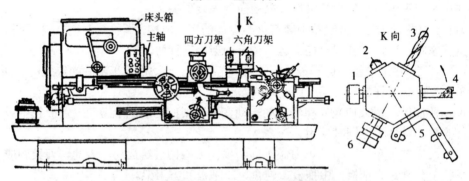

图 4-3 转塔车床（1~6 指 6 把不同的刀具）

转塔车床多为自动和半自动车床。自动和半自动机床在机床调整好后都能自动进行加工，它们的区别在于机床上装卸工件是否由人工进行，不需要人工进行装卸工件的机床称为自动机床，否则称为半自动机床。转塔车床主要用于在成批生产中加工轴销、螺纹套管及其他形状复杂的工件，生产率高。

## 4.1.3 车刀

在金属切削中，车刀是最简单的刀具，是单刃刀具的一种。为了适应不同车削要求，车刀有多种类型。常用的车刀如图 4-4 所示。按其用途可分为 90°外圆车刀、45°弯头外圆车刀、切断刀、内孔车刀、成型车刀、螺纹车刀、硬质合金不重磨车刀等。

4-2 车刀的基本知识.MP4

**1. 车刀的结构**

车刀由刀头和刀杆两部分组成。刀杆是车刀的夹持部分，用来将车刀夹持在刀架上。刀头是车刀的切削部分，由"三面、两刃和一刀尖"组成。

车刀从结构上分为 4 种，即整体式车刀、焊接式车刀、机夹式车刀、可转位式车刀，如图 4-5 所示。车刀结构特点及适用场合如表 4-1 所示。

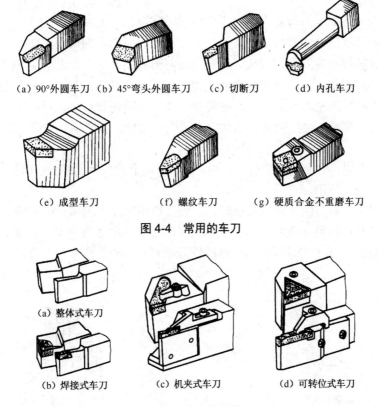

图 4-4 常用的车刀

图 4-5 车刀的结构

表 4-1 车刀结构特点及适用场合

| 名称 | 结 构 特 点 | 适 用 场 合 |
| --- | --- | --- |
| 整体式车刀 | 整体用高速钢制造，刃口可磨得较锋利 | 小型车床或加工有色金属 |
| 焊接式车刀 | 焊接硬质合金或高速钢刀片，结构紧凑，使用灵活 | 各类车刀，特别是小刀具 |
| 机夹式车刀 | 避免了焊接产生的应力、裂纹等缺陷，刀杆利用率高。刀片可集中刃磨获得所需参数，使用灵活方便 | 外圆、端面、镗孔、切断、螺纹车刀等 |
| 可转位式车刀 | 避免了焊接刀的缺点，切削刃磨钝后刀片可快速转位，不用刃磨刀具，生产率高，断屑稳定，可使用涂层刀片 | 大中型车床加工外圆、端面、镗孔，特别适用于自动线、数控机床 |

**2．车刀的刃磨**

未经使用的新刀或用钝后的车刀需要进行刃磨，得到所需参数和锋利刀刃后才能进行车削。车刀的刃磨一般在砂轮机上进行，也可以在工具磨床上进行。

1）砂轮的选择

常用的砂轮有氧化铝（白色）砂轮和碳化硅（绿色）砂轮两种，刃磨高速钢车刀用氧化铝砂轮，刃磨硬质合金车刀用碳化硅砂轮。砂轮有软硬粗细之分，粗细以粒度表示，数字越大，则表示砂轮越细。粗磨车刀应选用较粗的软砂轮，精磨车刀应选用较细的硬砂轮。

2）车刀的刃磨方法与步骤

虽然车刀有多种类型，但刃磨的方法大致相同，现以90°硬质合金焊接式车刀为例，介绍其刃磨步骤与要领。

用氧化铝砂轮磨去车刀的前刀面、主后刀面、副后刀面上的焊渣。

用氧化铝砂轮磨出刀柄的后角，其大小应比车刀的后角、副后角大2°左右。

用碳化硅砂轮刃磨各刀面及刀头。粗磨主后刀面如图4-6（a）所示。双手握住刀柄使主切削刃与砂轮外圆平行，刀柄底部向砂轮稍微倾斜，倾斜角度应等于后角，使车刀慢慢地与砂轮接触，并在砂轮上左右移动。刃磨时应注意控制主偏角及后角，后角应大些。

当粗磨副后刀面时，要控制副偏角和副后角两个角度。粗磨副后刀面如图4-6（b）所示，刃磨方法同上。

当粗磨前刀面时，要控制前角及刃倾角。通常刀坯上的前角已制出，稍加修正即可，粗磨前刀面如图4-6（c）所示。

当精磨前刀面、后刀面与副后刀面时，一般要选用粒度大的碳化硅砂轮。

当刃磨刀尖时，刀尖有直线与圆弧等形式，应根据切削条件与要求选择。在刃磨时，使主切削刃与砂轮成一定的角度，使车刀轻轻移向砂轮，按要求磨出刀尖。通常刀尖长度为0.2～0.5mm。

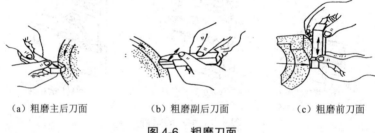

(a) 粗磨主后刀面　　(b) 粗磨副后刀面　　(c) 粗磨前刀面

图4-6　粗磨刀面

**3．车刀的安装**

车刀在刀架上的安装位置是否正确，不仅影响刀具的几何角度，还关系到切削加工是否能顺利进行。当安装车刀时，应注意下列几点。

- 车刀的刀尖应与车床主轴轴线等高。车刀装得太高，前角变大，后刀面与工件加剧摩擦；车刀装得太低，前角变小，切削时工件会被抬起，易把车刀折断。在生产中常用尾架顶尖的高度来校正刀尖的高度，通过调整刀柄下面的垫片数来校准高度。垫片数不宜太多，一般为1～2片。
- 车刀刀柄应与车床轴线垂直，否则将改变主偏角和副偏角的大小。
- 车刀刀头不宜伸出太长，否则刀具刚性下降，切削时容易产生振动，影响工件加工精度和表面粗糙度。一般刀头伸出长度不超过刀柄厚度的两倍。
- 垫片要平整，并且与刀架前端对齐。

车刀装好后应检查车刀在工件的加工极限位置时是否会产生干涉或碰撞。车刀的安装如图4-7所示。

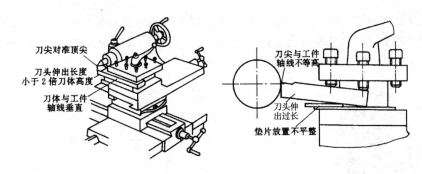

图 4-7 车刀的安装

## 4.1.4 工件安装

车床主要用于加工回转表面。工件的正确安装应该使要加工表面的中心线和车床主轴的中心线重合，同时要把工件夹紧，以承受切削力。在车床上装夹工件的方法很多，装夹工件的常用机床附件有三爪卡盘、四爪卡盘、顶尖、心轴、中心架、跟刀架、花盘和弯板等。

4-3 车刀、工件及其装夹.MP4

**1．用卡盘安装工件**

当加工较短的棒料（$L/D \leqslant 4$，其中 $L$ 为工件长度，$D$ 为工件直径）时，采用卡盘装夹。卡盘分三爪卡盘和四爪卡盘。

1）三爪卡盘

三爪卡盘是车床上最常用的附件，其构造如图 4-8 所示。当用卡盘扳手转动小锥齿轮时，大锥齿轮也随之转动，在大锥齿轮背面平面螺纹的作用下，3 个卡爪同时向心部移动或退出，以夹紧或松开工件。当工件直径较小时，可用正爪夹紧外圆；对于内孔较大的盘套类工件，可用正爪反撑；当外圆直径较大时，可用反爪夹紧，如图 4-8 所示。

三爪卡盘可自动定心，装夹工件方便迅速，但由于不能获得高的定心精度（跳动误差可达 0.05～0.08mm，且重复定位精度较低），传递的扭矩也不大，因此主要用来装夹圆形截面的中、小型工件，也可装夹截面为正三边形、正六边形的工件。当较重的工件进行装夹时，宜用四爪卡盘装夹。

装夹工件时必须装正夹牢，夹持工件的长度一般不得小于 10mm，如果工件夹持长度较短而伸出部分较长，往往会产生歪斜，若歪斜量过大，则必须首先进行校正，然后用力夹紧方可车削。不宜夹持长度较小又有明显锥度的毛坯外圆。当机床开动时，工件不能有明显的摇摆、跳动，否则要重新找正工件的位置，夹紧后方可进行加工。

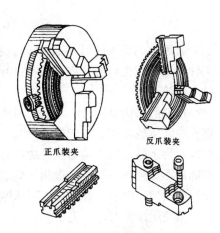

图 4-8 三爪卡盘的构造

2）四爪卡盘

四爪卡盘的结构如图 4-9 所示。4 个卡爪分别安装在卡盘体的 4 个槽内，卡盘背面有螺纹，与 4 个螺杆相啮合，分别转动这些螺杆，就能逐个调整卡爪的位置，可用来装夹方形、椭圆、偏心或不规则形状的工件，且夹紧力大。因为四爪卡盘在装夹时不能自动定心，所以在安装工件时必须用划线盘或百分表找正，用百分表找正时安装精度可达 0.01mm。图 4-10 所示为用百分表找正外圆的示意图。

图 4-9　四爪卡盘的结构

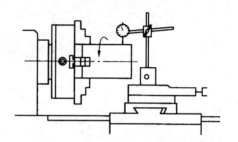

图 4-10　用百分表找正外圆的示意图

**2．用顶尖安装工件**

对于工件较长或需要调头车削的轴类零件，或者在车削后还需要磨削的轴类工件，为了保证各工序加工的表面的位置精度要求，通常以工件两端的中心孔为统一的定位基准，用双顶尖装夹工件，如图 4-11 所示。

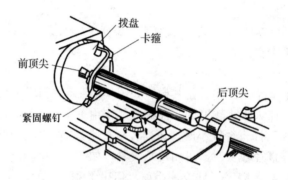

图 4-11　用双顶尖装夹工件

前后顶尖是不能带动工件转动的，必须通过拨盘和鸡心夹头（又称桃子夹头）才能带动工件转动。拨盘后端有内螺纹与主轴连接，拨盘带动鸡心夹头转动，鸡心夹头夹紧工件并带动工件转动。

顶尖的结构有两种：死顶尖和活顶尖，如图 4-12 所示。车床上的前顶尖装在主轴前端的锥孔内随主轴与工件一起转动，与工件无相对运动，不发生摩擦，常采用死顶尖。在高速切削时，为了防止后顶尖与工件中心孔摩擦发热过多而磨损或烧坏，常采用活顶尖。活顶尖的准确度不如死顶尖高，一般用于粗加工或半精加工。当轴的精度要求比较高时，后顶尖也应该用死顶尖，但要合理选择切削速度。

当使用顶尖时，应先车平端面，并用中心钻打出中心孔，中心孔如图 4-13 所示。中心孔的圆锥部分与顶尖配合，应平整光洁，以减少切削时的振动。

为了加大粗车时的切削用量或对于无调头车削也无磨削工序的轴类工件，可采用一端夹，另一端顶的装夹方式（一端用卡盘装夹，另一端用尾架顶尖顶住），如图 4-14 所示。如果只用卡盘装夹一端，另一端悬伸过长、刚性较差，则加工时工件会产生弹性变形和振动，车外圆会产生外伸端直径较根部大的形状误差,加上尾架顶尖就会避免这种误差。但工件在卡盘内夹持的部分不能太长,否则会产生过定位。这种装夹方式往往用于精度不高的轴类零件或零件的粗加工中。

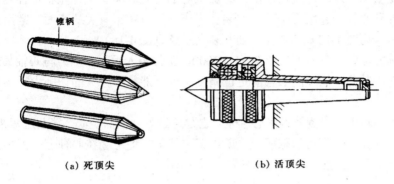

(a) 死顶尖　　　　　　　　(b) 活顶尖

图 4-12　顶尖

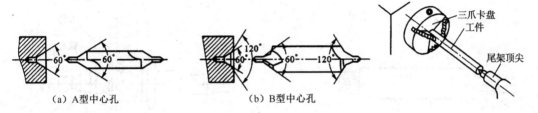

(a) A型中心孔　　　　　　(b) B型中心孔

图 4-13　中心孔　　　　　图 4-14　一端夹,另一端顶的装夹方式

### 3. 用花盘安装工件

在车削加工时,往往会遇到一些不能直接用三爪卡盘和四爪卡盘安装的外形复杂或不规则的工件,这时必须用花盘来安装工件。

花盘是安装在车床主轴上的一个大圆盘,盘面上的许多长槽用以穿放螺栓,工件可用螺栓和压板直接安装在花盘上。花盘装夹如图 4-15 所示;也可以把辅助支承角铁(弯板)用螺钉牢固夹持在花盘上,工件则安装在弯板上。花盘-弯板装夹如图 4-16 所示。

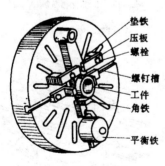 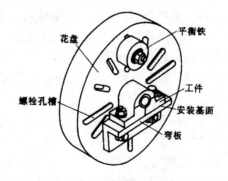

图 4-15　花盘装夹　　　　　图 4-16　花盘-弯板装夹

用花盘或花盘-弯板装夹工件时,由于重心偏在一边,需要在工件的另一边加平衡铁,以避免加工时出现冲击振动,因此这种装夹方法比较复杂。

### 4. 用心轴安装工件

对于孔与外圆的同轴度及两端面对孔的垂直度要求都比较高的盘套类零件，往往难以用卡盘装夹满足要求，这时，就需要用已经加工好的内孔表面定位，先将工件套紧在特制的心轴上，把工件和心轴一起用两个顶尖安装在机床上，再精车有关的表面。常用的心轴有锥度心轴（装夹示意见图4-17）和圆柱心轴（装夹示意见图4-18）。

锥度心轴的锥度一般为1∶5000～1∶2000，工件装入后靠摩擦力与心轴紧固。这种心轴装卸方便，对中准确，能提高心轴的定位精度，但不能承受较大的切削力，多用于盘套类零件的精加工。

圆柱心轴的对中准确度较锥度心轴差，它是通过外圆柱面定心、端面压紧来装夹工件的。圆柱心轴与工件孔一般采用间隙配合，所以工件能很方便地套在心轴上，但由于配合间隙较大，一般只能保证同轴度在0.02mm左右。

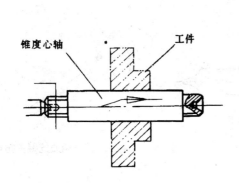

图4-17 锥度心轴装夹

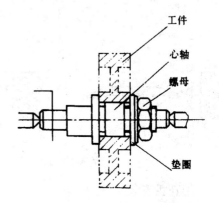

图4-18 圆柱心轴装夹

## 4.1.5 车床操作基础

### 1. 刀架极限位置检查

刀架用来装夹车刀，带动车刀做纵向、横向或斜向的进给运动，它由大拖板（又称床鞍）、中拖板（又称中滑板）、转盘、小拖板（又称小刀架）和方刀架组成，如图4-19所示。

切削之前，要检查大、中、小拖板的极限位置，以免在切削过程中发生干涉。

转盘与中拖板用螺栓固定在一起。松开螺母，转盘可在水平面内任意转动。小拖板沿转盘上面的导轨进行短距离的移动。将转盘旋转一定角度，并用螺母固紧后，小拖板便可带动车刀进行相应的斜向移动，可用来车削圆锥。小拖板的行程是有限的，车削圆锥时既要保证被切削工件的行程，又要确定好小拖板的极限位置。

方刀架用于夹持刀具，可同时安装4把车刀。松开上面的锁紧手柄即可转位换刀，再锁紧手柄即可使用。

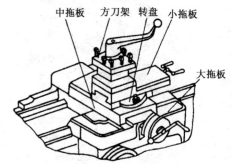

图4-19 刀架的组成

## 2. 试切的方法与步骤

工件在车床上安装好以后,需要根据工件的加工余量决定切削次数和每次切削的背吃刀量 $a_p$。当半精车和精车时,为了准确确定背吃刀量 $a_p$,保证工件的尺寸精度,只靠刻度盘来进刀是不行的。因为刻度盘和丝杠都有误差,往往不能满足半精车和精车的要求,这就需要采用试切的方法。试切的方法与步骤如图 4-20 所示,这是试切的一个循环。经测量,如果尺寸合格,即可开车按原背吃刀量 $a_p$ 车出整个外圆;如果尺寸不合格,应自图 4-20(f)再次横向进给并确定适当的背吃刀量 $a_p$,重复图 4-20(d)、图 4-20(e),直到尺寸合格为止。

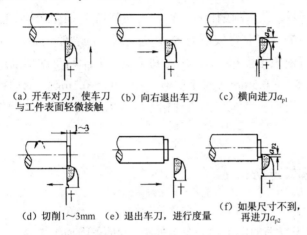

图 4-20 试切的方法与步骤

## 3. 粗车与精车

车削每个零件上的每一个加工面,往往都需要多次切削才能完成。为了提高生产率,保证加工质量,在生产中常把车削加工分为粗车和精车。

1) 粗车

粗车的目的是尽快地从工件上切去大部分加工余量,使工件接近最后的形状和尺寸,但要给精车留有合适的加工余量,对精度和表面粗糙度的要求都较低。粗车后尺寸公差等级一般为 IT11～IT14,表面粗糙度 $Ra$ 一般为 4.3～12.5μm。

在生产中,由于加大背吃刀量对提高生产率最为有利,而对车刀寿命的影响最小,因此粗车时要首先选用较大的背吃刀量,其次适当加大进给量,最后确定切削速度,一般选用中等或偏低的切削速度。

当使用硬质合金车刀粗车时,切削用量的选用范围如下:背吃刀量 $a_p$ 取 2～4mm;进给量 $f$ 取 0.15～0.4mm/r;切削速度 $v_c$ 因工件材料不同而略有不同,切钢时取 0.8～1.2m/s,切铸铁时可取 0.7～1.0m/s。

当粗车铸件或锻件时,因工件表面有硬皮,可先倒角或车出端面,再用大于硬皮厚度的背吃刀量粗车外圆,使刀尖避开硬皮,以防刀尖磨损过快或被硬皮碰坏。粗车铸件的背吃刀量如图 4-21 所示。

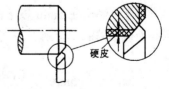

图 4-21 粗车铸件的背吃刀量

2) 精车

精车是切去余下少量的金属层以获得零件所要求的尺寸

精度和表面粗糙度的过程，因此背吃刀量较小，为 0.1～0.2mm。粗车给精车留有的加工余量一般为 0.5～2mm，尺寸公差等级可达 IT7～IT8，表面粗糙度 $Ra$ 可达 1.6μm。

精车的一个突出问题是如何保证零件表面粗糙度的要求，主要措施有以下几点。

- 采用较小的副偏角或刀尖磨出小圆弧。
- 选用较大的前角，并用油石把车刀的前刀面和后刀面打磨得光滑一些。
- 合理选择切削液。低速精车钢件采用乳化液，低速精车铸铁件采用煤油，高速精车一般不用切削液。
- 合理选择切削用量。在车削钢件时，较高的切削速度（1.7m/s 以上）或较低的切削速度（0.1m/s 以下）都可获得较小的 $Ra$。选用较小的背吃刀量对减小 $Ra$ 有利。采用较小的进给量可使残留面积减小，也有利于减小 $Ra$。精车的切削用量选择范围如下：背吃刀量 $a_p$ 取 0.3～0.5mm（高速精车）或 0.05～0.1mm（低速精车）；进给量 $f$ 取 0.05～0.2mm/r；用硬质合金车刀高速精车钢件时切削速度 $v_c$ 取 1.7～3.3m/s，精车铸铁件取 0.8m/s。

### 4.1.6 车削加工基本方法

**1．车削外圆**

4-4　车削外圆.MP4

将工件车削成圆柱形表面的加工称为车削外圆，这是车削加工中最基本、最常见的工序。常见的车削外圆方法如图 4-22 所示。尖刀主要用于粗车外圆和车削没有台阶或台阶不大的外圆；弯头刀用于车削外圆、端面、倒角和带 45°斜面的外圆，应用较为普遍；偏刀因主偏角为 90°，车削外圆时的背向力很小，所以常用来车削细长轴和带有直角台阶的外圆。

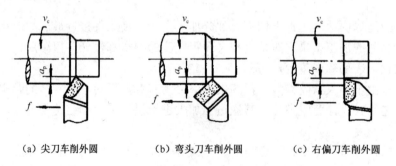

（a）尖刀车削外圆　　（b）弯头刀车削外圆　　（c）右偏刀车削外圆

图 4-22　常见的车削外圆方法

当车削高度在 5mm 以下的台阶时，可在车削外圆时同时车出。车削低台阶如图 4-23 所示。为使车刀的主切削刃垂直于工件的轴线，可在车削好的端面上对刀，使主切削刃与端面贴平。

车削高度在 5mm 以上的直角台阶，装刀时应使主切削刃与工件轴线的夹角大于 90°，分层进行切削，如图 4-24（a）所示。在末次纵向进给后，车刀横向退出，车削出 90°台阶，如图 4-24（b）所示。

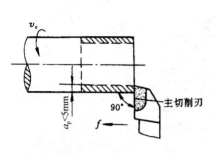
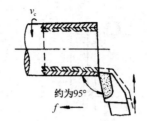
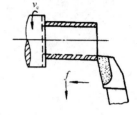

图 4-23　车削低台阶

（a）偏刀主切削刃和工件轴　　（b）在末次纵向进给后，
线约为95°，分多次纵向进给车削　　车刀横向退出，车削出90°台阶

图 4-24　车削高台阶

**2．车削端面**

车削端面是车削加工中基本、常见的工序。常见的车削端面方法如图 4-25 所示。

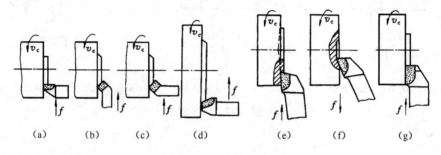

图 4-25　常见的车削端面方法

用 90°左偏车刀车削端面，如图 4-25（a）所示，特点是切削轻快顺利，适用于车削有台阶的端面。用 45°车刀车削端面，如图 4-25（b）～图 4-25（c）所示，特点是刀尖强度高，适用于车削大平面，并能倒角与车削外圆。用 60°～75°车刀车削端面，如图 4-25（d）所示，特点是刀尖强度高，适于用大切削量车削大平面。用 90°右偏车刀车削端面，如图 4-25（e）～图 4-25（g）所示，图 4-25（e）所示为车刀由外向中心进给，用副切削刃进行切削，切削不顺利，容易产生凹面；图 4-25（f）所示为车刀由中心向外进给，用主切削刃进行切削，切削顺利，适于精车平面；图 4-25（g）所示为在副切削刃上磨出前角，车刀由外向中心进给，避免了图 4-25（e）所示方法的缺点。

4-5　车削端面.MP4

**3．切槽与切断**

1）切槽

回转表面一般存在一些沟槽，有退刀槽、砂轮越程槽、油槽、密封圈槽等，分布在工件的外圆表面、内孔和端面上。切槽如图 4-26 所示。

切槽和车端面很相似，所用的刀具为切槽刀，加工时沿径向由外向中心进刀。

对于宽度小于 5mm 的窄槽，主切削刃可与槽等宽，一次切出，槽的深度一般用刻度盘控制。对于宽度大于 5mm 的宽槽，用切槽刀分几次横向进给，在槽的底部和两侧均留余量，最后精车到所需尺寸。切宽槽如图 4-27 所示。

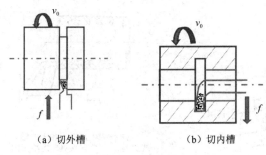

(a) 切外槽　　　　　　　　　(b) 切内槽

图 4-26　切槽

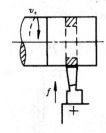 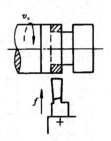 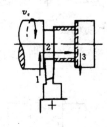

(a) 第一次横向进给　　　(b) 第二次横向进给　　　(c) 最后一次横向进给后再以纵向进给精车槽底

图 4-27　切宽槽

2）切断

切断是指将坯料或工件从夹持端上分离下来。切断采用切断刀，形状与切槽刀相似，只是刀头更加窄长，由于切断时刀具位于工件内部，散热与排屑困难，容易将刀具折断，因此切断时要注意下列事项。

- 切断一般在卡盘上进行，工件的切断处应靠近卡盘，增加工件刚性，减小切削时的振动。工件安装在卡盘上切断如图 4-28 所示。
- 切断刀刀尖必须与工件中心等高，否则切断处将留有凸台，而且刀尖容易损坏。
- 车刀伸出方刀架不要过长，但必须保证切断时刀架不碰工件。有时也采用分段切断，如图 4-29 所示。此时切断刀减少了一个摩擦面，便于排屑、散热和减小振动。
- 在切断钢件时必须加冷却液。当即将切断时，切削速度要降低，手动进给要均匀，以防刀头折断。

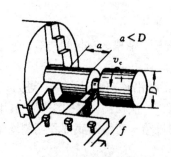 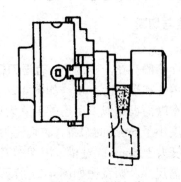

图 4-28　工件安装在卡盘上切断　　　　图 4-29　分段切断

### 4．车削圆锥面

车削圆锥面的方法有小拖板转位法、尾架偏移法、宽刀法和靠模法 4 种。

4-6　车削圆锥面.MP4

1) 小拖板转位法

小拖板转位法车削圆锥面如图 4-30 所示。车床中小拖板上的转盘可以转动任意角度，先松开上面的紧固螺钉，使小拖板转过圆锥半角 $\alpha/2$ 后再锁紧，转动小拖板手柄，即可加工出所需要的圆锥面。

用小拖板转位法车削圆锥面操作简单方便，能保证一定的加工精度，可加工任意圆锥角的内外圆锥面，但加工长度受小拖板行程限制，并且不能自动切削，劳动强度大，只适用于单件小批量生产中长度较短的圆锥面。

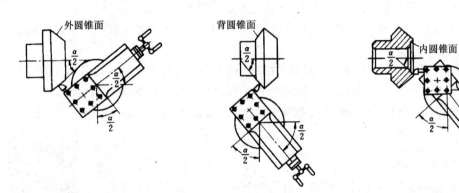

(a) 车削外圆锥面　　(b) 车削背圆锥面　　(c) 车削内圆锥面

图 4-30　小拖板转位法车削圆锥面

2) 尾架偏移法

尾架偏移法车削圆锥面如图 4-31 所示。

工件安装在前后顶尖之间，将尾架相对底座横向移动一定的距离 $S$，使工件回转轴线与车床主轴轴线夹角等于工件圆锥半角 $\alpha/2$。当刀架进给时即可车削出所需的圆锥面。

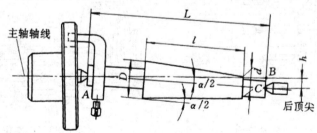

图 4-31　尾架偏移法车削圆锥面

尾架偏移量 $S$ 的计算公式：

$$S=L_0\tan(\alpha/2)$$

式中，$S$ 为尾架偏移量（mm）；$\alpha$ 为圆锥角（°）；$L_0$ 为工件总长（mm）。

为了保证顶尖与中心孔接触良好，最好使用球顶尖。尾架偏移法只适用在双顶尖上加工

较长工件和圆锥角 α<16°的外圆锥面。此方法既可手动进给,又可自动进给,当自动进给时,表面粗糙度 Ra 可达 1.6~6.3μm,加工精度较高。

3）宽刀法

宽刀法就是利用主切削刃横向直接车削出圆锥面的方法。主切削刃的长度要略长于圆锥母线长度,主切削刃与工件回转中心线成圆锥半角α/2。这种方法方便、迅速,可以加工任意角度的内外圆锥面。车床上倒角实际就是宽刀法车削圆锥面。这种方法加工的圆锥面很短,而且要求切削加工系统有较高的刚性,适用于大批量生产。

4）靠模法

靠模法车削圆锥面如图 4-32 所示。靠模装置的底座固定在床身的后面,底座上装有靠模板。松开紧固螺钉,靠模板可以绕销钉旋转,与工件的轴线成一定的斜角。靠模板上的滑块可以沿靠模板滑动,而滑块通过连接板与拖板连接在一起。中拖板上的丝杠与螺母脱开,其手柄不再调节刀架横向位置,而是将小拖板转过 90°,用小拖板上的丝杠调节刀具横向位置,以调整所需的背吃刀量。

如果工件的圆锥角为α,则将靠模板调节成α/2 的斜角。当大拖板做纵向自动进给运动时,滑块就沿着靠模板滑动,从而使车刀的运动平行于靠模板,车削出所需的圆锥面。

靠模法加工进给平稳,工件的表面质量好,生产率高,可以加工α<12°的长圆锥面。

5. 孔加工

1）钻孔、扩孔、铰孔

在车床上可用钻头、镗孔刀及铰刀进行孔的各种加工,在车床上钻孔如图 4-33 所示。先将尾架固定在合适的位置上,锥柄钻头装入尾架套筒内,直柄钻头用钻夹头夹持,再将钻夹头的锥柄插入尾架套筒内,并用手摇尾架手轮推动钻头纵向移动。

4-7 孔加工.MP4

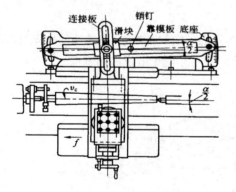

图 4-32 靠模法车削圆锥面

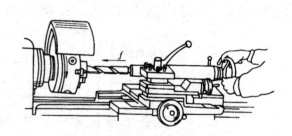

图 4-33 在车床上钻孔

为便于钻头定心,防止钻偏,钻孔前需要将工件的端面车平,并预钻中心孔。当钻深孔时,应经常将钻头退出,以利于排屑和冷却钻头。当钻削钢件时,应加注切削液,以降低温度,提高钻头的使用寿命。

对于直径较大的孔,若一次钻出,轴向力较大,不仅很费力,还容易损坏尾架,这时可先钻小孔,再用扩孔钻进行扩孔,最终达到所要求的尺寸。

在车床上铰孔,通常根据孔的尺寸与精度要求选择相应尺寸与精度的铰刀。铰刀安装方法与钻头相同。铰孔属于精加工。

在车床上加工直径较小而精度和表面粗糙度要求较高的孔时,通常采用钻—扩—铰联用的方法。

2) 车孔

车孔旧称镗孔,是利用镗孔刀对工件上钻出或铸、锻出的孔进行进一步的加工,如图 4-34 所示。车通孔使用主偏角小于 90°的镗孔刀,车不通孔或台阶孔时,镗孔刀的主偏角应大于 90°。当镗孔刀纵向进给至孔深时,需要进行横向进给加工内端面,以保证内端面与孔轴线垂直。不通孔的孔深尺寸在粗加工时可在刀杆上刻线记号进行控制,控制孔深的方法如图 4-35 所示;在精加工时需要用游标卡尺上的深度尺测量。

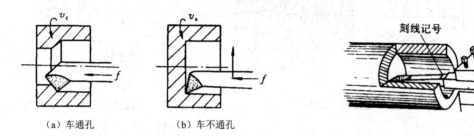

图 4-34 车孔　　　　　　　　　　　图 4-35 控制孔深的方法

由于镗孔刀刚性较差,容易产生变形与振动,因此车孔时常采用较小的背吃刀量和进给量,镗孔刀刀杆尽可能粗,安装在刀架上伸出的长度应尽量短。镗孔刀刀尖可装得略高于工件中心,避免扎刀和镗孔刀下部碰坏孔壁。

**6. 车螺纹**

螺纹的种类很多,按制别分,有米制螺纹、英制螺纹;按牙型分,有三角螺纹、梯形螺纹等。其中普通米制三角螺纹(又称普通螺纹)应用最广。

内外螺纹总是成对出现的,决定内外螺纹能否配合,配合的精度有 3 个基本要素:牙型角 $\alpha$、螺距 $P$、中径 $d_2$($D_2$)。普通螺纹的牙型如图 4-36 所示。车普通螺纹的关键是如何保证这 3 个基本要素。

1) 牙型角 $\alpha$ 及其保证方法

牙型角 $\alpha$ 是指通过螺纹轴线的剖面上相邻两牙侧面的夹角。牙型角 $\alpha$ 应对称于轴线的垂线,即牙型半角 $\alpha/2$ 必须相等。普通三角螺纹牙型角 $\alpha$ 为 60°。

各种螺纹的牙型都是靠刀具切出的,螺纹车刀的形状及其在车床上的安装位置,决定了螺纹牙型角的准确性。

当刃磨车刀时,应使螺纹车刀的刀尖角与螺纹牙型角相符(用对刀样板检验)。三角螺纹车刀的刀尖角刃磨成 60°,并使前角为 0°。螺纹车刀在安装时,刀尖必须与工件中心等高,并用样板对刀,使刀尖角的角平分线与工件轴线垂直,以保证车出的螺纹牙型两边对称。螺纹车刀的形状及对刀方法如图 4-37 所示。

4-8　车螺纹.MP4

2) 螺距 $P$ 及其保证方法

螺距 $P$ 是螺纹相邻牙两个对应点之间的轴向距离。要获得准确的螺距,当车螺纹时,工件转一周，车刀必须准确而均匀地沿纵向进给运动方向移动一个导程（单线螺纹为螺距），车螺纹的传动链如图 4-38 所示。为了获得上述关系，车螺纹应用丝杠带动刀架纵向运动。通常在具体操作时可按车床进给箱表牌上显示的数值和要加工工件的螺距，更换挂轮和改变进给箱上手柄的位置即可。在正式车螺纹之前应试切，用螺距规检查试切螺纹是否正确，如图 4-39 所示。

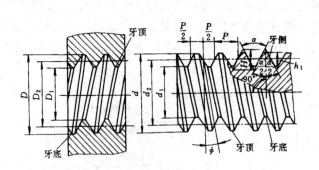 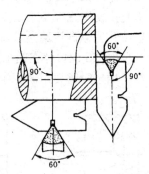

图 4-36 普通螺纹的牙型　　　　　　图 4-37 螺纹车刀的形状及对刀方法

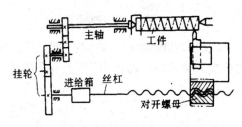 

图 4-38 车螺纹的传动链　　　　　　图 4-39 用螺距规检查试切螺纹是否正确

螺纹车削的加工余量比较大，需要分几次切削才能切完。每次切削都必须落在第一次切削车出的螺纹槽内，否则就会"乱扣"成为废品。若车床丝杠的螺距 $P_{丝}$ 是工件螺距 $P$ 的整数倍，则可任意打开或合上开合螺母，而不会"乱扣"。如果 $P_{丝}$ 不是 $P$ 的整数倍，则不能随意打开开合螺母，每走一刀后只能先开反车纵向退回，再开正车走下一刀，直至车到尺寸为止。

3）中径 $d_2$（$D_2$）及其保证方法

螺纹中径是一个假想圆柱的直径，在中径处螺纹的牙宽和槽宽相等。只有当内、外螺纹的中径尺寸一致时，二者才能很好地配合。

螺纹中径的大小与加工时切的深度有关。切得愈深，外螺纹中径就愈小，内螺纹的中径就愈大。为此必须准确控制多次切削的总背吃刀量。一般根据螺纹的牙型高度（普通三角螺纹牙型高度 $h=0.54P$），由中拖板刻度盘大致控制，最后用螺纹量规检测保证。

**7. 车成型面**

机器上有些回转零件表面轮廓的母线不是直线，而是圆弧或曲线，这类零件的表面称为成型面（也叫特形面）。下面介绍 3 种加工成型面的方法。

1）成型刀法

成型刀法用刀刃形状与成型面轮廓一致的成型车刀来加工成型面。当加工时，车刀只需一次横向进给即可车出成型面。由于车刀和工件接触线较长，容易引起振动，因此切削量要小,还要有良好的润滑条件。这种方法生产率高,操作方便,能获得准确的表面形状,但刀具制造、刃磨困难,车削时容易产生振动,只适用于批量较大、刚性好、长度短且形状简单的成型面。

2)靠模法

用靠模法车成型面如图4-40所示,它与用靠模法车圆锥面类似,只要将靠模板改为成型面板即可。这种方法操作简单,生产率较高,但需要制造专用靠模,故只适用于成批或大量生产中长度较大、形状较简单的成型面。

3)双手控制法

当单件加工成型面时,通常采用双手控制法车成型面,即双手同时摇动小拖板手柄和中拖板手柄,并通过双手协调动作,使刀尖切削的轨迹与所需成型面的轮廓相符,以加工出所需零件。用双手控制法纵向、横向进给车成型面如图4-41所示。这种方法的特点是灵活、方便、简单易行,不需要其他辅助工具,但生产率低,需要较高的操作技能,一般常用于加工数量较少、精度要求不高的零件。

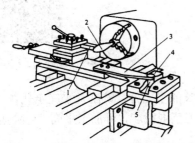

1—车刀;2—成型面;3—拉杆;4—靠模;5—滚柱

图4-40 用靠模法车成型面

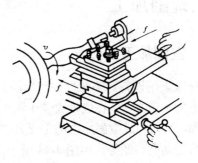

图4-41 用双手控制法纵向、横向进给车成型面

### 8. 滚花

各种工具和机器零件的手握部分,为了美观和加大摩擦力,常在表面上滚出不同的花纹,如百分尺的套管、铰杠扳手及螺纹量规等。这些花纹一般是在车床上用滚花刀挤压工件,使其产生塑性变形而形成的。

花纹有直纹和网纹两种,滚花刀也有直纹滚花刀和网纹滚花刀两种,滚花及滚花刀如图4-42所示。当滚花时,滚花刀表面要与工件表面均匀接触,且滚花刀的中心应与工件轴线等高。由于滚花刀的径向挤压力很大,因此加工时工件的转速要低,还要充分供给润滑液,避免辗坏滚花刀和防止细屑滞塞在滚花刀内而产生乱纹。

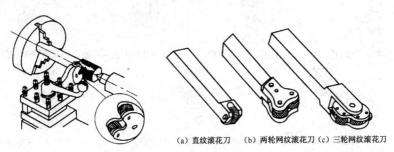

(a)直纹滚花刀  (b)两轮网纹滚花刀 (c)三轮网纹滚花刀

图4-42 滚花及滚花刀

### 4.1.7 榔头柄车削加工案例

榔头柄是典型的车削加工零件,其加工尺寸如图 4-43 所示,加工工艺见表 4-1。

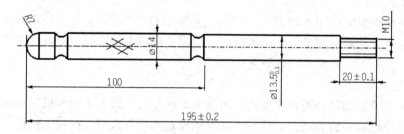

图 4-43 榔头柄加工尺寸(单位为 mm)

## 4.2 铣削加工

### 4.2.1 铣削加工的概念

4-9 铣削加工的概念.MP4

在铣床上用铣刀对工件进行切削的方法称为铣削。铣削是一种高生产率的加工方法,在成批大量生产中,除加工狭长的平面外,铣削几乎完全代替了刨削,成为平面、沟槽和成型面加工的主要方法。铣削的加工范围很广,可加工平面、台阶面、各种沟槽、成型面及切断等,如图 4-44 所示。

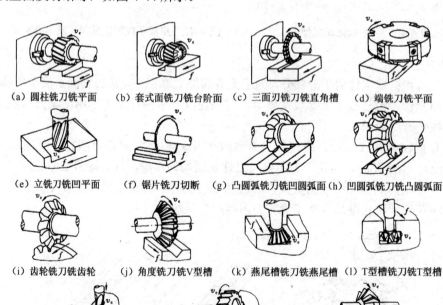

(a) 圆柱铣刀铣平面　(b) 套式面铣刀铣台阶面　(c) 三面刃铣刀铣直角槽　(d) 端铣刀铣平面
(e) 立铣刀铣凹平面　(f) 锯片铣刀切断　(g) 凸圆弧铣刀铣凹圆弧面 (h) 凹圆弧铣刀铣凸圆弧面
(i) 齿轮铣刀铣齿轮　(j) 角度铣刀铣V型槽　(k) 燕尾槽铣刀铣燕尾槽　(l) T型槽铣刀铣T型槽
(m) 键槽铣刀铣键槽　(n) 半圆键槽铣刀铣半圆键槽　(o) 角度铣刀铣螺旋槽

图 4-44 铣削的加工范围

铣削的主运动是铣刀的旋转运动，进给运动是工件的直线移动。

铣刀的刀齿有多个，当铣削时，由于铣刀的每一个刀齿不像车刀或钻头那样连续地进行切削，而是间歇地进行切削，因此刀刃的散热条件好，切速可高些。铣削时是多齿进行切削的，因此铣削的生产率较高。由于铣刀刀齿在切削时不断切入、切出，切削力是在不断发生变化的，因此铣削加工容易产生振动，影响零件的加工精度。铣削加工的精度一般为 IT7～IT9，表面粗糙度 $Ra$ 一般为 1.6～6.3μm。

### 4.2.2 常用铣床

在现代机器制造中，铣床约占金属切削机床总数的 25%左右。铣床的种类很多，常用的有卧式万能升降台铣床、立式升降台铣床，还有工具铣床、龙门铣床、键槽铣床、螺纹铣床及数控铣床等。铣床的型号按照 GB/T 15375—2008《金属切削机床 型号编制方法》的规定表示。例如，铣床的型号为 X6132，其含义如下。

X：类代号（铣床类）。

6：组代号（卧式升降台铣床）

1：系代号（万能升降台铣床）。

32：主参数（工作台面宽度为 320mm）。

**1. 卧式万能升降台铣床**

卧式万能升降台铣床简称卧式铣床，X6132 就属于这种铣床，如图 4-45 所示，是铣床中应用最多的一种。它的主轴是水平放置的，并与工作台面平行。工作台可沿纵、横、垂直 3 个方向移动，并可在水平面内回转一定的角度。

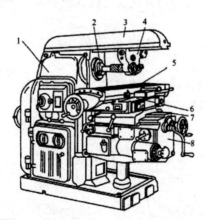

1—床身；2—主轴；3—横梁；4—挂架；5—纵向工作台；6—横向工作台；7—转台；8—升降台

图 4-45　X6132 卧式万能升降台铣床

X6132 的主要组成部分和作用如下。

床身：床身用来支承和固定铣床上所有的部件。内部装有主轴、主轴变速箱、电气设备及润滑油泵等部件。顶面上有供横梁移动用的水平导轨。前壁有燕尾形的垂直导轨，供升降台上下移动。

主轴：主轴是用来安装铣刀并带动铣刀旋转的。主轴做成空心的，前端有 7∶24 的精密锥孔，以便安装铣刀或刀轴。

横梁：横梁可沿床身水平导轨移动，其伸出长度可按加工需要调整。横梁上装有挂架。

挂架：安装在横梁上，用来支承刀杆的悬出端，以减少刀杆的弯曲和颤动，增强刀杆的刚性。

纵向工作台：用来安装工件和夹具，台面上有 3 条 T 型槽，槽内放进螺栓就可以紧固工件和夹具。工作台的下部有一根传动丝杠，通过它使工作台带动工件进行纵向进给运动。有些铣床的丝杠和螺母之间的间隙可以调整，以减少工作台在铣削时的窜动。工作台前侧面还有一条 T 型槽，可用来固定挡铁，以便实现机床的半自动操作。

横向工作台：位于升降台上面的水平导轨上，可带动纵向工作台进行横向移动，用以调整工件与铣刀之间的横向位置或获得横向进给，同时允许工作台在水平面内顺时针或逆时针转动 45°。

转台：转台的唯一作用是将纵向工作台在水平面内扳转一个角度（顺时针、逆时针最大均可转过 45°），用于铣削螺旋槽等。有无转台是万能卧式铣床与普通卧式铣床的主要区别。

升降台：位于工作台、转台、横向溜板的下面，并带动它们沿床身垂直导轨上下移动，以调整台面到铣刀间的距离，并可进行垂直进给。升降台内部装有进给运动的电动机及传动系统。

**2. 立式升降台铣床**

立式升降台铣床简称立式铣床，它与卧式铣床在很多地方相似，不同的是立式铣床的主轴与工作台台面垂直，床身无顶导轨，也无横梁，而是前上部有一个立铣头，其作用是安装主轴和铣刀。通常立式铣床在床身与立铣头之间还有转盘，可使主轴倾斜成一定角度，以便加工斜面。

以 X5032 立式铣床为例，其编号"5"表示立式铣床，"0"表示立式升降台铣床。其余编号与 X6132 意义相同。

立式铣床在操作时，观察、检查和调整铣刀位置都比较方便，而且便于装夹硬质合金端铣刀进行高速铣削，生产率较高，应用较广。

## 4.2.3 铣刀

**1. 铣刀种类**

铣刀是一种多刃刀具，它的每个刀刃其实就是一把独立完整的切削刀具，它的刀齿分布在圆柱铣刀的外回转表面或端铣刀的端面上。

铣刀根据结构和装夹方法的不同可分为两类：带孔铣刀和带柄铣刀。

4-10　铣刀.MP4

1）带孔铣刀

带孔铣刀适用于卧式铣床加工，用于加工平面、直槽、切断、齿形槽和圆弧形槽（或圆弧形螺旋槽）等。常用的带孔铣刀有圆柱铣刀、三面刃铣刀（整体或镶齿三面刃铣刀）、锯片铣刀、模数铣刀、角度铣刀和圆弧铣刀等，如图 4-46 所示。

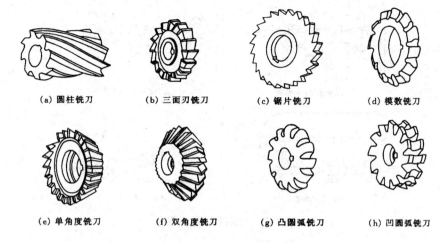

图 4-46 常用的带孔铣刀

2）带柄铣刀

带柄铣刀有直柄和锥柄之分，一般直径小于 20mm 的较小铣刀制成直柄，直径较大的铣刀多制成锥柄。带柄铣刀往往用于立式铣床加工，有时也用于卧式铣床加工，常用于加工平面及台阶面、沟槽、键槽、T 型槽或燕尾槽等。常用的带柄铣刀有面（端）铣刀和带柄整体铣刀（立铣刀、键槽铣刀、T 型槽铣刀和燕尾槽铣刀），如图 4-47 所示。

**2．铣刀的安装**

1）带孔铣刀的安装

带孔铣刀一般安装在刀杆上，带孔铣刀的安装如图 4-48 所示。刀杆的一端为锥体，装入机床主轴锥孔中，并用螺纹拉杆穿过主轴内孔拉紧刀杆，使其与主轴锥孔紧密配合。主轴的旋转运动通过主轴锥面和前端的端面键带动刀杆旋转，刀具套在刀杆上，并由刀杆上的键来带动铣刀旋转。刀具的轴向位置由套筒来定位。为了提高刀杆的刚度，刀杆另一端由机床横梁上的吊架支承。套筒与铣刀的端面必须擦净，以减小铣刀的端面跳动；拧紧刀杆上的压紧螺母前，必须先装好吊架，以防刀杆变弯；铣刀装在刀杆上应尽量靠近主轴的前端，以减少刀杆的变形。

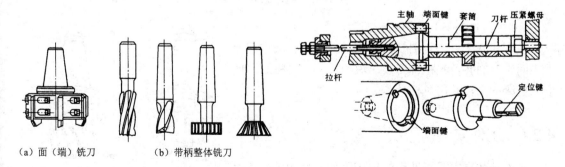

（a）面（端）铣刀　　　（b）带柄整体铣刀

图 4-47 常用的带柄铣刀　　　图 4-48 带孔铣刀的安装

圆柱铣刀的安装如图 4-49 所示。

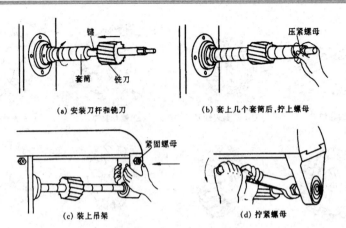

图 4-49 圆柱铣刀的安装

2）带柄铣刀的安装

根据带柄铣刀刀柄形状的不同分为以下两种情况。

（1）直柄铣刀的安装。

直径为 3~20mm 的直柄铣刀可装在主轴上专用的弹簧夹头中，如图 4-50（a）所示。在安装时，收紧螺母，使弹簧套进行径向收缩，将铣刀的柱柄夹紧。弹簧夹头有多种孔径，以适应不同尺寸的直柄铣刀。

（2）锥柄铣刀的安装。

当铣刀锥柄尺寸与主轴端部锥孔相同时，可直接装入锥孔，并用拉杆拉紧。如果铣刀锥柄的锥度（一般为莫氏锥度 2 号~4 号）与主轴锥孔锥度不同，就要用过渡锥套进行安装。

锥柄铣刀的安装如图 4-50（b）所示。在安装时，先要根据铣刀锥柄的尺寸，选择合适的过渡锥套，将刀柄及过渡锥套内外表面擦净，一起装入主轴锥孔后用拉杆拉紧。

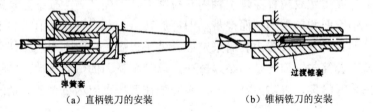

图 4-50 带柄铣刀的安装

3）在立式铣床上安装端铣刀

在立式铣床上安装端铣刀如图 4-51 所示。端铣刀一般中间带有圆孔，先将铣刀装在短刀杆上，再将短刀杆装入机床的主轴并用拉杆拉紧。

### 4.2.4 工件安装

工件的装夹方式与选用的铣床附件密切相关。常用的铣床附件有压板螺栓、平口钳、回转工作台、万能分度头和万能铣头等。

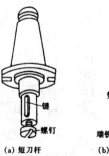

图 4-51 在立式铣床上安装端铣刀

在铣床上常采用以下几种方式来装夹工件。

**1. 用压板螺栓安装工件**

对于尺寸较大或形状特殊的工件，可用压板螺栓直接安装在工作台上，用压板螺栓安装工件如图 4-52 所示。

4-11 工件的安装.MP4

**2. 用平口钳安装工件**

平口钳是一种通用夹具，它可绕其底座旋转 360°，常用于小型和形状规则的工件的安装。在使用时，首先校正平口钳在工作台上的位置，以保证固定钳口与铣床导轨的垂直度和平行度，并将平口钳固定在工作台上，然后夹紧工件，最后进行铣削加工。用平口钳安装工件如图 4-53 所示，在安装时常用划针找正。

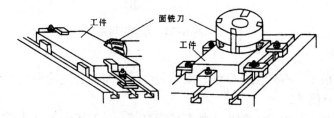 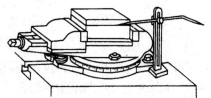

图 4-52　用压板螺栓安装工件　　　　　图 4-53　用平口钳安装工件

**3. 用回转工作台安装工件**

回转工作台又称回转盘、圆转台、圆工作台等，如图 4-54 所示。回转工作台分为手动和机动进给两种，主要功能是分度及铣削带圆弧曲线的外表面和圆弧沟槽的工件。

回转工作台的内部有一对蜗轮蜗杆，转动手轮，通过蜗杆轴直接带动与回转工作台相连的蜗轮转动。回转工作台圆周和手轮上有刻度，可以准确地定出回转工作台的位置，也可用来进行一般的分度。工件用压板螺栓、三爪卡盘或夹具安装在回转工作台上，回转工作台中央有一个基准孔，可以利用它方便地确定工件的回转中心。拧紧固定螺钉，回转工作台即可固定不动。回转工作台上的 T 型槽可以装上 T 型螺栓，用以固定夹具或穿入压板固定工件。

当回转工作台转动时，工件随之旋转而实现圆周进给运动，从而可以进行圆弧槽或圆弧面的加工。

**4. 用万能分度头安装工件**

在铣床的加工过程中，有时要进行铣削齿轮、花键、多边形或等分槽和刻线等工作，这些工作的基本特点是工件每铣过一个面或一道沟槽后，需要转过一定角度再依次进行铣削，为此需要对工件进行分度。分度头是铣床的一个重要附件，可对工件在水平、垂直和倾斜位置进行分度，其中最常用的是万能分度头，如图 4-55 所示。

1）万能分度头的结构

万能分度头由底座、回转体、分度盘、主轴、顶尖、扇形板、分度手柄、挂轮轴等部分组成。当工作时，它的底座用螺栓紧固在工作台台面上，并利用导向键与工作台台面中间一条 T 型槽相配合，使万能分度头主轴方向平行于工作台的纵向。

万能分度头前端锥孔内可安放顶尖，主轴外端螺纹用来安装卡盘、拨盘。转动分度手柄，通过万能分度头内部的蜗杆、蜗轮带动主轴旋转进行分度。由于万能分度头的可转动部分能在0~90°的范围内旋转任意角度,因此万能分度头的主轴相对工作台可以倾斜一定角度,以便加工各种角度的斜面。万能分度头的侧面装有分度盘,分度盘的两面都有许多圈数目不同的等分小孔。

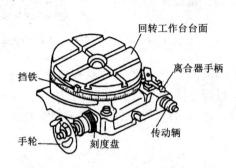

图 4-54 回转工作台

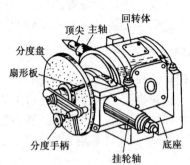

图 4-55 万能分度头

2) 分度方法

使用万能分度头进行分度的方法很多,有直接分度法、简单分度法、角度分度法和差动分度法等。这里仅介绍最常用的简单分度法。

由于当手柄每转一转时,主轴即旋转 1/40 转,如果工件要进行 $Z$ 等分,则每一等分就要求主轴转过 $1/Z$,因此每次分度时,手柄应转过的转数 $n$ 与工件等分数 $Z$ 之间有以下关系:

$$1 : 1/40 = n : 1/Z$$

则 $n = 40/Z$

例如,铣削 $Z=9$ 的齿轮,$n = 40/9 = 4\frac{4}{9}$ 圈,即每铣一个齿,手柄需要转过 $4\frac{4}{9}$ 圈。

分度手柄的准确转数是借助分度盘来确定的,分度盘如图 4-56 所示。分度盘正、反两面有许多孔数不同的孔圈。例如,国产 FW250 型分度头备有两块分度盘,其各圈孔数如下。

第一块正面:24、25、28、30、34、37;反面:38、39、41、42、43。

第二块正面:46、47、49、52、53、54;反面:57、58、59、62、66。

当转 $4\frac{4}{9}$ 圈时,先将分度盘固定,再将分度手柄的定位销调整到孔数为 9 的倍数孔圈上,若在孔数为 54 的孔圈上,此时手柄转过 4 圈后,再沿孔数为 54 的孔圈转过 24 个孔距即可。

既可分度头卡盘、顶尖与顶尖座一起使用装夹轴类零件,也可只使用分度头卡盘直接装夹工件。若工件较长,则可用千斤顶作为工件的中间支承,如图 4-57 所示。

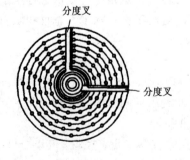

图 4-56 分度盘

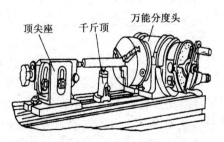

图 4-57 用千斤顶作为工件的中间支承

### 5. 用万能铣头安装工作

万能铣头安装在卧式铣床上，不仅能完成各种立式铣床的工作，还可以根据铣削的需要，将铣头主轴扳转成任意角度。其底座用 4 个螺栓固定在铣床垂直导轨上，如图 4-58（a）所示。由于铣床主轴的运动可以通过铣头内的两对齿数相同的锥齿轮传递到铣头主轴，因此铣头主轴的转速级数与铣床的转速级数相同。

铣头的壳体 1 可绕铣床主轴轴线偏转任意角度，如图 4-58（b）所示。铣头主轴的壳体 2 还能在壳体 1 上偏转任意角度，如图 4-58（c）所示。因此，铣头主轴就能在空间偏转成所需要的任意角度，这样就可以扩大卧式铣床的加工范围。

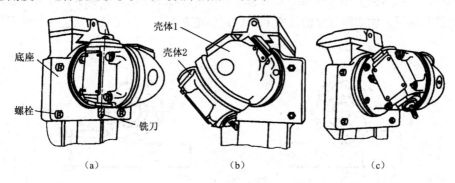

图 4-58 万能铣头

## 4.2.5 铣削加工基本方法

铣床的加工范围很广，内容也很多，利用各种附件和使用不同的铣刀，可以铣削平面、沟槽、成型面、螺旋槽、钻孔和镗孔等。在实际生产中，铣床的加工量仅次于车床。

4-12 平面铣削加工.MP4

### 1. 铣平面

1）端铣与周铣

铣削有端铣（见图 4-59 和图 4-60）和周铣（见图 4-61）之分。端铣是用铣刀的端面齿刃进行的铣削；周铣是用铣刀圆周上的齿刃进行的铣削。端铣因其刀杆刚性好，切削用量可大些，同时参加切削的刀齿较多，切削较平稳，加上端面刀齿副切削刃有修光作用，所以端铣在切削效率和表面质量上均优于周铣。

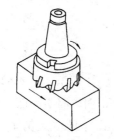 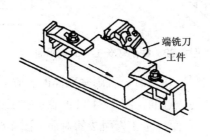 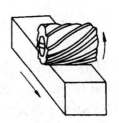

图 4-59 在立式铣床上用端铣刀铣平面　　图 4-60 在卧式铣床上用端铣刀铣平面　　图 4-61 在卧式铣床上用圆柱铣刀铣平面

为了一次进给铣完待加工面，端铣刀的直径或圆柱铣刀的长度一般应大于待加工面的宽度。

2) 顺铣与逆铣

周铣又可分为顺铣和逆铣两种方法，如图4-62所示。在铣刀与工件已加工面的切点处，铣刀旋转切削刃的运动方向与工件进给运动方向相同的周铣称为顺铣，反之称为逆铣。

当顺铣时，刀齿切入的切削厚度由大变小，易切入工件；工件受铣刀的向下压分力，不易振动，加工表面质量好，刀具耐用度高，有利于高速切削。但是由于工作台丝杠与螺母之间有间隙，顺铣的切削力会引起工作台不断窜动，使切削过程不平稳，甚至引起打刀。因此，只有消除了丝杠与螺母之间的间隙才能采用顺铣。尤其是对有硬皮的工件和状态一般的机床，都是用逆铣。

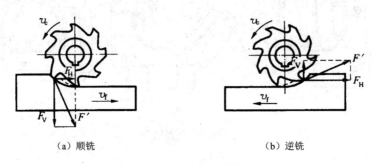

（a）顺铣　　　　　　　　　　　（b）逆铣

图 4-62　顺铣和逆铣

在逆铣时，刀齿切入的切削厚度由零逐渐变到最大，由于刀齿切削刃有一定的钝圆，因此刀齿要首先滑行一段距离，并对工件表面进行挤压和摩擦，然后才能切入工件。铣刀对工件的垂直分力向上，使工件产生抬起的趋势，易引起刀具径向振动，造成已加工表面产生波纹，影响刀具使用寿命。

较长工件端平面的铣削可采用如图4-63所示的方法。

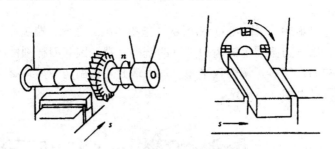

图 4-63　铣削较长工件的端平面

当六面体工件装夹在机床用平口钳中时，铣削垂直面的步骤如图4-64所示。图4-64（a）表示加工第1个面，面1为工件的任意面；图4-64（b）表示加工第2个面，面2为面1的相邻面；图4-64（c）表示加工第3个面，面3为面2的对面；图4-64（d）表示加工第4个面，面4为面1的对面；图4-64（e）和图4-64（f）表示加工剩余两个面，无顺序要求。

第4章 切磨削加工

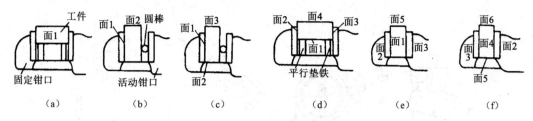

图 4-64　铣削垂直面的步骤

## 2. 铣台阶面

台阶面可用三面刃铣刀在卧式铣床上铣削，若台阶较深，应沿着靠近台阶的侧面分层铣削，如图 4-65 所示。在成批生产中，可采用组合铣刀在卧式铣床上同时铣削几个台阶面，如图 4-66 所示。当铣削垂直面较宽而水平面较窄的台阶面时，可采用立铣刀铣削，如图 4-67 所示。当铣削垂直面较窄而水平面较宽的台阶面时，可采用端铣刀铣削，如图 4-68 所示。

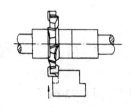

图 4-65　分层铣削台阶面

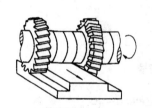　　　　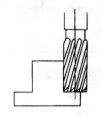　　　　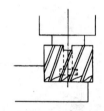

图 4-66　用组合铣刀铣削台阶面　　图 4-67　用立铣刀铣削台阶面　　图 4-68　用端铣刀铣削台阶面

## 3. 铣斜面

铣斜面的方法主要有以下几种。

1）把工件倾斜成所需的角度铣斜面

在安装工件时，首先将要加工的斜面转到水平面，然后按铣平面的方法来加工此斜面，如图 4-69（a）所示；也可利用可回转的平口钳、分度头等带动工件转一个角度来铣斜面，如图 4-69（b）所示。

2）把铣刀转成所需的角度铣斜面

把铣刀转成所需的角度铣平面的方法通常在装有万能立铣头的卧式铣床上或在立式铣床上使用，如图 4-69（c）所示。转动立铣头，使刀轴转过相应的角度，工作台进行横向进给即可对斜面进行加工。

3）用角度铣刀铣斜面

一般选用适合的角度铣刀直接铣斜面，如图 4-69（d）所示。若铣小的斜面，则可在卧式铣床上进行。

## 4. 铣键槽

常见的键槽有封闭式键槽和开口式键槽两种。对于封闭式键槽，单件生产一般在立式铣床上加工。当批量较大时，则常在键槽铣床上加工。在机床上铣削轴上键槽时，工件可用平口钳、V型铁或分度头装夹。

· 85 ·

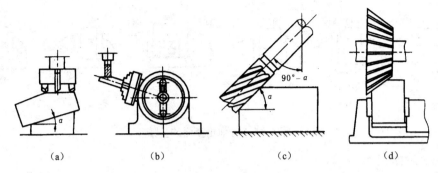

(a)      (b)      (c)      (d)

图 4-69 铣斜面

用三面刃铣刀铣削开口式键槽如图 4-70 所示，其生产率比用键槽铣刀高。用键槽铣刀铣削封闭式键槽如图 4-71 所示。用与零件上半圆键槽尺寸一致的专用半圆键槽铣刀铣削半圆键槽如图 4-72 所示。

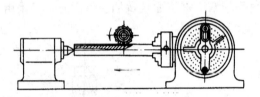

图 4-70 用三面刃铣刀铣削开口式键槽

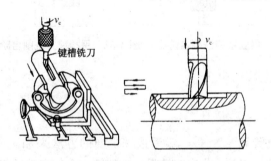

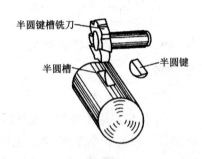

图 4-71 用键槽铣刀铣削封闭式键槽      图 4-72 用半圆键槽铣刀铣削半圆键槽

### 5. 铣 V 型槽

生产中用得较多的是 90° V 型槽。当加工时，通常先用锯片铣刀加工出底部的窄槽，再用各种铣刀完成 V 型槽的加工，如图 4-73 所示。

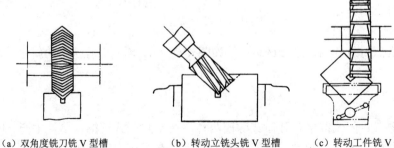

(a) 双角度铣刀铣 V 型槽      (b) 转动立铣头铣 V 型槽      (c) 转动工件铣 V 型槽

图 4-73 铣 V 型槽

### 6. 铣 T 型槽及燕尾槽

T 型槽因其断面形状像个倒"T"字而得名，如图 4-74（a）所示。它的铣削一般分 3 步完成，其铣削过程如图 4-74（b）～图 4-74（d）所示。

燕尾槽的铣削同 T 型槽，只是将 T 型槽铣刀换为相应的角度铣刀，如图 4-75 所示。

### 7. 铣圆弧槽

铣圆弧槽要在回转工作台上进行，如图 4-76 所示。工件用压板螺栓直接装在圆形工作台上或用三爪卡盘装夹在回转工作台上。当装夹时，工件上圆弧槽的中心必须与回转工作台的中心重合。摇动回转工作台手轮带动工件进行圆周进给运动，即可铣出圆弧槽。

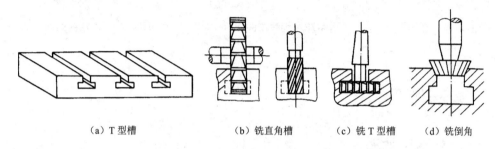

图 4-74 T 型槽及槽的铣削顺序

(a) T 型槽　　(b) 铣直角槽　　(c) 铣 T 型槽　　(d) 铣倒角

图 4-75 铣燕尾槽

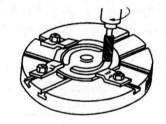

图 4-76 在回转工作台上铣圆弧槽

### 8. 铣螺旋槽

大的麻花钻头、螺旋齿轮、蜗杆等工件上的螺旋槽，常在卧式铣床上加工。此时铣刀做旋转运动；工件一方面随工作台做直线运动，另一方面被分度头带动做旋转运动。运动的配合必须使得工件转动一周后，工作台纵向移动的距离等于工件螺旋槽的一个导程。

### 9. 铣成型面、曲面

1）铣成型面

成型面一般在卧式铣床上用成型铣刀来加工，铣成型面如图 4-77 所示。成型铣刀的形状与加工面相吻合。

2）铣曲面

曲面一般在立式铣床上加工，其方法有以下两种。

（1）划线铣曲面。

对于要求不高的曲面，可按工件上划出的线迹，移动工作台进行加工，这种方法叫作划线铣曲面，如图 4-78 所示。

（2）靠模铣曲面。

在成批及大量生产中，可以采用靠模铣曲面。靠模铣曲面如图4-79所示。在铣削时，立铣刀上面的圆柱部分始终与靠模接触，从而加工出与靠模一致的曲面。

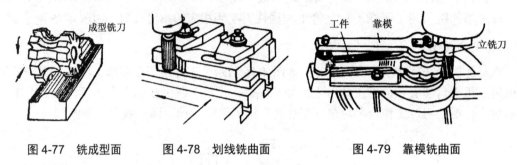

图4-77　铣成型面　　　图4-78　划线铣曲面　　　图4-79　靠模铣曲面

## 4.3　磨削加工

### 4.3.1　磨削加工的概念

在磨床上用砂轮对工件的已加工表面进行更为精密的切削加工称为磨削加工。磨削加工是利用组成砂轮的磨粒所具有的锋利微刃，对工件表面进行切削、刻划与滑擦3种情况的综合，一颗磨粒相当于一把硬度很高的车刀。由于磨削中同时参加切削的磨粒数很多，磨削深度小，砂轮的旋转速度很高，因此磨削加工的精度较高，尺寸精度可达IT4～IT6，表面粗糙度 $Ra$ 为0.2～1.6μm，磨削加工是零件精加工的主要方法之一。

在磨削过程中，由于砂轮高速旋转，切速很高，产生大量的切削热，切削区瞬间温度高达1000℃以上，易引起表面烧伤、表层硬度下降及微裂纹，影响表面质量。因此，为了减少摩擦和散热，降低磨削温度，及时冲走屑末，在磨削时需要使用大量的冷却液，以保证工件表面质量。

磨削的工作范围很广，可利用不同类型的磨床分别加工平面、内外圆柱面、内外圆锥面、螺纹、齿轮齿形、花键，以及刃磨各种刀具等，其中以平面磨削、外圆磨削和内圆磨削最为常见。磨削的主要工作及磨削运动如图4-80所示。磨削加工适应性强，除磨削普通材料外，还常用于一般金属刀具难以切削的高硬度材料的加工，如淬硬钢、硬质合金、陶瓷等。

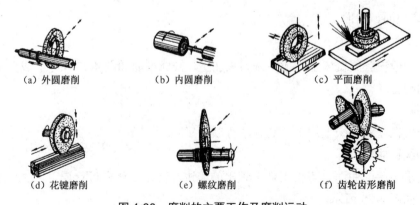

(a) 外圆磨削　　　(b) 内圆磨削　　　(c) 平面磨削

(d) 花键磨削　　　(e) 螺纹磨削　　　(f) 齿轮齿形磨削

图4-80　磨削的主要工作及磨削运动

## 4.3.2 常用磨床

按照用途不同，磨床可分为外圆磨床、内圆磨床、平面磨床、无心磨床、工具磨床、螺纹磨床、齿轮磨床及其他各种专用磨床等。下面介绍几种常用的磨床。

4-13 磨床简介.MP4

**1. 万能外圆磨床**

磨床的型号按照 GB/T 15375—2008《金属切削机床 型号编制方法》的规定方法表示。M1432A 万能外圆磨床的型号中字母与数字的含义如下。

M：类代号（磨床类）。

14：组代号（外圆磨床）。

32：主参数（最大磨削直径为 320mm）。

A：重大改进顺序号（经过一次重大改进）。

M1432A 万能外圆磨床如图 4-81 所示，主要由以下部分组成。

床身：用于装夹各部件，上部装有工作台和砂轮架，内部装有液压传动系统。

工作台：有两层，下工作台沿床身导轨进行纵向往复移动，带动工件纵向进给，其行程长度靠挡块位置调节。上工作台相对于下工作台可在水平面内扳转一定角度，以便磨削圆锥面。

头架：头架内的主轴由单独电动机带动旋转。主轴端部可装夹顶尖、拨盘或卡盘，以便装夹工件。

尾架：尾架的功用是用后顶尖支承长工件。它可在工作台上移动，调整位置以装夹不同长度的工件。

砂轮架：用于装夹砂轮，并有单独电动机带动砂轮架旋转。砂轮架可在床身后部的导轨上进行横向进给移动。砂轮架上有内圆磨具等附件，用于内圆磨削。

内圆磨具：用于内圆磨削的专用部件，使用时将其翻转放下。内圆磨具主轴旋转由单独的电动机带动。

脚踏操纵板：用于操纵尾架顶尖的伸缩。

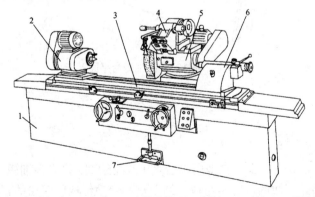

1—床身；2—头架；3—工作台；4—内圆磨具；5—砂轮架；6—尾架；7—脚踏操纵板

图 4-81 M1432A 万能外圆磨床

**2. 卧轴矩台平面磨床**

在型号 M7120A 中，"M"是磨床的类代号；"7"是平面及端面磨床的组代号；"1"是卧轴矩台平面磨床的系代号;"20"是主参数代号,表示工作台台面宽度的1/10,即该磨床工作台台面宽度为200mm;"A"是重大改进顺序号,表示经过一次重大改进。

M7120A 卧轴矩台平面磨床如图 4-82 所示。

现介绍其中几个主要部分。

床身:用于安装磨床各部件,其上部有水平纵向导轨,后边有立柱,立柱上有垂直导轨,内部装有液压传动装置。

工作台:装在水平纵向导轨上,由液压传动装置实现往复直线运动,也可用工作台手轮操纵。工作台上有电磁吸盘,用来装夹工件(只限铁磁性工件)。工作台前有行程挡块,控制工作台往复行程。

立柱:用于支承拖板和磨头,并使它们沿垂直导轨做向下进给运动。

滑板:下面有导轨与磨头相连,其内部有液压缸,可驱动磨头做横向间歇进给运动或连续移动,也可实现手动进给。

磨头:安装在立柱上,可沿立柱垂直导轨上下移动,通过垂直进给手轮调整磨头高低位置及完成垂直进给运动。通过液压传动装置或横向进给手轮,磨头沿水平导轨做横向进给运动。砂轮装在磨头上,由电动机直接驱动其旋转。

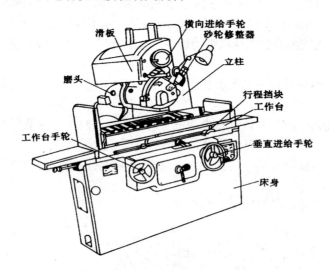

图 4-82　M7120A 卧轴矩台平面磨床

## 4.3.3　砂轮

**1. 砂轮的组成及特性**

砂轮是磨削加工的切削工具,它是用结合剂(或黏结剂)将许多细微、坚硬和形状不规则的磨粒按一定要求黏结制成的,是由磨粒、结合剂和空隙组成的疏松的多孔体,如图 4-83 所示。砂轮表面杂乱地排列着许多磨粒,磨粒的每一个棱角都相当于一个切削刃,整个砂轮相当于一把具有无数切削刃的铣刀,当磨削时,砂轮高速旋转,切下粉末状切屑。

砂轮的特性对零件的加工精度、表面粗糙度和生产率影响很大。砂轮的特性主要由磨粒的种类和粒度、砂轮的硬度和组织、结合剂及砂轮的形状与尺寸等因素决定。

(1) 磨粒。

磨粒直接担负切削工作，它应具有很高的硬度、耐热性及一定的韧性，以便在磨削时，能承受高温下的剧烈摩擦和挤压。

(2) 粒度。

粒度是指磨粒的大小，用粒度号来表示，粒度号愈大，磨粒愈小。粗磨粒用于粗加工及磨削软材料。一般粗磨时用 36#、46#粒度，精磨时用 40#~48#粒度。

图 4-83 砂轮的组成

(3) 结合剂。

结合剂的作用是将磨粒黏结在一起，使之成为具有一定强度和形状尺寸的砂轮。应用最广的结合剂是陶瓷结合剂（V），适用于外圆、内圆、平面及成型磨削等；用于切割的薄片砂轮则采用树脂结合剂（B）和橡胶结合剂（R）。砂轮的强度、硬度、抗冲击性及耐热性等主要取决于结合剂的种类和性能。

(4) 硬度。

砂轮的硬度是指砂轮工作时在外力的作用下磨粒脱落的难易程度，容易脱落的，则硬度低，称为软；反之硬度高，称为硬。砂轮的硬度与磨粒本身的硬度是两个完全不同的概念。当磨削硬材料时，砂轮的硬度应低些，反之应高些。砂轮的硬度为：D、E、F（超软）；G、H、J（软）；K、L（中软）；M、N（中）；P、Q、R（中硬）；S、T（硬）；Y（超硬）。一般磨削选用硬度在 K~R 之间的砂轮。

(5) 组织。

组织是指砂轮中磨粒、结合剂和空隙三者体积的比例关系。磨粒所占的体积越大，砂轮的组织越紧密。砂轮组织由 0、1、2、…、14 等共 15 个组织号来表示，组织号越小，磨粒所占的体积越大，组织越紧密。

(6) 形状和尺寸。

为了适应磨削各种形状和尺寸的工件，砂轮可以做成各种不同的形状和尺寸，常用的砂轮形状如图 4-84 所示。

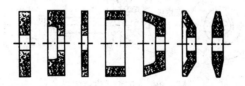

平面　单面凹形　薄形　筒形　碗形　碟形　双斜边形

图 4-84 常用的砂轮形状

砂轮的特性一般都标注在砂轮非工作表面上，如 P400×50×230WA46K5V35，其具体含义如表 4-2 所示。

表 4-2 砂轮特性代号的含义

| P | 400×50×230 | WA | 46 | K | 5 | V | 35 |
|---|---|---|---|---|---|---|---|
| 形状<br>（平面砂轮） | 外径×厚度×孔径<br>（mm） | 磨粒<br>（白刚玉） | 粒度 | 硬度 | 组织号 | 结合剂<br>（陶瓷结合剂） | 允许的磨削速度<br>（m/s） |

## 2. 砂轮的检查平衡

砂轮安装前必须经过外观检查，不允许有裂纹，目的是防止砂轮在高速旋转时破裂造成意外人身伤害。

为使砂轮平稳地工作，一般直径大于 125mm 的砂轮都要进行静平衡试验，目的是使砂轮的重心与其旋转轴线重合，防止不平衡的砂轮在高速旋转时造成振动，从而影响磨削质量和机床精度。试验合格的砂轮方可使用。砂轮的静平衡装置如图 4-85 所示。

1—平衡架；2—平衡轨道；3—平衡铁；
4—砂轮；5—心轴；6—砂轮套筒

图 4-85 砂轮的静平衡装置

## 4.3.4 磨削加工基本方法

### 1. 磨外圆

外圆磨削一般在普通外圆磨床或万能外圆磨床上进行，对于大批量、小尺寸的轴类零件也可在无心磨床上磨削。

4-14 外圆和平面磨削的操作.MP4

1）工件的装夹

外圆磨床和万能外圆磨床上装夹工件的常用方法有两顶尖装夹、卡盘装夹和心轴装夹。

（1）两顶尖装夹。

轴类零件常用两顶尖装夹，其装夹方法与车削中所用方法大致相同，两顶尖装夹工件如图 4-86 所示。为了避免由于顶尖转动带来的误差，提高加工精度，磨床上所用的前后顶尖均为不随工件转动的死顶尖。后顶尖靠尾架套筒内的弹簧推力顶紧工件，以便自动地控制工件的松紧程度，避免工件因受热伸长而弯曲变形。磨削前要对轴的中心孔进行修研，以提高其形状精度和降低表面粗糙度值，修研中心孔常在车床上进行。

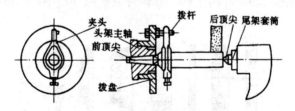

图 4-86 两顶尖装夹工件

（2）卡盘装夹。

当磨削较短工件的外圆时，一般用三爪自定心卡盘或四爪单动卡盘装夹，其装夹方法与车削中基本相同，但磨床用的卡盘的制造精度要比车床用卡盘高。用四爪单动卡盘装夹工件要用百分表找正。对形状不规则的工件还可采用花盘装夹。

（3）心轴装夹。

盘套类工件常以内孔定位来磨削外圆，此时常用心轴装夹工件。常用的心轴种类与车床上使用的基本相同，但磨削用的心轴精度要更高些。心轴在磨床上是通过顶尖来安装的。

2）磨削方法

磨削外圆的方法常用的有纵磨法和横磨法两种，其中纵磨法用得较多。

(1) 纵磨法。

纵磨法用于磨削较长的轴类零件的外圆表面，如图 4-87 所示。当磨削时，砂轮高速旋转，工件与砂轮同向旋转，并随工作台做纵向往复运动。在工件改变移动方向时，砂轮进行间歇径向进给。当工件磨削至最后尺寸时，停止径向进给，工作台继续纵向移动若干次（光磨），直到火花完全消失为止，以减小工件因弹性变形引起的误差，提高工件的加工质量。

纵磨法磨削力小，磨削热少，散热条件好，加工精度和表面质量较好，但磨削效率低，在单件、小批量生产及精磨时广泛采用这种方法。

(2) 横磨法。

横磨法用于磨削表面较短且刚性较好的工件，如图 4-88 所示。当工件刚性较好，待磨的表面较短时，可以选用宽度大于待磨表面长度的砂轮进行横磨。在横磨时，工件不随工作台做轴向进给运动，砂轮外圆面与工件圆柱表面全面接触，一边高速旋转，一边缓慢而连续地向工件做径向进给运动，直至尺寸符合图纸要求为止。

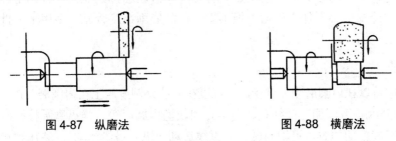

图 4-87　纵磨法　　　　　　　　图 4-88　横磨法

横磨法生产率较高，适用于成批及大量生产，尤其是工件上的成型表面，只要将砂轮修整成型，就可直接磨出，较为简便。但因为横磨时工件与砂轮接触面大，磨削力大，工件易弯曲变形和表面发热，从而烧伤工件表面，影响加工质量，因此这种磨削法常用于磨削刚性好、精度要求不太高的短圆柱表面、成型表面及两侧有台阶的轴颈，如曲轴的各轴颈等。

**2．磨平面**

磨平面时采用平面磨床，一般以一个平面为基准磨削另一个平面。若两个平面都要磨削且要求平行时，则可互为基准，反复磨削。

1）工件的安装

当磨削钢、铸铁等导磁材料制成的中小型工件的平面时，常采用电磁吸盘直接安装。

当磨削键、垫圈、薄壁套等尺寸小且较薄的零件时，因为零件与工作台接触面小，吸力弱，容易被磨削力弹出而造成事故。因此在安装这类零件时，必须在工件四周或左右两端用挡铁围住，以免工件弹出。

对于陶瓷、铜合金、铝合金等非磁性材料制成的工件，常采用平口钳、V 型架、方箱等专用夹具装夹后，再安装在电磁吸盘上。

2）磨削方法

平面磨削常用的方法有周磨法和端磨法两种，如图 4-89 所示。

(1) 周磨法。在卧轴矩台平面磨床上用砂轮外圆周面磨削平面。当用周磨法磨削平面时，工件与砂轮接触面小，磨削热少，排屑及冷却条件好，工件变形小，砂轮磨损均匀，能获得较高的加工精度和较低的表面粗糙度，但生产率较低，因此周磨法多用于单件小批生产中，适用于精磨。

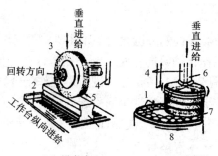

(a) 周磨法　　　　　(b) 端磨法

1—工件；2—磁性吸盘；3—砂轮；4—冷却液管；5—砂轮周边；6—砂轮轴；7—砂轮端面；8—磁性吸盘

图 4-89　平面磨削常用的方法

（2）端磨法。在立轴平面磨床上用砂轮端面磨削平面。当端磨平面时，由于砂轮轴伸出较短，刚性较好，能采用较大的磨削用量，且工件与砂轮的接触面大，因此生产率明显高于周磨。但排屑和冷却效果不佳，砂轮磨损不均匀，故磨削精度较低，多用于大批量生产中磨削要求不太高的平面，适用于粗磨。

### 3. 磨内孔

内孔的磨削可以在内圆磨床上进行，也可以在万能外圆磨床上用内圆磨头进行，磨内孔如图 4-90 所示。磨内孔可以加工圆柱孔、圆锥孔和成型内圆面等。当纵磨圆柱孔时，工件安装在卡盘上，在其旋转的同时，沿轴向做往复直线运动（纵向进给运动）。装在砂轮架上的砂轮高速旋转，并在工件往复行程终了时做周期性的横向进给运动。若磨圆锥孔，则只需将磨床的头架在水平方向偏转半个锥角即可。

磨内圆和内圆锥面使用的砂轮直径小，尽管它的转速很高（一般为 10000~20000r/min），但切削速度仍比磨外圆时低，使工件表面质量不易提高。砂轮轴细而长，刚性差，磨削时易产生弯曲变形和振动，故切削用量要少一些。此外，由于内圆磨削时的磨削热大，而冷却及排屑条件较差，工件易发热变形，砂轮易堵塞，因此内圆和内圆锥面磨削的生产率低，而且加工质量不如外圆磨削高。

### 4. 磨外圆锥面

磨外圆锥面与磨外圆的主要区别是工件和砂轮的相对位置不同。当磨外圆锥面时，工件轴线必须相对于砂轮轴线偏斜一定的圆锥斜角。常采用转动上工作台或转动头架的方法磨外圆锥面，如图 4-91 所示。

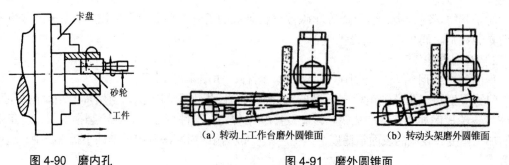

图 4-90　磨内孔　　　　　　　　(a) 转动上工作台磨外圆锥面　　　(b) 转动头架磨外圆锥面

图 4-91　磨外圆锥面

## 4.4 其他常见切磨削加工方法

除上文介绍的车削、铣削、磨削加工外,刨削、镗削、拉削加工等也是常见的切磨削加工方法。

刨削加工:在刨床上用刨刀加工工件的过程称为刨削加工,刨削是平面加工方法之一。刨削加工的主运动是刨刀的直线往复运动,进给运动是工件的间歇运动。刨刀回程为空行程,刨削是断续切削,刨刀切入和切出时会产生冲击振动及惯性力,限制了切削速度的提高,增加了辅助时间,且刨削多为单刃切削,所以刨削的生产率较低,但对于加工窄而长的表面(如导轨平面),能获得较高的生产率。因刨床和刨刀结构简单,加工调整灵活方便,故在单件小批生产及修配工作中应用较为广泛。刨削加工主要用于加工平面(水平面、垂直面、斜面)、沟槽(直槽、V型槽、T型槽、燕尾槽等)及一些成型表面。刨削的加工精度一般可达 IT7~IT9,表面粗糙度 $Ra$ 一般为 1.6~6.3μm,直线度可达 0.04~0.12mm/m。

镗削加工:镗孔是在已有孔的基础上用镗刀使孔径扩大并达到精度、粗糙度要求的加工方法。镗孔是常用的孔加工方法之一,对于直径较大的孔、内成型面或孔内环形槽等,镗孔是最合适的加工方法。镗孔可分为粗镗、半精镗和精镗。一般镗孔的精度为 IT7~IT8,表面粗糙度 $Ra$ 为 0.8~1.6μm;当精细镗时,精度可达 IT6~IT7,表面粗糙度 $Ra$ 达 0.2~0.8μm。

拉削加工:在拉床上用拉刀加工的工艺过程叫作拉削加工。拉削被认为是刨削的进一步发展,它只有拉刀的主运动,而进给运动是由后一齿较前一齿递增一个齿升量的拉刀结构本身完成的,拉削可以看作按高低顺序排列的多把刨削刀进行的刨削。拉削有生产率高、加工范围广、加工精度较高、表面粗糙度较小、拉床结构简单、拉刀寿命长等特点。拉削是一种高生产率和高精度的加工方法,但因拉刀结构复杂,制造、刃磨困难,成本高,所以一般只适用于大批量生产。拉削的加工精度可达 IT7~IT8,表面粗糙度 $Ra$ 可达 0.4~3.2μm。

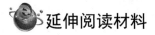

## 延伸阅读材料

### 决胜毫厘的"火箭车工"

用车刀在直径不到 3mm 的内孔中加工出沟槽,这好比在钢丝绳上跳舞……在中国运载火箭技术研究院 211 厂工装磨具生产车间,车工卢成林经常接到这类小批量零件的加工任务,一些形状复杂、精度要求高、用数控机床都难以完成的产品,他却能用普通车床加工出来。

2000 年前后,中国运载火箭技术研究院开始研究一种新型焊接工艺——搅拌摩擦焊。其核心零件搅拌头的使用寿命是制约搅拌摩擦焊接质量的关键所在。搅拌头是锥形结构,头部直径最大的部分只有 9mm,最细的地方只有 4~5mm,并且要在斜面上车出渐进渐出的不等深螺纹,两头的螺纹要浅一点,中间的螺纹要深一点,加工难度极大。刚开始加工时,极易损坏刀具。言语不多的卢成林脑筋转得比手快,他在心里盘算着,搅拌头是用难加工的高温合金材料制成的,必须从刀具和加工参数上想办法。在试验阶段,细心的卢成林将采用不同方法加工出的搅拌头一一进行了标记。试焊接后,有的搅拌头可以完成 10m 焊缝,有的可以完成 20m 焊缝。卢成林对比、倒推，分析出现问题的原因，通过不断调整、优化加工方法，在经过上百次实践以后，他加工的焊接头至少可以完成 60m 焊缝，有的甚至能完成 100m 焊缝，使用寿命是设计指标的 3 倍以上，且加工时间由 10 小时缩短到 5 小时，为搅拌摩擦焊技术成功应用做出了突出贡献，并且每年可节约成本百万余元。因高超的技艺，卢成林曾获北京市劳动技术能手、航天技术能手、航天技能大奖、全国技术能手等多项荣誉称号。

卢成林说："学什么都容易，学好都不容易。"车工工作条件艰苦，要想成为一名优秀的车工，必须要耐得住寂寞、受得了煎熬。他常跟徒弟们说，和其他车间相比，他所在的车间虽然不直接出产品，但火箭上很多重要产品的生产，都离不开他们生产的工装、模具。无论在什么岗位，都要用工匠精神打造优质产品，精雕细琢，精益求精，为火箭腾飞筑牢根基。

## 思考题

1. 车床有哪些主要组成部分？各有何功用？
2. 在车床上安装工件有哪些方法？
3. 车床能加工哪些表面？
4. 试述车刀的种类及用途。
5. 三爪自定心卡盘装夹工件有何特点？
6. 粗车与精车的加工要求分别是什么？刀具角度的选用有何不同？
7. 简述铣削加工的工艺特点及应用。
8. 万能卧式升降台铣床各主要部件、手柄的名称及功用如何？
9. 试述铣平面、斜面、台阶面常用的方法。
10. 铣平面、台阶面、T 型槽分别应选用哪种刀具？
11. 常用的外圆磨削方法有哪些？各有什么特点？

# 第 5 章

# 数控加工

## 5.1 概述

### 5.1.1 数字机床

数字控制（Numerical Control，NC）是近代发展起来的用数字化信息进行控制的自动控制技术。数字控制系统有如下特点。

① 能够以不同的字长表示不同精度的准确信息。
② 可进行逻辑运算、算术运算和复杂控制的信息处理。
③ 机床的电路或机械结构不变，通过改变机床软件来改变信息处理的方式和过程，具有柔性。

数控机床（Numerical Control Machine Tools）是用数字代码形式的信息（程序指令），控制刀具按给定的工作程序、运动速度和轨迹进行自动加工的机床。

### 5.1.2 数控机床发展历程

数控机床是在机械制造技术和控制技术的基础上发展起来的，是数字控制思想和方法、"软件-硬件"相结合、"机械-电子-控制-信息"多学科交叉的产物，其发展过程大致如下。

1948 年，美国帕森斯公司接受美国空军委托，研制直升机螺旋桨叶片轮廓检验用样板的加工设备。由于样板形状复杂多样，精度要求高，一般加工设备难以适应，于是提出采用数字脉冲控制机床的设想。

1949 年，美国帕森斯公司与美国麻省理工学院（MIT）开始共同研究，并于 1952 年试制成功第一台三坐标数控铣床，当时的数控装置采用电子管元件。

1959 年，数控装置采用了晶体管元件和印刷电路板，出现带自动换刀装置的数控机床，称为加工中心（Machining Center，MC），数控装置进入了第二代。

1965 年，体积小、功率消耗少、可靠性相对提高、价格低廉的第三代的集成电路数控装置出现，促进了数控机床品种和产量的增长。

20 世纪 60 年代末，出现了由一台计算机直接控制多台机床的直接数控系统（简称 DNC，又称群控系统)和采用小型计算机控制的计算机数控系统(简称CNC),数控装置进入了以小型计算机化为特征的第四代。

20世纪70年代中期,出现了使用微处理器和半导体存储器的微型计算机数控装置(简称MNC),进入第五代数控系统时代。

20世纪80年代初,随着计算机软硬件技术的发展,出现了能进行人机对话式自动编制程序的数控装置;数控装置愈趋小型化,可以直接安装在机床上;数控机床的自动化程度进一步提高,具有自动监控刀具破损和自动检测工件等功能。

20世纪90年代后期,出现了PC+CNC智能数控系统,即由专用厂商开发数控装置(包括硬件和软件)走向采用通用的PC化数控系统,同时开放式结构的CNC系统应运而生,推动数控技术向更高层次的数字化、网络化发展,高速机床、虚拟轴机床、复合加工机床等新技术快速迭代并应用。西门子数控系统的发展历程如图5-1所示。

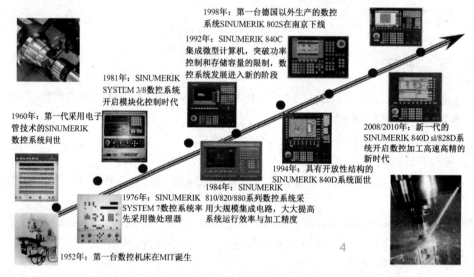

图 5-1　西门子数控系统的发展历程

21世纪以来,随着新一代信息技术和人工智能技术的发展,智能传感、物联网、大数据、数字孪生、赛博物理系统、云计算和人工智能等新技术与数控技术深度结合,数控技术迎来了一个新的拐点,甚至可能是新跨越——走向赛博物理融合的新一代智能数控。

## 5.1.3　数控机床发展趋势

在未来主要发展方向上,数控机床技术呈现出高性能、多功能、定制化、智能化和绿色化的发展趋势。

**1. 高性能**

在数控机床的发展过程中,一直努力追求更高的加工精度、切削速度、生产率和可靠性。未来数控机床将通过进一步优化的整机结构、先进的控制系统和高效的数学算法等,实现复杂曲线曲面的高速高精直接插补和高动态响应的伺服控制;通过数字化虚拟仿真、优化的静动态刚度设计、热稳定性控制、在线动态补偿等技术大幅度提高可靠性和精度保持性。

**2．多功能**

从不同切削加工工艺复合（如车铣、铣磨）向不同成型方法的组合（如增材制造、减材制造和等材制造等成型方法的组合或混合）或数控机床与机器人的"机-机"融合与协同等方向发展；从"CAD-CAM-CNC"的传统串行工艺链向基于3D实体模型的"CAD+CAM+CNC集成"一步式加工方向发展；从"机-机"互联的网络化，向"人-机-物"互联、边缘计算/云计算支持的大数据加工处理方向发展。

**3．定制化**

根据用户需求，在机床结构、系统配置、专业编程、切削刀具、在机测量等方面提供定制化开发，在加工工艺、切削参数、故障诊断、运行维护等方面提供定制化服务。模块化设计、可重构配置、网络化协同、软件定义制造、可移动制造等技术将为实现定制化提供技术支撑。

**4．智能化**

通过传感器和标准通信接口，感知并获取机床状态和加工过程的信号及数据，通过变换处理、建模分析和数据挖掘对加工过程进行学习，形成支持最优决策的信息和指令，实现对机床及加工过程的监测、预报和控制，满足优质、高效、柔性和自适应加工的要求。感知、互联、学习、决策、自适应将成为数控机床智能化的主要功能特征，大数据加工、工业物联、数字孪生、边缘计算/云计算、人工智能等技术将有力助推未来智能机床技术的发展与进步。

**5．绿色化**

技术面向未来可持续发展的需求，具有生态友好的设计、轻量化的结构、节能环保的制造、优化的能效管理、清洁的切削技术、宜人化的人机接口和产品全生命周期绿色化服务等。

## 5.2 数控加工基础知识

### 5.2.1 数控机床组成及原理与坐标系

**1．数控机床组成**

数控机床是采用数控技术控制的机床，或者说是装备了数控系统的机床。现代数控机床都采用计算机（微型计算机）作为控制系统，其组成如图5-2所示。

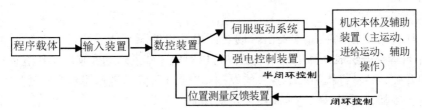

图5-2 数控机床的组成

1）程序载体

当数控机床工作时，不需要工人直接去操作机床，要对数控机床进行控制，必须编制加工程序。零件加工程序包括机床上刀具和工件的相对运动轨迹、工艺参数（进给量和主轴转速等）和辅助运动等。将零件加工程序用一定的格式和代码，存储在一种程序载体上，如 U 盘、闪盘或硬盘等，通过数控机床的输入装置，将程序信息输入 CNC 单元。

2）输入装置

零件程序及控制参数、补偿量等数据的输入，可采用光电设备、键盘、磁盘、连接上级计算机的 DNC 接口、网络等多种形式。现代数控机床还可以通过手动方式或 MDI（MDA）方式，将零件加工程序用数控系统的操作面板上的按键直接输入 CNC 单元，或者用与上级计算机通信的方式直接将加工程序输入 CNC 单元。

3）数控装置

数控装置是数控机床的核心，它包括微型计算机（CPU、存储器、各种 I/O 接口）、通用输入/输出（I/O）外围设备（如显示器、键盘、操作面板等）及相应的软件。数控装置主要有插补（如直线、圆弧等）、程序输入、编辑和修改功能，信息转换功能，补偿功能，多种加工方法选择功能，显示功能（用 LED 显示器可显示刀具在各坐标轴上的位置，用显示器可显示字符、轨迹、平面图形和动态 3D 图形），自诊断功能，通信和联网功能。数控装置发出的基本控制信号是由插补运算决定的各坐标轴（做进给运动的各执行部件）的进给位移量、进给方向和速度的指令，经伺服驱动系统驱动执行部件做进给运动。其他控制信号有主运动部件的变速、换向和启停信号；选择和交换刀具的刀具指令信号；控制冷却、润滑装置的启停，工件和机床部件松开、夹紧，分度工作台转位等辅助指令信号等。

4）伺服驱动系统及位置测量反馈装置

伺服驱动系统由伺服驱动电路和伺服驱动装置（电动机）组成，并且与机床上的执行部件和机械传动部件组成数控机床的进给系统。进给系统根据数控装置发来的速度和位移指令控制执行部件的进给速度、方向和位移。每个做进给运动的执行部件，都配有一套伺服驱动系统。伺服驱动系统有开环、半闭环和闭环之分。在半闭环和闭环伺服驱动系统中，使用位置测量反馈装置间接或直接测量执行部件的实际进给位移，与指令位移进行比较，按闭环原理，将其误差转换放大后控制执行部件的进给运动。

位置测量反馈分为数控机床执行部件的转角位移反馈和直线位移反馈两种。运动部分通过传感器将上述转角位移或直线位移转换成电信号，输送给 CNC 单元，与指令位置进行比较，由 CNC 单元发出指令，纠正所产生的误差。

数控机床伺服驱动系统主要有两种：一种是进给伺服驱动系统，它控制机床各坐标轴的切削进给运动，以直线运动为主；另一种是主轴伺服驱动系统，它控制主轴的切削运动，以旋转运动为主。

5）强电控制装置

数控机床的强电控制装置主要由普通交流电动机的驱动体系和机床电气逻辑控制装置 PLC 及操作盘等部分组成。强电控制装置除可以对机床辅助运动和辅助动作进行控制外，还包括对保护开关、各种行程和极限开关的控制。PLC（可编程逻辑控制器）可以实现对主轴、换刀、润滑、冷却、液压、气动等系统的逻辑控制。

6）机床本体及辅助装置

机床本体通常是指底座、立柱、横梁等，是整个机床的基础和框架。其设计要求比普通机床更严格,制造更精密,采用了许多新的加强刚性、减小热变形、提高精度等方面的措施。

辅助装置是指数控机床的一些配套部件,如液压、气动、润滑、冷却系统和排屑、防护等装置,对于加工中心类的数控机床,还包括刀库、换刀机械手等。

**2. 数控机床的工作原理**

数控机床是一种高度自动化的机床,在加工工艺与加工表面形成方法上,与普通机床是基本相同的,它与普通机床最根本的不同之处在于实现自动化控制的原理与方法。数控机床是用数字化的信息来实现自动控制的,首先将与加工零件有关的信息——工件与刀具相对运动轨迹的尺寸参数(进给执行部件的进给尺寸)、切削加工的工艺参数(主运动和进给运动的速度、切削深度等),以及各种辅助操作(主运动变速、刀具更换、冷却润滑液启停、工件夹紧松开等)等用规定的文字、数字和符号组成代码,按一定的格式编写成加工程序。然后将加工程序通过控制介质输入数控装置,数控装置经过分析处理后,发出各种与加工程序相对应的信号和指令控制机床进行自动加工。

**3. 数控机床的坐标系**

按国际标准化组织规定,数控机床的坐标系为右手笛卡儿直角坐标系,如图 5-3 所示。假设工件不动,刀具相对工件做运动。ISO-841 标准规定:伸出右手的大拇指、食指和中指,并互为 90°。大拇指代表 $X$ 坐标轴,食指代表 $Y$ 坐标轴,中指代表 $Z$ 坐标轴。3 个手指的指向为各坐标轴的正方向。围绕 $X$、$Y$、$Z$ 坐标轴旋转的旋转坐标分别用 $A$、$B$、$C$ 表示。根据右手螺旋定则,大拇指的指向为 $X$、$Y$、$Z$ 坐标轴中任意轴的正向,则其余四指的旋转方向即旋转坐标 $A$、$B$、$C$ 的正向。

坐标的正方向规定为刀具远离工件的方向,无论是工件静止,刀具相对于工件运动,还是工件沿各坐标轴方向运动,刀具只回转,不进给,在编程时都统一认为是刀具相对于静止的工件运动。对于卧式机床,人面对机床主轴,左侧方向为 $X$ 轴正方向;对于立式机床,人面对机床主轴,右侧方向为 $X$ 轴正方向。

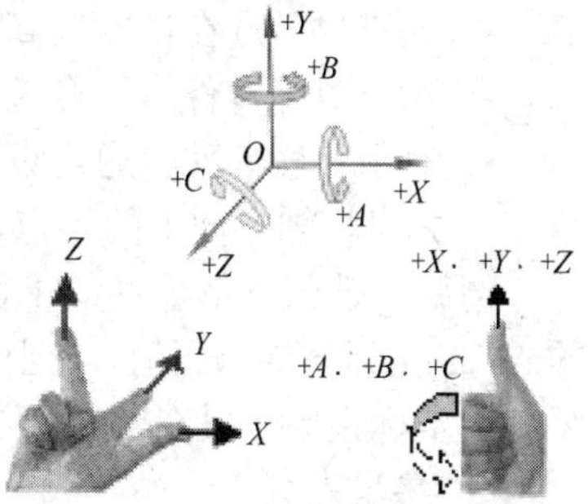

1)机床坐标系

机床坐标系(MCS)是机床固有的坐标系,符合右手笛卡儿直角坐标系原则,用来确定工件位置和机床运动。数控机床的坐标系是为了确定工件在机床中的位置、机床运动部件特殊位置及运动范围,即为了描述机床运动,产生数据信息而建立的几何坐标系。通过机床坐标系的建立,可确定机床位置关系,获得所需的相关数据。数控铣床的坐标系如图 5-4 所示,数控车床的坐标系如图 5-5 所示。

图 5-3 右手笛卡儿直角坐标系

2)工件坐标系

工件坐标系(WCS)是编程人员在编程和加工时使用的坐标系,符合右手笛卡儿直角坐标系原则,是程序的参考坐标系,也称编程坐标系。工件坐标系以工件图样上的某点为原点。原点可以由编程人员自由选择,他无须了解机床在工作时的具体运动情况。机床坐标系与工件坐标系的关系如图 5-6 所示。

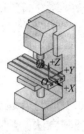  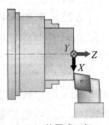

（a）立式铣床　　　　（b）卧式铣床　　　　　　　　（a）后置式刀架　　　　（b）前置式刀架

图 5-4　数控铣床的坐标系　　　　　　　　　图 5-5　数控车床的坐标系

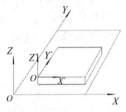

图 5-6　机床坐标系与工件坐标系的关系

3）机床坐标系原点

机床坐标系原点是机床上一个固定的点，正常是坐标值为零的点，该点由制造厂家确定，不能随意更改。其作用是建立测量机床运动坐标的起始点，使机床运动与控制系统同步。

4）工件坐标系原点

通常将工件坐标系原点作为计算坐标值的起点。编程人员在编制程序的时候不考虑工件在机床上的安装位置，只根据零件的特点及尺寸编程，对于一般零件，工件坐标系的原点即编程零点。选择工件坐标系原点的位置时应注意以下方面。

- 该点应选在零件图的尺寸基准上，这样便于坐标值的计算，减少错误。
- 该点尽量选在精度较高的加工表面上，以提高被加工零件的加工精度。
- 对于对称零件，该点应设在对称中心上。
- 对于一般零件，通常设在工件外轮廓的某一角上。
- $Z$ 坐标轴方向上的零点，一般设在工件表面。

例如，铣削方形零件的工件坐标系原点通常设在零件上表面的左下角，这样被加工表面的 $X$、$Y$ 坐标值均为正值，$Z$ 坐标值均为负值；对于回转或对称类的零件，在进行铣削时可以将工件坐标系原点设在回转中心，这样便于对刀，实现机床坐标系和工件坐标系的复合。

5）参考点

参考点就是给机床各个进给轴用行程开关设置的一个位置，用来对机床工作台、滑板及刀具相对运动进行标定和控制。机床通电后，要在机床上确定一个唯一的坐标系。这个操作称为回参考点，有些系统也称之为回原点。

对于采用增量式的旋转编码器作为反馈元件的数控机床，在通电开机后，无法确定当前在机床坐标系中的真实位置（机床断电后就会失去对各坐标位置的记忆），所以要先回参考点，确定机床坐标系。对于采用绝对位置编码器的机床，机床参考点一次性调整好后，每次开机不需要再进行回参考点的操作。

## 5.2.2　数控机床分类

**1. 按加工方式分类**

数控机床按加工方式可分为以下 4 类。

# 第 5 章 数控加工

- 金属切削类数控机床，如数控车床、加工中心、数控钻床、数控磨床、数控镗床等。
- 金属成型类数控机床，如数控折弯机、数控弯管机、数控回转头压力机等。
- 数控特种加工机床，如数控线（电极）切割机床、数控电火花加工机床、数控激光切割机床等。
- 其他类型数控机床，如火焰切割机床、数控三坐标测量机等。

**2．按运动方式分类**

数控机床按运动方式可分为以下 3 类。

1）点位控制数控机床

点位控制是指数控系统只控制刀具或工作台从一点移至另一点的准确定位，进行定点加工，点与点之间的路径不需要控制。采用这类控制的有数控钻床、数控镗床等。

2）直线控制数控机床

直线控制是指数控系统除控制直线轨迹的起点和终点的准确定位外，还要控制在这两点之间以指定的进给速度进行的直线切削。采用这类控制的有数控铣床、数控车床和数控磨床等。

3）轮廓控制数控机床

轮廓控制亦称连续轨迹控制，能够连续控制两个或两个以上坐标方向的联合运动。为了使刀具按规定的轨迹加工工件的曲线轮廓，数控装置具有插补运算的功能，可以使刀具的运动轨迹以最小的误差逼近规定的轮廓曲线，并协调各坐标方向的运动速度，以便在切削过程中始终保持规定的进给速度。采用这类控制的有数控铣床、数控车床、数控磨床和加工中心等。

**3．按控制方式分类**

数控机床按控制方式可分为以下 3 类。

1）开环控制数控机床

开环进给伺服系统是数控机床中最简单的伺服系统，开环控制数控机床不带位置测量反馈装置，通常用步进电动机作为执行机构。输入数据先经过数控系统的运算，发出脉冲指令，使步进电动机转过一个步距角，再通过机械传动机构转换为工作台的直线移动，移动部件的移动速度和位移由输入脉冲的频率和个数决定。开环进给伺服系统控制原理如图 5-7 所示。其结构简单，易于调整，在精度要求不太高的场合中得到较广泛的应用。

2）闭环控制数控机床

闭环控制数控机床带有位置测量反馈装置，其位置测量反馈装置采用直线位移检测元件，直接安装在机床的移动部件上，将测量结果直接反馈到数控装置中，通过反馈可消除从伺服电动机到机床移动部件整个机械传动链中的传动误差，最终实现精确定位。闭环控制系统如图 5-8 所示。闭环控制系统的特点是精度较高，但由于系统的结构较复杂、成本高，且调试维修较难，因此只适用于大型精密机床。

3）半闭环控制数控机床

半闭环控制系统首先在电动机的端头或丝杠的端头安装检测元件（如感应同步器或光电编码器等），通过检测其转角来间接检测移动部件的位移，然后反馈到数控系统中。由于大部分机械传动环节未包括在系统闭环环路内，因此可获得较稳定的控制特性。

半闭环控制系统的精度比闭环控制系统要差一些，但由于驱动功率大，快速响应好，因此适用于各种数控机床。半闭环控制系统的机械误差可以在数控装置中通过间隙补偿和螺距误差补偿来减小。半闭环控制系统如图 5-9 所示。半闭环控制系统调试方便,稳定性好,目前应用比较广泛。

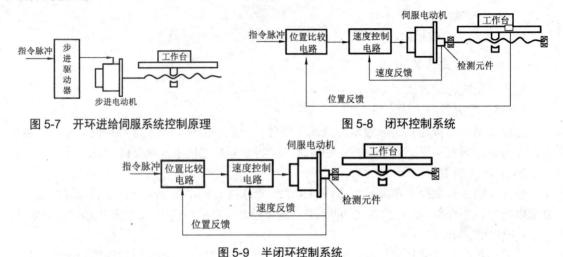

图 5-7　开环进给伺服系统控制原理　　　　图 5-8　闭环控制系统

图 5-9　半闭环控制系统

**4. 按联动轴数分类**

数控系统控制几个坐标轴按需要的函数关系同时协调运动,称为坐标联动。数控机床按联动轴数可以分为以下 4 类。

- 两轴联动数控机床:能同时控制两个坐标轴联动,适于数控车床加工旋转曲面或数控铣床铣削平面轮廓。
- 两轴半联动数控机床:在 $X$ 坐标轴、$Y$ 坐标轴的基础上增加了 $Z$ 坐标轴的移动,当机床坐标系的 $X$ 坐标轴、$Y$ 坐标轴固定时,$Z$ 坐标轴可以进行周期性进给。两轴半联动加工可以实现分层加工。
- 三轴联动数控机床:能同时控制 3 个坐标轴的联动,用于一般曲面的加工,一般的型腔模具均可以用三轴联动数控机床加工完成。
- 多轴联动数控机床:能同时控制 4 个以上坐标轴的联动。多轴联动数控机床的结构复杂,精度要求高,程序编制复杂,适于加工形状复杂的零件,如叶轮叶片类零件。

**5. 按工艺用途分类**

按工艺用途分类,数控机床可分为数控车床、数控铣床、数控镗床、数控钻床、数控磨床、加工中心、数控齿轮加工机床等,还有数控压床、数控冲床、数控弯管机、数控电火花切割机、数控火焰切割机等。

## 5.2.3　数控机床特点及加工范围

**1. 数控机床特点**

数控机床对零件的加工过程是严格按照加工程序所规定的参数及动作执行的。数控机床是一种高效能自动或半自动机床,与普通机床相比,具有以下明显特点。

- 适合复杂异形零件的加工,减轻操作者的劳动强度。由于数控机床可以完成普通机床难以完成或根本不能加工的复杂零件的加工，因此在宇航、造船、模具等加工业中得到广泛应用。
- 加工精度高，加工稳定可靠。
- 实现计算机控制，排除人为误差，零件的加工一致性好，质量稳定可靠。
- 高生产率。数控机床本身的精度高、刚性大，可选择有利的加工用量，生产率高，一般为普通机床的 3～5 倍，对某些复杂零件的加工，生产率可以提高十几倍，甚至几十倍。
- 有利于管理现代化。采用数控机床有利于向计算机控制与管理生产方面发展，为实现生产过程自动化创造了条件。
- 投资大，使用费用高。
- 维修困难。数控机床是典型的机电一体化产品，技术含量高，对维修人员的技术要求很高。

**2．数控机床的适用范围**

数控机床适用于中小批量、多次重复生产的零件，几何形状复杂的零件，特殊零件，贵重零件的加工和产品试制。

## 5.2.4　数控机床编程概述

**1．程序编制步骤**

程序编制即依照数控系统规定的指令、格式，先将工件加工的工序过程、切削参数和其他辅助动作，按照动作顺序编成数控机床加工的程序，再输入数控机床的控制装置中，从而指挥机床进行自动加工。程序编制的方法有手工编程和自动编程两种。

在一般的企业工艺管理中，数控程序编制内容如图 5-10 所示。

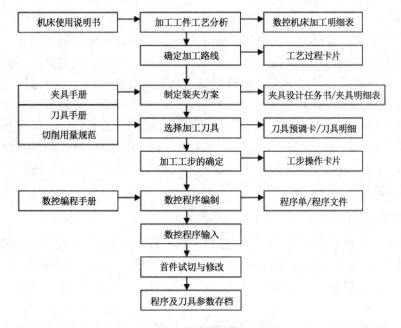

图 5-10　数控程序编制内容

在编制数控程序时，编程本身仅是编程人员工作的很小的一部分。编程本身是指用数控语言实现单个的加工步骤。在真正开始编程之前，加工步骤的计划和准备非常重要。事先对数控程序的导入和结构考虑越细致，在真正编程时速度就越快，也越方便，编好的数控程序就越明了与正确。此外，层次清晰的程序在以后修改时还能带来很多的便利。因为所加工的零件外形并不相同，所以没有必要使用同一个方法来编制每个程序。编程工作主要如下。

1）分析零件图样和制定工艺方案

本项工作的内容包括对零件图样进行分析，明确加工的内容和要求；确定加工方案；选择适合的数控机床；选择或设计刀具和夹具；确定合理的切削路线及选择合理的切削用量等。这一工作要求编程人员能够对零件图样的技术特性、几何形状、尺寸及工艺要求进行分析，并结合数控机床的基础知识，如数控机床的规格、性能、数控系统的功能等，确定加工方法和加工路线。

2）数学处理

在制定工艺方案后，就需要根据零件的几何尺寸、加工路线等，计算刀具中心运动轨迹，以获得刀位数据。数控系统一般均具有直线插补与圆弧插补功能，对于加工由圆弧和直线组成的较简单的平面零件，只需要计算出零件轮廓上相邻几何元素交点或切点的坐标值，得出各几何元素的起点和终点、圆弧的圆心坐标值等，就能满足编程要求。当零件的几何形状与控制系统的插补功能不一致时，就需要进行较复杂的数值计算，一般需要使用计算机辅助计算，否则难以完成。

3）编写零件加工程序

在完成上述工作后，即可编写零件加工程序。编程人员使用数控系统的程序指令，按照规定的程序格式，逐段编写零件加工程序。编程人员应对数控机床的功能、程序指令及代码十分熟悉，才能编写出正确的零件加工程序。

4）程序检验

将编写好的零件加工程序输入数控系统，即可控制数控机床的加工工作。一般在正式加工之前，要对程序进行检验。通常可采用机床空运转的方式，来检查机床动作和运动轨迹的正确性，以检验程序。在具有图形模拟显示功能的数控机床上，可通过显示切削轨迹或模拟刀具对工件的切削过程对程序进行检验。对于形状复杂和要求高的零件，也可采用铝件、塑料或石蜡等易切材料进行试切来检验程序。通过检查试件，不仅可确认程序是否正确，还可知道加工精度是否符合要求。若能采用与被加工零件材料相同的材料进行试切，则更能反映实际加工效果，当发现加工的零件不符合加工技术要求时，可修改程序或采取尺寸补偿等措施。

**2. 程序的结构和格式**

数控程序是由为使机床运转而给予数控装置的一系列指令的有序集合构成的。依靠这些指令使刀具按直线或圆弧及其他曲线运动，控制主轴的旋转、停止，切削液的开、关，自动换刀和工作台的自动交换等。

1）程序的结构

一个完整的程序由程序名、程序内容和程序结束3个部分构成，程序结构如图5-11所示。

| | |
|---|---|
| SHUK01 | 程序名 |
| N10 G54T1D1 | |
| N20 M03S2000 | |
| N30 G0X0Y0 | |
| N40 Z5 | 程 |
| N50 G1Z-2F100 | 序 |
| N60 X10 | 内 |
| N70 Y10 | 容 |
| N80 G03X0Y10I-5J0 | |
| N90 Y0 | |
| N100 Z5 | |
| N110 G0Z100 | |
| N120 M02 | 程序结束 |

图 5-11　程序结构

（1）程序名。

加工程序按程序名顺序存储在数控系统内。因为加工相应零件或对程序进行修改时通过程序名查找该程序，所以每一个程序必须有程序名。不同系统的命名原则是不一样的，SIEMENS 828D 系统的命名原则为：开始必须为两个字母或一条下画线和一个字母，其后可以是字母、数字或下画线，最多为 24 个字符，不得使用分隔符。主程序文件名后缀为***.MPF，子程序文件名后缀为***.SPF。FANUC 程序名以"O"字开头，后面跟有 4 位数字。

在真正产生工件轮廓的运动程序段之前插入的数控程序段称为程序头。程序头包含的信息和指令有关于下列方面：换刀、刀具补偿、主轴运动、进给控制、几何设置（零点偏移、工件平面选择）等。

（2）程序内容。

程序内容是整个程序的核心，由许多程序段组成，每个程序段由一条或多条指令组成，表示数控机床要完成的全部动作。

（3）程序结束。

用程序结束指令 M02 或 M30 来结束整个程序，用 M17 指令来结束子程序。

2）程序格式

程序由程序段（Block）组成，每个程序段执行一个加工工序，含有执行一个工序所需的全部数据。

每个程序段由若干个行和行结束符"LF"（Line Feed，换行）组成，在程序编写过程中，换行或按输入键时可以自动产生行结束符。程序段是执行机床动作的最小单元。

字由地址符和数值构成。地址符一般由字母组成。数值是一个数字串，它可以带正负号和小数点，正号可以省略不写。字是程序中能作为指令的最小单位，但地址符和数值单独不能构成一个字。若一个字的地址符由多个字母组成，或者数值由几个常数组成，则数值与字母之间用符号"="隔开。

目前，最常用的程序格式是程序行格式，其书写规则如表 5-1 所示。

表 5-1　程序行格式的书写规则

| N__ | G__ | X__ | Y__ | Z__ | … | F__ | S__ | T__ | D__ | M__ | LF |
|---|---|---|---|---|---|---|---|---|---|---|---|
| 程序行号 | 准备功能 | 尺寸字 | | | | 进给功能 | 主轴功能 | 刀具功能 | 刀补功能 | 辅助功能 | 行结束符 |
| | | 程序行 | | | | | | | | | |
| 程序行…… | | | | | | | | | | | |

程序行格式说明如下。

程序行号的使用。程序行号又称为程序标号或顺序号，它仅仅是个识别符，通常放在被调用的程序行前，供调用某行程序时使用。一般情况下，程序行号可以省略。

每个程序行应避繁就简，达到所要求的功能即可。程序行格式都是可变程序行格式，即程序行中的程序字可按需排列。在尺寸字中，可以只写有效数字，不规定每个程序字都写满固定位数。注意：字母"O"不要与数字"0"混淆！表 5-2 所示为程序字组成表。

表 5-2　程序字组成表

| 序号 | 描述功能 | 地址字 | 取值范围 | 意义 |
|---|---|---|---|---|
| 1 | 程序行号 | N | 0000~9999 | 指定程序行号 |
| 2 | 准备功能 | G | 00~99 | 指定位移条件 |
| 3 | 尺寸字（位移信息） | X、Y、Z | ±(0.001~9999.999) | X、Y、Z 坐标轴方向运动指令 |
| | | I、J、K | ±(0.001~9999.999) | 圆心坐标 |
| | | R（CR） | ±(0.001~9999.999) | 圆弧 |
| 4 | 进给功能 | F | 1~1200mm/min | 进给转速指令（根据伺服电动机确定） |
| 5 | 主轴功能 | S | 50~8000r/min | 主轴转速指令（根据主轴性能确定） |
| 6 | 刀具功能 | T | 数字、字母、汉字 | 选择刀具指令（不同系统命名不同） |
| 7 | 刀补功能 | D | 0~9 | 选择刀具刀补号 |
| 8 | 辅助功能 | M | 00~99 | 辅助功能 |

行结束符写在每个程序行之后。当采用 ISO 标准代码时，行结束符为"；""NL""LF"或直接回车即可。不同的数控系统，行结束符会有所不同。SIEMENS 系统表示程序行结束用回车，并且回车后自动在程序行末出现"LF"。

在程序行前加"/"表示在运行中可以被跳跃过去的程序行。可以通过数控面板中的"程序控制"进行设置。在程序运行过程中，一旦跳跃程序行功能生效，则所有带"/"符号的程序行都不予执行，当然这些程序行中的指令也不予考虑。

在程序行最后加"；"可以对程序行进行注释。注释可作为对操作者的提示显示在屏幕上。

有些地址可以在一个程序行中多次使用，如 G 指令、M 指令。

## 5.3 数控车削加工

### 5.3.1 数控车床的结构、分类和特点

5-1 数控车削概述.MP4

所谓数控车床，主要是指计算机控制数控车床，简称 CNC 数控车床，它作为数控机床的主要品种之一，在当今世界机械加工领域内使用十分广泛。

数控车床主要用于加工轴类、盘类等回转零件。通过数控加工程序的运行，可自动完成内外圆柱面、圆锥面、成型表面、螺纹和端面等工序的切削加工，并能进行车槽、钻孔、扩孔、铰孔等工作。车削中心可在一次装夹中完成更多的加工工序，包括在圆柱面上切槽及钻孔、扩孔、铰孔等，加工质量和生产率有很大提高，特别适合于复杂形状回转类零件的加工。

**1．数控车床结构**

数控车床与普通车床的外形相差不多，由床身、主轴箱、刀架、尾架、进给系统、冷却润滑系统等部分组成。

数控车床与普通车床在结构上的主要区别：普通车床运动传动为齿轮副传动，主轴箱由多级齿轮副组成，进给机构通过齿轮副带动丝杠或光杠旋转，将电动机旋转运动转化为溜板箱的直线运动，实现进给运动，另外配有交换齿轮架，机械结构比较复杂。数控车床的主轴箱由伺服电动机提供动力，直接或间接驱动主轴，进给机构通过伺服电动机带动滚珠丝杠旋转，从而带动溜板箱完成进给运动；没有交换齿轮架，机械结构比较简单，但是精度较高。

EK40 数控车床如图 5-12 所示，其机械结构如图 5-13 所示。下面以 EK40 数控车床为例介绍各典型部分的功能。

图 5-12 EK40 数控车床

图 5-13 EK40 数控车床机械结构

1）床身底座

床身底座是整个机床的基础，设有床身的安装基面。床身底座的结构形式决定了机床的总体布局，数控车床的布局形式有水平床身、斜床身、立床身等。EK40 数控车床采用水平床身，这样有宽敞的排屑空间，还可以为电气柜和罩壳安装提供基面，为机电一体化创造条件，容易实现封闭防护。

2）床身

床身采用铸铁浇注成筒形，是封闭式结构。水平导轨经超音频淬火和精密磨削，具有良

好的抗弯扭性能及动态特性。床身固定在底座上，结合面经过刮研，接触面可靠，刚度好。

3）主传动系统

主传动系统采用三相异步电动机（功率为 7.5kW，额定转速为 1440r/min），先通过一组窄 V 型带将动力传入主轴箱内的传动轴，再经过滑移齿轮（手动）使主轴获得高低两组转速，在高低速组其转速可以进行无级调速。

4）进给传动系统

在 EK40 数控车床上，进给传动系统中 $X$ 坐标轴、$Z$ 坐标轴的进给运动由交流伺服电动机经联轴结直接驱动，通过带有预加载荷的滚珠丝杆带动拖板实现运动。其特点是精度高、响应快、低速大扭矩，其传动方式和特点与普通车床截然不同。由于采用宽调速伺服电动机与伺服系统，刀架快速移动和进给传动均经同一路线，进给范围广，移动速度快，定位准确可靠。

进给传动系统要减少摩擦力，提高传动精度和刚度，消除传动间隙及减小运动件的惯性，以保证加工工件的尺寸精度。

滚珠丝杠螺母轴向间隙可以通过预紧的方法加以消除，预紧载荷能有效地减少弹性变形所带来的轴向位移。但是过大的预紧力会增加摩擦力，降低传动效率，使滚珠丝杠寿命大为缩短。因此要经过多次调整，才能保证机床在最大的轴向载荷下既能消除间隙，又能灵活运转。

5）刀架

刀架结构直接影响机床的切削性能和工作效率。数控车床刀架分为立式转塔刀架和轮式转塔刀架。EK40 数控车床采用轮式转塔刀架，回转刀架部件用螺钉紧固在十字拖板的上托板上，它们之间设有便于装配的回转支点，相邻换刀时间为 1.6s，回转刀架具有 8 个工位，1、3、5、7 工位安装外圆加工刀具，2、4、6、8 工位安装孔加工刀具。

### 2. 数控车床原理

车床主要是加工以直线（斜线）、圆弧或其他曲线为素线而组成的回转零件，以及各种螺纹类工件的机床。

对于普通车床，操作者先根据图样的要求，不断操作手柄改变刀具与工件之间的相对位置，再与选定的工件转速相配合，使刀具对工件进行切削加工。数控车床由于应用了计算机数控系统，刀具的纵向（$Z$ 坐标轴）和横向（$X$ 坐标轴）运动由伺服电动机驱动。

首先，数控车床加工前必须根据试件图样的工艺要求，将车床纵向滑板（$Z$ 坐标轴）和横向滑板（$X$ 坐标轴）的位移、速度及动作先后顺序，主轴转速、转向及冷却要求等，以规定的数控代码形式编制成程序单，并输入机床专用的计算机中。然后，机床计算机根据输入的代码，进行编译、运算和逻辑处理后，输出相应信号和指令，以控制车床各部分的位移、速度及有序动作。其中，进给系统指令先由 CNC 专用机送出指令脉冲，经伺服电动机驱动电路控制和放大后，伺服电动机转动，经滚珠丝杆驱动车床纵向滑板（$Z$ 坐标轴）和横向滑板（$X$ 坐标轴）移动，再与选定的主轴转速相配合，便可加工各种不同形状的工件。

### 3. 数控车床主要功能

不同数控车床的功能也不尽相同，各有特点，但都应具有以下主要功能。

- 直线插补功能。控制刀具沿着直线进行切削，在数控车床中利用该功能可加工圆柱面、圆锥面和倒角。
- 圆弧插补功能。控制刀具沿着圆弧进行切削，在数控车床中利用该功能可加工圆弧面、曲面。
- 固定循环功能。固定机床常用的一些功能，如粗加工、切螺纹、切槽、钻孔等，利用该功能可简化数控车床编程。
- 恒线速功能。通过控制主轴转速来保持切削点处的切削速度恒定，可获得一致的加工表面质量。
- 刀尖半径自动补偿功能。可对刀具运动轨迹进行半径补偿。具备该功能的数控车床在编程时可以不考虑刀尖圆弧半径的影响，直接按零件轮廓进行编程，编程变得简单方便。

**4．数控车床分类**

机械制造业的迅速发展使得数控车床的品种、规格繁多，依据不同的分类标准，有不同的分类方法，以下是数控车床最为常见的 5 种分类方法。

- 按照数控系统功能，可分为经济型数控车床、多功能型数控车床和车削中心。
- 按照主轴的配置形式，可分为卧式数控车床和立式数控车床。
- 按照床身的布局形式，可分为平床身数控车床和斜床身数控车床。
- 按照数控系统控制轴数，可分为两轴控制数控车床和多轴控制数控车床。
- 按照特殊或专门的工艺性能，可分为螺纹数控车床、活塞数控车床和曲轴数控车床等。

**5．数控车床特点**

与普通车床相比，数控车床具有如下特点。

- 采用全封闭或半封闭防护装置。
- 可实现自动加工。数控车床的主要优点体现在"数控"二字上，通过使用各种完善的机械机构，可显著提高加工过程的自动化程度。
- 主轴可实现无级调速，调速范围宽。

数控车床的进给速度、主轴转速和定位速度较高，并且精度高，有利于合理选择切削参数，充分发挥刀具和机床的性能，减少辅助时间，提高生产率，改善劳动条件，减轻劳动强度。

**6．数控车床加工范围**

数控车床虽然与普通车床相似，主要用于加工轴类和盘套类零件，但是因为数控车床对各种零件型面和结构的加工是在计算机控制下自动完成的，所以数控车床特别适合加工具有椭圆面、双曲面等各种复杂型面的回转类零件，除此以外，数控车床还可以加工各种螺距，甚至变螺距的螺纹。

## 5.3.2 数控车床编程特点及基本指令

**1．数控车床编程特点**

数控车床用于加工回转零件，其形状、结构和尺寸只需要两个方向参数便可描述，故在编制加工程序时只需考虑 $X$ 坐标轴、$Z$ 坐标轴两个方向的坐标即可。

数控车床所加工零件的毛坯多为圆棒状铸锻件，加工余量相对较大，一个表面需要进行多次反复的加工。如果对每个表面都编写若干个程序段，则编程工作量将大为增加。为了减少编程工作量，机床的数控系统具有轮廓车削、端面车削、螺纹车削等不同形式的循环功能指令。

在数控车床编程中 $X$ 坐标轴方向坐标值以直径方式输入，所以数控系统的 $X$ 坐标轴方向脉冲当量仅为 $Z$ 坐标轴方向脉冲当量的一半。

**2．数控车床基本指令**

各种数控系统都有一套用来描述工件加工过程的指令系统，ISO 标准有专门的规定格式。数控车床使用 G、M、S、F、T 等指令代码描述机床的运行方式、加工路径、主轴转速及转向、冷却系统开关、进给量大小和刀具选择等功能。

5-2 数控车削常用编程指令.MP4

1）准备功能指令

（1）G00（快速线性移动）指令。

输入格式：绝对值编程，G00X_Z_；相对值编程，G00U_W_。

G00 指令使刀具以默认的速度从当前位置移动到目标位置。无运动轨迹要求，不需要特别规定进给速度。该指令是模态代码，可以被 G01、G02、G03 修正。G00 一般用于当加工程序开始时，刀具快速接近加工面，或者执行完一道工序后，刀具快速退回换刀点位置。

例：G00X120Z500 表示将刀具快速移动到坐标值为($X$120,$Z$500)的位置上。

在同一程序段中，绝对坐标指令和相对坐标指令可以混用。EK40 数控车床系统默认移动速度：$X$ 坐标轴方向为 6m/min，$Z$ 坐标轴方向为 8m/min。

（2）G01（直线插补）指令。

输入格式：绝对值编程，G01X_Z_F_；相对值编程，G01U_W_F_。

G01 指令使刀具以给定的速度沿直线路径移动到指定坐标点。该指令是模态代码，一经指定，持续有效，除非程序中出现 G00、G02、G03 等代码。另外，该指令后面必须有 F 指令说明速度。

例：G01X80Z100F0.1 表示将刀具以给定"F0.1"速度，运动到坐标值为($X$80,$Z$100)的位置上。

（3）G02、G03（圆弧插补）指令。

输入格式：绝对值编程，G02X_Z_R_F_；相对值编程，G02U_W_R_F_。

G02、G03 指令使刀具以给定的速度沿着圆弧曲线路径移动到编程目标点，G02 表示顺时针圆弧插补，G03 表示逆时针圆弧插补，其方向判定规则如下：沿着垂直于圆弧所在平面坐标轴负方向看，刀具相对于工件运动方向为顺时针方向，则使用 G02，反之使用 G03。

例：G02X20Z-30R16F0.1 表示将刀具沿顺时针圆弧以给定"F0.1"速度，运动到坐标值为($X$20,$Z$-30)的位置上，圆弧半径为 16mm。

（4）G04（暂停时间）指令。

输入格式：G04X_。

程序执行到该指令后即停止，待延时指定时间后继续执行，可指定的最小时间为 0.001s。

该指令控制刀具在指定时间内进行无进给加工，该段时间过后继续加工，主要用于加工槽类、孔类、螺纹类等工件，以提高其表面光洁度。

2）辅助功能指令

辅助功能指令（M 指令）用于指定数控机床特定的动作方式，如主轴的旋转、自动换刀、冷却液的开关、程序结束等。一般来说 M 指令与加工尺寸和坐标轴运动无关。

辅助功能指令用地址字 M 和其后的两位数字来表示，包括 M00～M99，共 100 种。

下面分别介绍常用的 M 指令的基本功能。

（1）M00（程序停止）指令。

当机床执行 M00 指令时，机床主轴停转、进给停止、切削液关断、程序暂停执行。该指令一般用于检查或测量工件。按下控制面板上的"循环启动"按钮，机床继续执行下一段程序。

M00 指令的输入格式自成一段，放在需要停止的位置。

（2）M01（程序选择停止）指令。

M01 指令与 M00 指令相似，不同之处是，必须预先通过数控系统设定 M01 程序选择停止指令有效，或者按下操作面板上的"程序选择停止"按钮。当程序执行到 M01 指令时，机床主轴停转、进给停止、切削液关断、程序暂停执行。如果没有设定 M01 程序选择停止指令有效，或者没按下"程序选择停止"按钮，那么 M01 指令不起作用，程序将跳过去继续执行下一段。其输入格式自成一段，放在需要停止的位置。

（3）M03（主轴正转）指令。

从尾架方向往机床主轴方向看，当 M03 指令执行时，主轴以逆时针方向旋转。M03 指令是模态代码。

输入格式：M03S_。

例：M03S800，表示主轴以 800r/min 的速度正转。

（4）M04（主轴反转）指令。

从尾架方向往机床主轴方向看，当执行 M04 指令时，主轴以顺时针方向旋转。M04 指令是模态代码。其编程格式同 M03 指令。

（5）M05（主轴停止旋转）指令。

M05 指令一般在远离工件语句后面使用。

例：G00X120Z500M05 表示加工完毕，刀具快速运动到坐标值为($X$120,$Z$500)的位置上，主轴停止旋转。M05 指令是模态代码。

（6）M08（切削液打开）指令。

例：G00X20Z-30F0.05M08。本段指令控制刀具快速运动到坐标值为($X$20,$Z$-30)的位置上，切削液打开。M08 指令是模态代码，同组的 M09 指令可以关闭该功能。

M08 指令注意事项：该指令可以按照冷却位置需要放在语句的句尾，但是对于硬质合金刀具来说，不能在刀具切削过热时即时冷却，以免刀头骤冷崩裂，应该在切削初始就冷却；高速钢刀具应随时冷却，以免加工过热使刀具退火，影响使用效果。

（7）M09（切削液关断）指令。

例：G00X120Z500M09。本段指令控制刀具快速运动到坐标值为($X$120,$Z$500)的位置上，切削液关断。M09 指令是模态代码，与 M08 指令配合使用。

（8）M30（程序结束）指令。

例：G00X120Z500M05M30。

M30 指令是零件加工程序最后一段代码，表示程序结束。当程序执行到这里时，机床主轴停转、进给停止、切削液关断、程序停止、光标自动返回程序头。本指令可自成一段。

3）其他指令

（1）S（转速）指令。

S 指令用于指定主轴的转速。

输入格式：M03S_。

例：M03S600，该指令指定机床主轴的旋转速度为 600r/min。

（2）F（进给）指令。

F 指令用于指定机床的进给速度或用于在加工螺纹时指定螺距，使用时需要配合插补指令。

输入格式：G01X_Z_F_。

例：G01X20Z-24F0.1，该指令指定机床的进给速度为 0.1mm/r。

（3）T（刀具）指令。

T 指令用于指定刀具号和刀具补偿号。

输入格式：TΔPΔQ。

取消刀具补偿格式：TΔP00。

ΔP 表示刀具号。用两位数字表示，数字为 0～99。

ΔQ 表示刀具补偿号。用两位数字表示，数字为 0～32。

例：T0101，该指令指定机床使用一号刀进行加工。

## 5.4 数控铣削加工

数控铣床是在一般铣床的基础上发展起来的一种自动加工设备，两者的加工工艺基本相同，结构也有些相似。数控铣床是主要采用铣削方式加工工件的数控机床，能完成平面铣削、平面型腔铣削、外形轮廓铣削、3D 及 3D 以上复杂型面铣削，如各种凸轮、模具等，还可以进行钻孔、扩孔、铰孔、攻丝、镗孔等加工。若再添加回转工作台等附件（此时变为四坐标），则应用范围将更广，可用于加工螺旋桨、叶片等空间曲面零件。

数控铣床又分为不带刀库和带刀库两类。其中带刀库的数控铣床又称为加工中心。加工中心与数控铣床的最大区别在于加工中心具有自动交换加工刀具的能力，通过在刀库上安装不同用途的刀具，可在一次装夹中通过自动换刀装置改变主轴上的加工刀具，实现多种加工功能，可以进行大部分加工面的铣、镗、钻、扩、铰及攻螺纹等多工序加工。由于加工中心能有效地避免多次装卸造成的定位误差，并且可以大大减少工件装夹、测量和机床调整时间，使机床的切削时间利用率显著提高，因此适用于产品更换频繁、零件形状复杂、精度要求高、生产批量不大而生产周期短的产品，具有良好的经济性。

此外，随着高速铣削技术的发展，数控铣床可以加工形状更为复杂的零件，精度也更高。数控铣削加工如图 5-14 所示。

图 5-14 数控铣削加工

## 5.4.1 数控铣床工作原理和组成

**1. 数控铣床的工作原理**

当数控铣床加工时，首先根据工件图的加工工艺要求，将铣床各运动部件的移动量和速度、动作先后顺序、主轴转速、转向及冷却要求，以规定的字符代码形式编制成工序单，输入数控系统。然后数控系统根据输入的指令由机床专用计算机进行编译、运算及逻辑处理，输出各种信号和指令脉冲，经驱动电路控制和放大后，使伺服电动机带动滚珠丝杠转动，驱动铣床 $X$ 坐标轴、$Y$ 坐标轴和 $Z$ 坐标轴方向的工作台。最后与选定的主轴转速相配合，便可加工出各种不同形状的工件。加工中心相对数控铣床来说，能够实现自动换刀。数控铣床工作原理框图如图 5-15 所示。

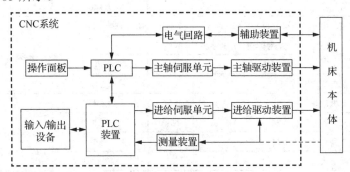

图 5-15 数控铣床工作原理框图

**2. 数控铣床的组成**

数控铣床一般由机床基础件、控制系统、伺服系统和辅助装置等部分组成。加工中心相对数控铣床又多了自动换刀装置。加工中心基础部件如图 5-16 所示。

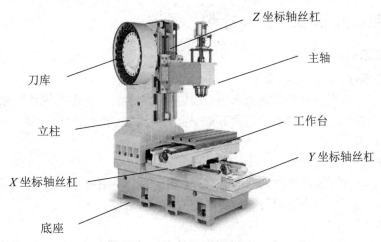

图 5-16 加工中心基础部件

**3. 数控铣床（加工中心）的主要技术参数**

VMC850 加工中心的主要技术参数包括工作台面积、各坐标轴最大行程、主轴转速范围、最大切削进给速度、定位精度、重复定位精度等，其具体内容及作用详见表 5-3。

表 5-3 VMC850 加工中心的主要技术参数

| 类别 | 主要内容 | | | 作用 |
|---|---|---|---|---|
| 工作范围 | 工作台面积（长×宽） | mm | 1000×500 | 影响加工工件的尺寸范围（质量）、编程范围及刀具、工件、机床之间干涉 |
| | X 坐标轴最大行程 | mm | 850 | |
| | Y 坐标轴最大行程 | mm | 500 | |
| | Z 坐标轴最大行程 | mm | 540 | |
| | 主轴鼻端至工作台距离 | mm | 150~690 | |
| 工作台 | 工作台 T 型槽数 | 条 | 5 | 影响工件、夹具及刀具的安装 |
| | 工作台 T 型槽宽 | | 18H8 | |
| | 允许最大荷重 | kg | 600 | |
| | 刀柄型号 | | BT40 | |
| 运动参数 | 主轴转速范围（无级可编程） | r/min | 50~8000 | 影响加工性能及编程参数 |
| | 最大快速进给速度　X 坐标轴、Y 坐标轴 | m/min | 32 | |
| | 　　　　　　　　　Z 坐标轴 | m/min | 30 | |
| | 最大切削进给速度 | m/min | 20 | |
| 主轴 | 主轴电动机功率 | kW | 7.5/11 | 影响切削载荷 |
| | 最大输出扭矩 | N·m | 35.8 | |
| | 主轴中心到立柱导轨距离 | mm | 580 | |
| | 主轴传动方式 | | 皮带传动 | |
| 精度参数 | 定位精度 | mm | 0.005/300 | 影响加工精度及其一致性 |
| | 重复定位精度 | mm | 0.003 | |
| 其他参数 | 机床外形尺寸 | mm | 3300×2400×3000 | 影响使用环境 |
| | 机床质量 | kg | 5800 | |

## 5.4.2 数控铣床的加工范围和特点

**1. 数控铣床的加工范围**

1）平面类零件

加工面平行、垂直于水平面或与水平面成定角的零件称为平面类零件，如图 5-17 所示，这类零件的特点是加工面为平面或可展开成平面。其数控铣削相对比较简单，一般用两轴联动就可以加工出来。

2）曲面类零件

加工面为空间曲面的零件称为曲面类零件，如图 5-18 和图 5-19 所示，其特点是加工面不能展开成平面，加工过程中铣刀与零件表面始终是点接触的。

3）变斜角类零件

加工面与水平面的夹角连续变化的零件称为变斜角类零件，以飞机零部件常见。其特点是加工面不能展开成平面，加工过程中加工面与铣刀周围接触的瞬间为一条直线。

4）孔及螺纹

采用定尺寸刀具进行钻、扩、铰、镗及攻丝等，一般数控铣床都有镗、钻、铰功能。孔及螺纹加工如图 5-20 所示。

第 5 章　数控加工

图 5-17　平面类零件

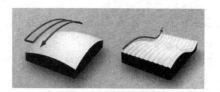

图 5-18　曲面类零件 1

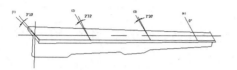

图 5-19　曲面类零件 2

图 5-20　孔及螺纹加工

## 2．数控铣床的主要功能

各种类型的数控铣床所配置的数控系统虽然各有不同，但各种数控系统除一些特殊功能不尽相同外，其主要功能基本相同。数控铣床主要有以下功能。

- 点位控制功能。此功能可以实现对相互位置精度要求很高的孔系加工。
- 连续轮廓控制功能。此功能可以实现直线、圆弧的插补及非圆曲线的加工。
- 刀具半径补偿功能。此功能可以根据零件图样的标注尺寸来编程，而不必考虑所用刀具的实际半径尺寸，从而减少编程时的复杂数值计算。
- 刀具长度补偿功能。此功能可以自动补偿刀具的长短，以适应加工过程中对刀具长度尺寸调整的要求。
- 旋转功能。该功能可将编好的加工程序在加工平面内旋转任意角度来执行。
- 子程序调用功能。有些零件需要在不同的位置上重复加工同样的轮廓形状，将这一轮廓形状的加工程序作为子程序，在需要的位置上重复调用，就可以完成对该零件的加工。
- 参数化编程功能。有的系统称之为宏程序，该功能可用一个总指令代表实现某一功能的一系列指令，并能对变量进行运算，使程序更具灵活性和方便性。
- 数据输入输出及 DNC 功能。数控铣床一般通过 RS232C 接口进行数据的输入及输出，相关数据包括加工程序和机床参数等。当执行的加工程序大小超过存储空间时，就应当采用 DNC 加工，即外部计算机直接控制数控铣床进行加工。
- 自诊断功能。自诊断是指数控系统在运转中的自我诊断，它是数控系统的一项重要功能，对数控机床的维修具有重要的作用。

## 3．数控铣床的分类

数控铣床的品种和规格繁多，分类方法不一。按机床主轴布置形式，数控铣床可分为立式数控铣床和卧式数控铣床，如图 5-21 所示。

1）立式数控铣床

立式数控铣床的主轴轴线与工作台面垂直，主轴通过三次构架作用于工件，这是数控铣床中最常见的一种布局形

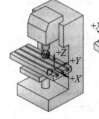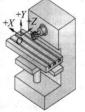

（a）立式数控铣床　（b）卧式数控铣床

图 5-21　数控铣床的分类

式。立式数控铣床一般为三轴联动,适合加工平面凸轮、样板、形状复杂的平面、立体零件或模具内外腔,配合多工位工作台,适合批量中小件连续加工。

立式数控铣床结构简单,工件安装方便,加工时便于观察,但不便于排屑。

2)卧式数控铣床

卧式数控铣床的主轴轴线与工作台面平行,主轴通过二维构架作用于工件。卧式数控铣床侧面进入工件,组成柔性流水线,适合加工箱体、泵体、壳体等零件,一般配有数控回转工作台以实现四轴或五轴加工,从而扩大加工范围。

卧式数控铣床相比立式数控铣床,结构更复杂,加工时不便观察,但在同规格铣床中,卧式较立式有更大的刚性,排屑顺畅。

根据数控铣床的功能和组成,数控铣床分类如表 5-4 所示。

表 5-4 数控铣床分类

| 分类方法 | 数控铣床类型 | | |
|---|---|---|---|
| 按系统控制特点分类 | 点位控制数控铣床 | 直线控制数控铣床 | 轮廓控制数控铣床 |
| 按有无测量装置分类 | 开环数控铣床 | 半闭环数控铣床 | 闭环数控铣床 |
| 按功能水平分类 | 经济型数控铣床 | 普及型数控铣床 | 高级型数控铣床 |

**4. 数控铣床的加工特点**

数控铣床加工有以下特点。

(1)加工灵活,通用性强。

数控铣床的最大特点是高柔性,即灵活、通用、万能,可以加工不同形状工件。在数控铣床上能完成钻孔、镗孔、铰孔、铣平面、铣斜面、铣槽、铣曲面(凸轮)、攻丝等加工,而且在一般情况下,一次装夹就可以完成所需的加工工序。

(2)工件的加工精度高。

目前,数控装置的脉冲当量一般为 0.001mm,高精度的数控系统可达 0.1μm。另外,数控加工避免了操作人员的操作误差,加工零件的尺寸一致性好,大大提高了产品质量。由于数控铣床具有较高的加工精度,能加工很多普通铣床难以加工或根本不能加工的复杂型面,因此在加工各种复杂模具时更显出优越性。

(3)大大提高了生产率。

首先,在数控铣床上一般不需要使用专用夹具和工艺装备。由于在更换工件时,只需调用存储于数控装置中的加工程序、装夹工件和调整刀具数据即可,因此大大缩短了生产周期。其次,加工中心具有铣床、镗床和钻床的功能,工序高度集中,大大提高了生产率并减小了工件装夹误差。另外,由于主轴转速和进给速度都是无级变速的,因此有利于选择最佳切削用量。数控铣床具有快进、快退、快速定位功能,可大大减少机动时间。据统计,采用加工中心加工比普通铣床加工可提高 3~5 倍的生产率。对于复杂的成型面加工,生产率可提高十几倍,甚至几十倍。

(4)大大减轻了操作人员的劳动强度。

数控铣床对零件加工是按事先编好的加工程序自动完成的,操作人员除操作键盘、装卸工件和中间测量及观察机床运行外,不需要进行繁重的重复性手工操作,大大减轻了人员的劳动强度。

由于数控铣床具有以上独特的优点,因此其应用将越来越广泛,功能也将越来越完善。

### 5.4.3 数控铣削刀具的选用

刀具的选择是数控加工工艺中的重要内容之一,不仅影响机床的加工效率,还直接影响加工质量。在编程时,选择刀具通常考虑机床的加工能力、工序内容、工件材料等因素。

根据工件材料的性能、机床的加工能力、加工工序的类型、切削用量及其他与加工有关的因素来选择刀具。数控铣削常用的刀具如图5-22所示。

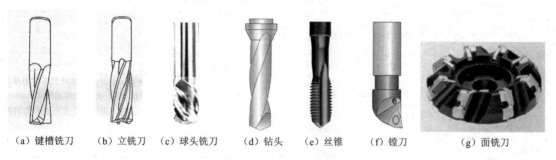

图5-22 数控铣削常用的刀具

当选取刀具时,要使刀具尺寸与被加工工件的表面尺寸和形状相适应。在生产中,平面零件周边轮廓加工,常采用立铣刀;当铣削平面时,应采用硬质合金刀片铣刀;当加工凸台、凹槽时,应采用高速钢立铣刀。

加工较大的平面应选择面铣刀;加工凹槽、较小的台阶面及平面轮廓应选择立铣刀;加工空间曲面、模具型腔或凸模成型表面等多选用模具铣刀;加工封闭的键槽选择键槽铣刀;加工变斜角零件的变斜角面应选用鼓形铣刀;加工各种直的或圆弧形的凹槽、斜角面、特殊孔等应选用成型铣刀。

对于一些立体型面,常采用球头铣刀、环铣刀、鼓形刀和盘铣刀。曲面加工常采用球头铣刀,但当加工曲面较平坦的部位时,由于刀具用球头顶端刃切削,切削条件较差,因此应采用环形刀。在单件或小批量生产中,为取代多轴联动机床,常用鼓形刀或锥形刀来加工飞机上一些变斜角零件。

### 5.4.4 数控铣床基本指令

数控铣床在加工过程中的各类动作由加工程序中的指令事先确定,这类指令有准备功能G指令、辅助功能M指令、刀具功能T指令、主轴功能S指令和进给功能F指令。本节对《SINUMERIK 840Dsl/828D 基础部分编程手册》中的内容进行提炼,以SIEMENS 828D系统为参考,以便大家在加工实践时应用所编的程序。因为程序编制使用指令很多,尤其是在不同数控机床系统中,部分指令代码虽然相同,但含义不同,所以编程时一定要仔细阅读机床操作说明书。SIEMENS 828D数控铣削系统常用指令如表5-5所示,辅助功能M指令如表5-6所示。

表 5-5　SIEMENS 828D 数控铣削系统常用指令

| 类型 | 功能 | 代码 | 类型 | 功能 | 代码 |
|---|---|---|---|---|---|
| 尺寸系统 | 平面选择 | G17、G18、G19 | 铣削循环 | 铣削敞开槽 | CYCLE899 |
| | 绝对值/增量值尺寸 | G90，AC/G91，IC | | 长孔 | LONGHOLE |
| | 公制/英制尺寸 | G71、G70 | | 螺纹铣削 | CYCLE70 |
| | 可设定零点偏移 | G54～G57、G500、G53 | | 雕刻循环 | CYCLE60 |
| | 带切线过渡圆弧 | CT | 主轴运动 | 主轴转速 | S |
| 坐标轴运动 | 快速线性移动 | G00 | | 旋转方向 | M03、M04 |
| | 直线插补 | G01 | | 主轴转速限制 | G25、G26 |
| | 圆弧插补 | G02、G03 | | 主轴停止旋转 | M05 |
| | 中间点的圆弧插补 | CIP | 辅助功能 | 程序停止 | M00 |
| | 圆弧倒角/直线倒角 | RND、CHF | | 程序选择停止 | M01 |
| | 定螺距螺纹加工 | G33 | | 程序结束 | M02、M30 |
| | 带补偿夹具螺纹加工 | G63 | | 切削液打开/关断 | M08、M09 |
| | 螺纹插补 | G331、G332 | 刀具功能 | 刀具 | T |
| | 返回固定点 | G75 | | 刀具偏移 | D |
| | 回参考点 | G74 | | 刀具半径补偿选择 | G41、G42 |
| | 进给 | F | | 拐角特性 | G450、G451 |
| | 进给单位 | G94、G95 | | 取消刀具半径补偿 | G40 |
| | 恒速切削 | G96、G97 | 框架指令 | 可编程零点偏移 | TRANS |
| | 圆弧进给补偿 | G900、G901 | | 附加可编程零点偏移 | ATRANS |
| | 准确停/连续路径加工 | G9、G60、G64 | | 可编程比例系数 | SCALE |
| | 暂停时间 | G04 | | 附加可编程比例系数 | ASCALE |
| 铣削循环 | 平面铣削 | CYCLE61 | 孔加工固定循环 | 钻中心孔循环 | CYCLE81 |
| | 铣削矩形腔 | POKET3 | | 钻削、铰孔循环 | CYCLE82 |
| | 铣削圆形腔 | POKET4 | | 深孔钻削循环 | CYCLE83 |
| | 铣削矩形凸台 | CYCLE76 | | 攻螺纹循环 | CYCLE840 |
| | 铣削圆形凸台 | CYCLE77 | 轮廓铣削 | 轮廓调用 | CYCLE62 |
| | 多边形 | CYCLE79 | | 轨迹铣削 | CYCLE72 |
| | 纵向槽 | SLOT1 | | 轮廓腔铣削 | CYCLE63 |
| | 圆弧槽 | SLOT2 | | 预钻轮廓腔 | CYCLE64 |

表 5-6　辅助功能 M 指令

| M 指令 | 功能 | M 指令 | 功能 |
|---|---|---|---|
| M00 | 程序停止 | M05 | 主轴停止旋转 |
| M01 | 程序选择停止 | M06 | 自动换刀，适应加工中心 |
| M02 | 程序结束 | M08 | 切削液打开 |
| M03 | 主轴正转 | M09 | 切削液关断 |
| M04 | 主轴反转 | M30 | 程序结束 |

## 1. 绝对值/增量值尺寸指令（G90，AC / G91，IC）

绝对值尺寸编程是指程序段中输入的尺寸字是绝对坐标值，这种尺寸字是以某一个坐标点（通常为工件坐标系的原点）为参考点的绝对坐标值。增量值尺寸编程是指程序段中输入的尺寸字是相对坐标值，它以刀具的前一个位置为参考基准，此时的编程尺寸等于位移距离。开机上电后，系统一般默认的是绝对值尺寸编程。其中，G90 表示坐标系是目标点的坐标尺寸，G91 表示待运行的位移量；AC 表示逐段有效的绝对值尺寸编程，IC 表示逐段有效的增量值尺寸编程。

格式如下。

```
G90X__ Y__ Z__
G91X__ Y__ Z__
<轴>=AC（<值>）
<轴>=IC（<值>）
```

绝对值/增量值尺寸指令如图 5-23 所示。

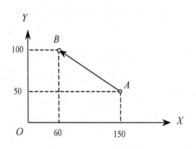

图 5-23 绝对值/增量值尺寸指令

5-3 SIEMENS 828D
基本指令之一.MP4

刀尖由 A 点移动到 B 点的编程方式如下。

```
N10G90  G01  X150  Y50
N20G90  G01  X60   Y100；绝对值尺寸编程
```

或者

```
N20G91  G01  X-90  Y50；增量值尺寸编程
```

或者

```
N20G01  X=IC（-90）  Y=IC（50）；逐段有效的增量值尺寸编程
```

## 2. 可设定零点偏移指令（G54~G57、G500、G53）

可设定零点偏移如图 5-24 所示。工件装夹到数控铣床上后，通过对刀求出工件坐标原点在机床坐标系的偏移量，并且通过操作面板输入规定的数据区。程序可以通过选择相应的指令 G54~C57 激活此值，一般作为第一条指令放在整个程序的前面，用来调用存储单元中的坐标点来执行当前的程序。G500 和 G53 都为取消可设定零点偏移，G500 为模态有效，G53 为程序段方式有效，可编程零点偏移也一起取消。

## 3. 快速线性移动指令（G00）

G00 指令要求刀具以点位控制方式从刀具所在位置用最快的速度移到指定的位置，如图 5-25 所示。

G00 指令只实现快速线性移动，并保证在指定的位置停止，在移动时对运动方向和速度并没有严格的精度要求，其轨迹因具体的控制系统不同而不同，快速移动的速度由系统内部的参数确定。G00 是模态代码，有续效功能。

格式：
```
G00 X__ Y__ Z__
```

**4. 直线插补指令（G01）**

刀具以直线插补运算的控制方式从当前某点开始以给定的速度（切削速度 $F$）沿直线移动到另一个坐标点进行加工时使用直线插补指令，如图 5-26 所示，即带进给率的线性插补。

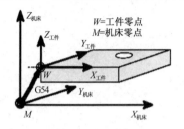

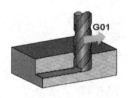

图 5-24　可设定零点偏移　　　图 5-25　快速线性移动指令 G00　　　图 5-26　直线插补指令 G01

格式：
```
G1 X__ Y__ Z__ F__
```

例：加工如图 5-27（a）所示型腔，加工深度为 2mm，刀心轨迹如图 5-27（b）所示，工件零点为 $O_P$，分别用绝对值和增量值方式编程，程序如下。

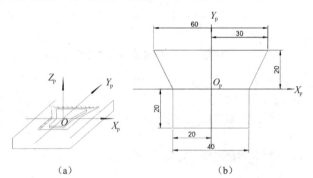

图 5-27　G01 指令的应用（单位为 mm）

5-4　SIEMENS 828D 基本指令之二.MP4

绝对值程序：　　　　　　　　　　　　　增量值程序：

```
N10  G54G0  Z2  S1000  M3        N10G54G0  Z2  S1000  M3
N15X30  Y25                       N15X30  Y25
N20  G90  G1  Z-2  F120           N20  G91  G1  Z-4  F120
N30  X20  Y0                      N30  X-10  Y-25
N40  Y-20                         N40  Y-20
N50  X-20                         N50  X-40
N60  Y0                           N60  Y20
N70  X-30  Y25                    N70  X-10  Y25
N75X30                            N75X60
N80G90  G0  Z100                  N80G90  G0  Z100
N85  X0  Y0                       N85  X0  Y0
N90  M2                           N90  M2
```

## 5. 圆弧插补指令（G02、G03）

圆弧插补指令能使刀具沿着圆弧运动，可以自动加工圆弧轮廓。G02 是顺时针方向圆弧插补指令，如图 5-28（a）所示，G03 是逆时针圆弧插补指令，如图 5-28（b）所示。圆弧插补方向如图 5-29 所示。

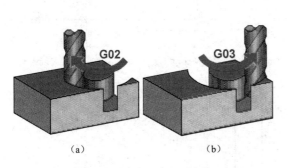

图 5-28　G02、G03 判别　　　　图 5-29　圆弧插补方向

当编程时，圆弧可以按下述不同的方式表示。以 G17 平面内加工为例。

已知圆心坐标和终点坐标，即知道圆弧的终点坐标 X 和 Y，并且知道圆心坐标 I 和 J，I、J 为圆心相对圆弧起点在各坐标轴的投影距离。编程格式如下。

```
{G2
 G3} X    Y    I    J    F
```

5-5　SIEMENS 828D
基本指令之三.MP4

例：如图 5-30（a）所示，起始点坐标为(30,40)，终点坐标为(50,40)，圆心坐标为(40,33)，编写程序段。

```
N05G90G01X30Y40；用于 N10 的圆弧起始点
N10G2X50Y40I10 J-7；终点和圆心
```

已知半径和终点坐标，即知道圆弧的终点坐标 X 和 Y，并且知道圆弧的半径 CR，其中 CR 数值前带负号表明所选插补圆弧段大于半圆。编程格式如下。

```
{G2
 G3} X    Y    CR=    F
```

例：如图 5-30（b）所示，起始点坐标为(30,40)，终点坐标为(50,40)，圆弧的半径 CR=12.207mm，编写程序段。

```
N5G90G01X30Y40；用于 N10 的圆弧起始点
N10G2X50Y40CR=12.207；终点和半径
```

## 6. 中间点的圆弧插补指令（CIP）

如果不知道圆弧的圆心、半径或张角，但已知圆弧轮廓上 3 个点的坐标，则可以使用 CIP 功能。

格式：

```
CIP X    Y    I1=    J1=    F
```

例：如图 5-30（c）所示，起始点坐标为(30,40)，终点坐标为(50,40)，中间点坐标为(40,45)，编写程序段。

```
N05G90G1X30Y40　；用于 N10 的圆弧起始点
N10CIPX50Y40I1=40　J1=45　　；终点和中间点
```

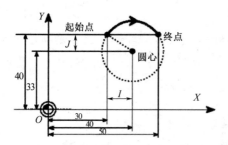
（a）已知圆心坐标和终点坐标的圆弧插补（单位为mm）

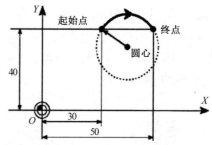
（b）已知半径和终点坐标的圆弧插补（单位为mm）

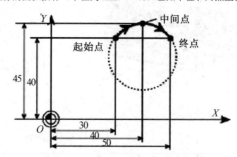
（c）已知终点和中间点坐标的圆弧插补（单位为mm）

图 5-30　圆弧插补方式

### 7．刀具半径补偿指令（G40、G41、G42）

在轮廓加工中，由于铣刀有一定的半径值，因此刀具的中心轨迹总与工件实际轮廓相距一个半径值。利用刀具半径补偿功能，可以使刀具中心自动偏离工件轮廓一个半径值，刀具半径补偿如图 5-31 所示，这样编程人员就可以直接按工件实际轮廓尺寸编程，而不需要计算刀具中心的实际运动轨迹。当把工件的加工余量加到刀具半径补偿值上时，就可以利用一个加工程序对工件轮廓进行分层铣削和粗、精加工。另外，当刀具因磨损而半径减小时，只需要改变刀具半径补偿值，不需要重新编程，简化了编程工作。

格式：

例：加工如图 5-32 所示的工件，切深 5mm。编写程序段。

```
G90G54G17G00Z50S600M03;    用 G17 指定刀具半径补偿平面
X0Y0
G41X20Y10D01;              用刀补号 D01 指定刀具半径补偿（刀具半径补偿启动）
Z2
G01Z-5F50
G01Y50F100  ⎫
X50         ⎪
Y20         ⎬ 刀具半径补偿状态
X10.0       ⎪
G00Z100.0   ⎭
G40X0Y0;                   用 G40 取消刀具半径补偿
```

M05
M30

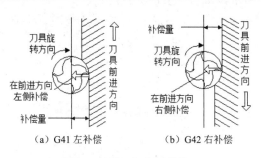

图 5-31　刀具半径补偿

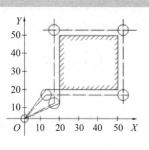

图 5-32　刀具补偿实例

## 5.4.5　数控系统介绍

世界上的数控系统种类繁多，形式各异，组成结构上都有各自的特点。这些结构特点来源于系统初始设计的基本要求和硬件与软件的工程设计思路。对于不同的生产厂家来说，基于历史发展因素及各自因地而异的复杂因素的影响，在设计思想上可能各有千秋。本节针对 SINUMERIK 828D 数控系统，简要介绍该系统数控的人机交互界面。

5-6　加工中心的操作面板介绍.MP4

**1．数控系统操作面板**

系统操作面板称为面板处理单元，有键盘横向布置与键盘纵向布置两种布局，包括接口、屏幕及按键。SINUMERIK 828D 水平型面板如图 5-33 所示，主要包括以下部分。

① 1 个菜单返回键、8 个水平菜单键和 1 个水平菜单扩展键。

② 8 个垂直菜单键。

③ 彩色显示屏。

④ USB 接口、以太网接口、CF 卡插槽。

⑤ 准备就绪状态 LED 指示灯——红/绿状态、CF 卡读写访问状态 LED 指示灯、数控装置运行状态 LED 指示灯。

⑥ CNC 全尺寸键盘。

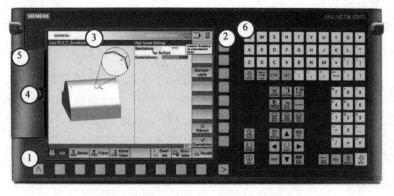

图 5-33　SINUMERIK 828D 水平型面板

## 2. 前端接口

SINUMERIK 828D 前端接口如图 5-34 所示，屏幕左侧的盖板配有锁紧螺钉和橡胶密封圈，锁紧后可以隔绝外部环境中的切削液、油雾、粉尘、切屑等，端盖内藏有 3 种外部通信接口和系统状态指示灯。

3 种外部通信接口自上而下分别是网线接口、U 盘接口和 CF 卡接口。

## 3. 屏幕显示区域

SINUMERIK 828D 屏幕显示界面如图 5-35 所示，SINUMERIK 828D 配有的彩色显示屏有如下 10 个显示区。

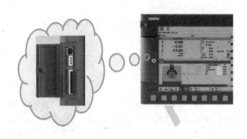

图 5-34　SINUMERIK 828D 前端接口　　　图 5-35　SINUMERIK 828D 屏幕显示界面

① 信息显示区：显示机床提示信息（黑色字符）及系统报警信息（红色字符）。

② 操作状态显示区：显示当前的操作区域和操作方式。例如，当前的操作区域为"加工"，操作方式为"手动"。

③ 程序路径和名称显示区：显示当前正在执行的加工程序。

④ 程序执行状态和程序控制状态显示区。

⑤ 轴当前位置显示区：可以在机床坐标系（MCS）与工件坐标系（WCS）之间切换。

⑥ T、F、S 状态显示区：T——刀具名称、类型、半/直径及长度；F——进给速度设定值及实际值、速度单位、进给率；S——主轴设定转速及实际转速、主轴当前状态、主轴速度倍率及载荷百分比。

⑦ 工件坐标系：显示当前激活的工件坐标系代码及坐标系状态。

⑧ 多功能显示区：在手动方式下显示人机对话式操作界面；在自动方式下显示正在运行的加工程序。

⑨ 水平功能软菜单。

⑩ 垂直功能软菜单。

## 4. CNC 全功能键盘

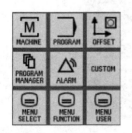

图 5-36　特殊功能按键

CNC 全功能键盘包括 3 个部分：一是标准的字母和数字按键，这部分按键的布局与 PC 上的标准键盘相似，使用方法相同；二是特殊功能按键（热键），如图 5-36 所示。

特殊功能按键中常用的功能如下。

MACHINE：加工区域。屏幕显示与当前加工状态相关的所有信息。

PROGRAM：程序编辑区域。屏幕显示程序编辑界面。

OFFSET：参数区域。可以查看刀具表和零偏表。
PROGRAM MANAGER：程序管理器区域。显示程序存储目录及各项程序管理功能。
ALARM：诊断区域。查看报警日志与系统版本。
三是光标区按键，如图 5-37 所示。

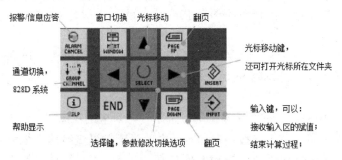

图 5-37 光标区按键

**5．机床控制面板**

机床控制面板是直接控制机床运动的操作面板，SINUMERIK 828D 机床控制面板如图 5-38 所示，从左至右划分为 6 个区域：系统控制按钮、加工方式集中控制区、自定义功能区、轴选控制区、主轴控制区、进给控制区。

图 5-38 SINUMERIK 828D 机床控制面板

常用按钮的功能如下。

1) 系统控制按钮

系统控制按钮包括系统上电、断电和急停按钮。

急停按钮是红色醒目的蘑菇形按钮，遇到紧急情况时迅速用力按下，所有机床动作立即停止。

2) 加工方式集中控制区

为手动方式切换按钮。

为手动数据输入，自动程序执行按钮——这个模式用于执行简短的加工程序。

为自动方式切换按钮。

为单程序段执行方式按钮——既可以在 MDA 方式下使用，又可以在 AUTO 方式下使用。其一般用于程序测试阶段，便于跟踪程序运行的具体步骤。

为循环启动按钮，用于 MDA 和 AUTO 方式下加工程序的启动，以及手动方式下各种人机交互模式操作的启动。

为进给保持按钮，在程序运行过程中可以随时中断机床的运动，但是程序仍然保持运行的状态，可按下 按钮继续加工程序的运行。

▨为程序复位按钮，用于清除程序运行缓冲区的所有内容。在程序运行期间按下此按钮会使程序完全终止。

▨…▨为点动运动距离选择按钮。按下其中的按钮后，当前被选择的机床轴可以运行按钮上标识的距离，距离的单位是μm。例如：按下▨按钮后，机床轴每次运动距离是0.001mm，而按下▨按钮后，机床轴每次运动距离为10mm。

3）自定义功能区

自定义功能区中包括机床厂商自行定义的控制功能，如手轮控制开/关，刀库、机械手控制按钮，使能开/关，手动冷却液开/关，自动排屑控制按钮，机床照明开/关等。

4）轴选控制区

▨▨▨为轴选择按钮。每个按钮都可以选中一个对应的机床轴。

▨为负向运行按钮。按下该按钮后，被选中的机床轴以进给速度往负方向持续运动。

▨为正向运行按钮。按下该按钮后，被选中的机床轴以进给速度往正方向持续运动。

▨为快速运行按钮。在按下▨或▨按钮的同时按下▨按钮，选定的机床轴会按照最快速度运行。

机床轴的点动运行：按下▨…▨中的一个按钮后，再按下▨或▨按钮，机床轴将进入点动运行模式，每按一次，机床轴只运动选中的距离。如果想要恢复机床轴的连续运行模式，只需再按一下▨按钮即可。

5）主轴控制区

▨为主轴使能打开按钮。按下此按钮，上方的绿灯点亮，主轴才能正常旋转。

▨为主轴使能关闭按钮。按下此按钮，主轴控制功能被关闭并停止转动。

▨为主轴倍率控制波段开关，可以在50%~120%之间调整主轴转速。

6）进给控制区

▨为进给使能打开按钮。按下此按钮，上方的绿灯点亮，进给轴才能正常运动。

▨为进给使能关闭按钮。按下此按钮，进给轴控制功能被关闭并停止运动。

▨为进给速度倍率波段开关，可以在0~120%之间调整进给速度。

### 5.4.6 加工中心的软件功能

**1. 操作区**

SINUMERIK 828D操作区可划分为加工区、参数区、程序区、程序管理区、报警区和调试区，如图5-39所示。

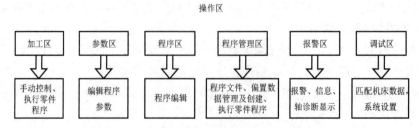

图5-39  SINUMERIK 828D 操作区

系统开机后首先进入加工区，使用加工按钮也可进入加工区。利用数控键盘区的5个软键（所对应的操作区由 LCD 显示区的软键 11 指明），可分别进入各个操作区。LCD 显示区左上角显示当前操作区。

**2．主要的软件功能**

SINUMERIK 828D 主要的软件功能如图 5-40 所示。

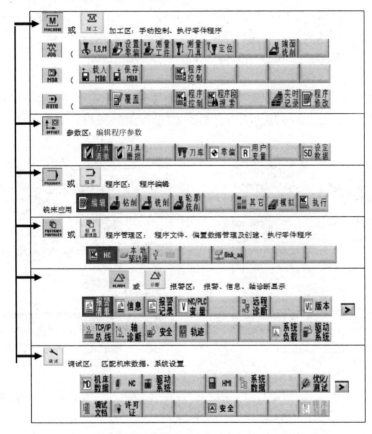

图 5-40  SINUMERIK 828D 主要的软件功能

## 5.4.7  加工中心的基本操作

**1．开机**

操作步骤如下。

检查机床各部分状态是否正常。

接通机床电源，将机床控制箱上的电源开关切换至【ON】位置。

单击机床操作面板上的【系统上电】按钮，系统进行"上电自检"后，进入加工区手动选择运行方式。

取消开机报警。CNC 接通电源后，系统显示区右上角出现"003000"报警信息，表示紧急停止，将急停开关顺时针旋转，待其自动弹出后，再用复位键取消急停报警信息。

随后弹出"700000"报警信息，表示驱动未就绪，按 K 键打开"驱动使能"，警报自动清除，出现回参考点窗口，如图 5-41 所示。本案例采用绝对位置编码器的机床，机床参考点一次性调整好后，每次开机不需要进行回参考点的操作。

**2. 手动功能和参数设定**

1）手动方式（JOG）功能概览

在手动方式下，借助各种水平软键提供的功能可以轻松实现机床加工前的辅助工艺条件设置（准备）工作。例如，更换所选刀具、主轴旋转、激活指定零点偏移、设置零点偏移、工件找正、对刀、毛坯正式加工前端面预铣削等。只需要设定简单的数据，按下【循环启动】按钮即可快速便捷地完成各项功能，缩短辅助工艺准备所需时间。

2）加工准备

在手动方式下单击【T,S,M】软键，在弹出的【T,S,M】窗口中，如图 5-42 所示，通过参数选择或输入即可轻松完成加工准备工作，如进行刀具更换、主轴旋转、激活工件坐标系等。

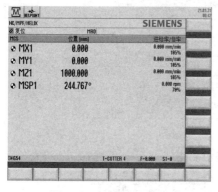

图 5-41　回参考点窗口

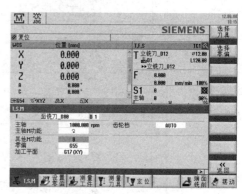

图 5-42　【T,S,M】窗口

3）设置零点偏移

在当前有效的零点偏移（如 G54）中，可以在各轴实际值显示中为单个轴输入一个新的偏移值，将偏移值直接输入 G54 坐标系。

机床坐标系 MCS 中的位置值与工件坐标系 WCS 中新位置值之间的差值会被永久保存在当前有效的零点偏移（如 G54）中。例如，当前已经激活 G54 坐标系并选择显示工件坐标系，将 X 坐标轴、Y 坐标轴、Z 坐标轴分别移动到工件零点处，按下【设置零偏】软键，选择【X=Y=Z=0】软键，系统自动将当前位置设置为 G54 坐标系的零点，设置零点偏移如图 5-43 所示。

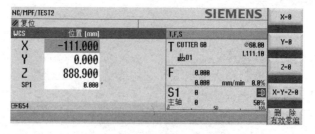

图 5-43　设置零点偏移

5-7　加工中心零点偏置设定.MP4

前提条件：控制系统处于工件坐标系中，并且实际值在复位状态中设置。

#### 3．编程操作

输入新程序——程序管理区。

功能：编制新的零件程序文件，输入零件名称，选择程序类型，确认后，输入程序。

程序的编辑——程序区。

当零件程序不处于执行状态时，可以进行编辑。编辑过程中的任何修改均立即被存储。

5-8　加工中心程序的输入与编辑.MP4

#### 4．加工操作

自动方式运行。在自动方式下，零件程序可以自动加工执行，其前提条件是已经回参考点，被加工的零件程序已经选择，输入了必要的补偿值。

MDA方式运行。在MDA方式下，可以编制一个零件程序段加以执行，此运行方式中所有的安全锁定功能与自动方式一样。

5-9　加工中心的程序调试.MP4

#### 5．关机操作

首先将机床三轴停在安全区域内，将红色急停开关压下，然后按下【系统断电】按钮。最后，将机床电柜上的总电源开关由【ON】切换至【OFF】位置（如果有机床前级电源开关，还需要关断此开关）。

5-10　加工中心的自动运行方式.MP4

## 5.5　CAM/DNC 技术

### 5.5.1　CAM 技术的概念和常用软件

#### 1．基本概念

CAM（计算机辅助制造）的核心是计算机数值控制（简称数控），即将计算机应用于制造生产的过程或系统。最早的 CAM 便是计算机辅助加工零件编程工作。麻省理工学院于1950年研究开发了数控机床的加工零件编程语言 APT，它是类似 FORTRAN 的高级语言，增强了几何定义、刀具运动等语句。APT 使编写程序变得简单。

CAM 系统一般具有数据转换和过程自动化两方面的功能。CAM 所涉及的范围包括计算机数控和计算机辅助过程设计。

数控除在机床上应用外，还广泛地应用于其他各种设备的控制，如冲压机、火焰或等离子弧切割、激光束加工、自动绘图仪、焊接机、装配机、检查机、自动编织机、计算机绣花和服装裁剪等，成为各个相应行业 CAM 的基础。

CAM 系统通过计算机分级结构控制和管理制造过程的多方面工作，它的目标是开发一个集成的信息网络来监测一个广阔的相互关联的制造作业范围，并根据一个总体的管理策略控制每项作业。从自动化的角度看，数控机床加工是一个工序自动化的加工过程，加工中心是实现零件部分或全部机械加工过程自动化的工具，计算机直接控制和柔性制造是完成一组零件或不同组零件的自动化加工过程，而 CAM 是计算机辅助制造过程的一个总的概念。

一个大规模的 CAM 系统是一个计算机分级结构的网络，一般由两级或三级计算机组成。其中，中央计算机控制全局，提供经过处理的信息；主计算机管理某一方面的工作，并对下属的计算机工作站或微型计算机发布指令和进行监控；计算机工作站或微型计算机承担单一的工艺控制过程或管理工作。

CAM 系统的组成可以分为硬件和软件两方面，硬件方面有数控机床、加工中心、输送装置、装卸装置、存储装置、检测装置、计算机等；软件方面有数据库、计算机辅助工艺过程设计、计算机辅助数控程序编制、计算机辅助工装设计、计算机辅助作业计划编制与调度、计算机辅助质量控制等。

到目前为止，CAM 有狭义和广义的两个概念。CAM 的狭义概念指的是从产品设计到加工制造之间的一切生产活动，它包括 CAPP、数控编程、工时定额的计算、生产计划的制订、资源需求计划的制订等。到今天，CAM 的狭义概念进一步缩小为数控编程的同义词。CAPP 已被作为一个专门的子系统，而工时定额的计算、生产计划的制订、资源需求计划（MRP）和企业资源计划（ERP）则交给 MRP/ERP 系统来完成。除 CAM 的狭义定义外，国际计算机辅助制造组织（CAM-I）关于 CAM 有一个广义的定义："通过直接的或间接的计算机与企业的物质资源或人力资源的连接界面，把计算机技术有效地应用于企业的管理、控制和加工操作。"按照这一定义，CAM 包括企业生产信息管理、计算机辅助设计（CAD）和计算机辅助生产制造 3 个部分。在本节中，我们只介绍 CAM 最狭义的概念，即只与数控编程有关的内容。

**2．常用的 CAM 软件介绍**

1）UG

UG（Unigraphics）是美国 EDS 公司发布的 CAD/CAM/CAE 一体化软件，广泛应用于航空航天、汽车、通用机械及模具等领域。UG 的 CAM 模块提供了一种产生精确刀具路径的方法，该模块允许用户通过观察刀具运动来图形化地编辑刀轨，如延伸、修剪等，其自带的后处理程序支持多种数控机床。UG 具有多种图形文件接口，可用于复杂形体的造型设计，特别适合大型企业和研究使用。

2）Creo

Creo 是整合了 PTC 公司的 Pro/Engineer 的参数化技术、CoCreate 的直接建模技术和 ProductView 的 3D 可视化技术的新型 CAD 设计软件包，是 PTC 公司闪电计划所推出的第一个产品。Creo 采用面向对象的统一数据库和全参数化造型技术，为 3D 实体造型提供了一个优良的平台。其工业设计方案可以直接读取内部的零件和装配文件，当原始造型被修改后，具有自动更新的功能。其 MOLDESIGN 模块用于建立几何外形，产生模具的模芯、腔体，精加工零件和完善的模具装配文件。Creo 3.0 提供最佳加工路径控制和智能化加工路径创建，允许数控编程人员控制整体的加工路径直到最细节的部分，还支持高速加工和多轴加工，带有多种图形文件接口。

3）CATIA

CATIA 最早是由法国达索飞机公司研制的，目前属于 IBM 公司，是一个高档 CAD/CAM/CAE 系统，广泛用于航空、汽车等领域。CATIA 具有一个数控工艺数据库，存有刀具、刀具组件、材料和切削状态等信息，可自动计算加工时间，并对刀具路径进行重放和验证，用户可通过图形化显示来检查和修改刀具轨迹。该软件的后处理程序支持铣床、车床和多轴加工。

4）SurfCAM

SurfCAM 是由美国加州的 Surfware 公司开发的。SurfCAM 基于 Windows 的数控编程系统，附有全新透视图基底的自动化彩色编辑功能，可迅速又简捷地将一个模型分解为型芯和型腔，从而节省复杂零件的编程时间。该软件的 CAM 功能具有自动化的恒定 $Z$ 水平粗加工和精加工功能，可以使用圆头、球头和方头立铣刀在一系列 $Z$ 水平上对零件进行无撞伤的曲面切削。对某些作业来说，这种加工方法可以提高粗加工效率并减少精加工时间。SurfCAM V7.0 版本完全支持基于微机的实体模型建立。另外，Surfware 公司和 SolidWorks 公司签有合作协议，SolidWorks 的设计部分将成为 SurfCAM 的设计前端，SurfCAM 将直接挂在 SolidWorks 的菜单下，二者相辅相成。

5）Cimatron

Cimatron 是 Cimatron Technologies 公司开发的，是早期的微机 CAD/CAM 软件。在确定工序所用的刀具后，其数控模块能够检查出应在何处保留材料（不加工），并对零件上符合一定几何或技术规则的区域进行加工。通过保存技术样板，Cimatron 可以指示系统如何进行切削，还可以重新应用于其他加工件，即所谓基于知识的加工。该软件能够对含有实体和曲面的混合模型进行加工。它还具有 IGES、DXF、STA、CADL 等多种图形文件接口。

6）MasterCAM

MasterCAM 由美国 CNC Software 公司开发。该软件侧重数控加工方面，在数控加工领域内占据重要地位，有较高的推广价值。其加工任务选项使用户具有更大的灵活性，如多曲面径向切削和将刀具轨迹投影到数量不限的曲面上等功能。这个软件还包括新的 $C$ 轴编程功能，可顺利将铣削和车削结合。其他功能，如直径和端面切削、自动 $C$ 轴横向钻孔、自动切削与刀具平面设定等，有助于高效的零件生产。其后处理程序支持铣削、车削、线切割、激光加工及多轴加工。另外，MasterCAM 提供多种图形文件接口，如 SAT、IGES、VDA、DXF、CADL 及 STL 等。该软件操作简便实用，容易学习，是一种应用广泛的 CAM 软件。本书在讲述 CAM 软件应用时，将以该软件为平台。

## 5.5.2 CAM 系统功能与基本操作

**1. CAM 软件的工作流程**

一般的 CAM 软件都能利用零件的几何造型来完成刀具路径生成、加工模拟仿真、数控加工程序生成和数据传输，最终完成零件的数控机床加工。CAM 软件的工作流程如图 5-44 所示。

数控编程经历了手工编程、APT 语言编程和交互式图形编程 3 个阶段。交互式图形编程就是通常所说的 CAM 软件自动编程。由于 CAM 软件自动编程具有速度快、精度高、直观性好、使用简便、便于检查和修改等优点，现已成为国内外数控加工普遍采用的数控编程方法。

CAM 编程的实现是以 CAD 技术为前提的。数控编程的核心是刀位点计算，对于复杂的产品，其数控加工刀位点的人工计算十分困难，而 CAD/CAM 技术的发展为解决这一问题提供了有力的工具。利用 CAD 技术生成的产品 3D 造型包含了数控编程所需要的完整的产品表面几何信息，而计算机软件可针对这些几何信息进行数控加工刀位点的自动计算。

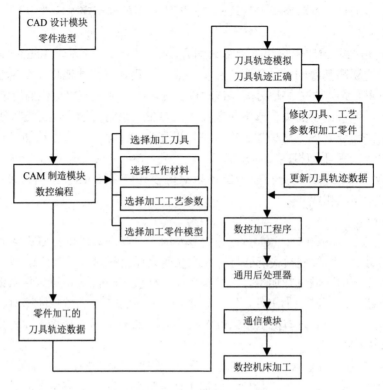

图 5-44 CAM 软件的工作流程

CAM 编程的一般步骤如下。

1) 获得 CAD 模型

CAD 模型是数控编程的前提和基础,任何 CAM 的程序编制都必须由 CAD 模型为加工对象进行编程。获得 CAD 模型的方法通常有以下 3 种。

(1) 打开 CAD 文件。

如果某一文件是已经使用 MasterCAM 造型完毕的,或者是已经进行过编程的文件,那么重新打开该文件,即可获得所需的 CAD 模型。

(2) 直接造型。

MasterCAM 软件本身就是一个功能非常强大的 CAD/CAM 一体化软件,具有很好的造型功能,可以进行曲面和实体的造型。对于一些不是很复杂的工件,可以在编程前直接造型。

(3) 数据转换。

当模型文件使用了其他的 CAD 软件进行造型时,首先要将其转换成 MasterCAM 专用的文件格式(.mc9)。通过 MasterCAM 的文件转换功能,可以读取其他 CAD 软件所产生的造型文件。MasterCAM 提供了常用 CAD 软件的数据接口,并且有标准转换接口,可以转换的文件格式有 IGES、STEP 等。

2) 加工工艺分析和规划

加工工艺分析和规划的主要内容如下。

(1) 加工对象的确定。

通过对模型的分析,确定这一工件的哪些部位需要在数控铣床或加工中心上加工。数控铣床的工艺适应性是有一定限制的,对于尖角、细小的筋条等部位是不适合加工的,应使用线切割或电加工来加工;还有一些加工内容,可能使用普通机床有更好的经济性,如孔的加工、回转体加工,这时可以使用钻床或车床进行加工。

(2) 加工区域规划。

加工区域规划即对加工对象进行分析,按其形状特征、功能特征及精度、表面粗糙度要求将加工对象分成数个加工区域。对加工区域进行合理规划,可以达到提高加工效率和加工质量的目的。

(3) 加工工艺路线规划。

加工工艺路线规划即从粗加工到精加工,再到清根加工的流程及加工余量分配。

(4) 加工工艺和加工方式确定。

加工工艺和加工方式确定包括刀具选择、加工工艺参数和切削方式(刀轨形式)选择等。在完成工艺分析后,应填写一张 CAM 数控加工工序表,表中的项目应包括加工区域、加工性质、切削方式、使用刀具、主轴转速、切削进给等选项。完成了工艺分析及规划可以说是完成了 CAM 编程 80%的工作量。同时,工艺分析的水平原则上决定了数控程序的质量。

3) CAD 模型完善

CAD 模型完善是指对 CAD 模型进行适合于 CAM 程序编制的处理。由于 CAD 造型人员更多考虑零件设计的方便性和完整性,并不顾及对 CAM 加工的影响,因此要根据加工对象的确定及加工区域规划对模型进行一些完善,通常有以下内容。

- 坐标系的确定。坐标系是加工的基准,将坐标系定位于适合机床操作人员确定的位置,同时保持坐标系的统一。
- 隐藏部分对加工不产生影响的曲面,按曲面的性质进行分色或分层。这样一方面看上去更为直观清楚;另一方面在选择加工对象时,可以通过过滤方式快速地选择所需对象。
- 修补部分曲面。对于由不加工部位存在造成的曲面空缺,应该补充完整。例如,钻孔的曲面、存在狭小凹槽的部位,应该将这些曲面重新修补完整,这样获得的刀具路径规范且安全。
- 增加安全曲面,如边缘曲面进行适当延长。
- 对轮廓曲线进行修整。对于数据转换获取的数据模型,可能有看似光滑的曲线其实存在断点,看似一体的曲面在连接处不能相交的情况,此时应通过修整或创建轮廓线构造出最佳的加工边界曲线。
- 构建刀具路径限制边界。对于规划的加工区域,需要使用边界来限制加工范围,应先构建出边界曲线。

4) 加工参数设置

加工参数设置可视为对工艺分析和规划的具体实施,它构成了利用 CAD/CAM 软件进行数控编程的主要操作内容,直接影响数控程序的生成质量。加工参数设置的内容较多,其中包括如下方面。

- 切削方式设置用于指定刀轨的类型及相关参数。
- 加工对象设置是指用户通过交互手段选择被加工的几何体或其中的加工分区、毛坯、避让区域等。

- 刀具及机械参数设置是指针对每一个加工工序选择适合的加工刀具,并在 CAD/CAM 软件中设置相应的机械参数,包括主轴转速、切削进给、切削液控制等。
- 加工程序参数设置包括进退刀位置及方式、切削用量、行间距、加工余量、安全高度等。这是 CAM 软件参数设置中最主要的一部分内容。

5)生成刀具路径

在完成加工参数设置后,即可将设置结果提交给 CAD/CAM 系统进行刀轨的计算,产生刀具路径,生成刀具的运动轨迹数据,通常称为 CLF(Cut Location File,剪切位置文件)。这一过程是由 CAD/CAM 软件自动完成的。

6)刀具路径检验

为确保程序的安全性,必须对生成的刀轨进行检查校验,检查有无明显刀具路径、有无过切或加工不到位的情况,同时检查是否会发生与工件及夹具的干涉。校验的方式如下。

- 直接查看。通过对视角的转换、旋转、放大、平移直接查看生成的刀具路径,适于观察其切削范围有无越界及有无明显异常的刀具轨迹。
- 手工检查。对刀具轨迹进行逐步观察。
- 实体模拟切削,进行仿真加工。直接在计算机屏幕上观察加工效果,这个加工过程与实际机床加工过程十分类似。如果使用者不满意,可以利用刀具轨迹与图形、加工参数的关联性,进行局部修改,并立即生成新的刀具轨迹,再进行检验。

7)后处理

后处理实际上是一个文本编辑处理过程,其作用是将计算出的刀轨以规定的标准格式转化为数控代码并输出保存。由于世界上有几百种型号的数控系统(如 FANUC、SIEMENS 等),它们的数控指令格式不完全相同,因此软件系统应选择针对某一数控系统的处理文件,生成特定的数控加工程序。这样才能正确地完成数控加工。我们把这个过程称为后处理。在后处理生成数控程序之后,还需要检查这个程序文件,特别对程序头及程序尾部分的语句进行检查,如有必要可以修改。这个文件可以通过传输软件传输到数控机床的控制器上,由控制器按程序语句驱动机床加工。

在上述过程中,编程人员的工作主要集中在加工工艺分析和规划、加工参数设置这两个阶段,其中加工工艺分析和规划决定了刀轨的质量,加工参数设置则构成了软件操作的主体。

下面将主要介绍 MasterCAM 软件的 CAM 自动编程部分的内容。

数控铣床和加工中心在编程上并没有实质性的不同。只不过加工中心比数控铣床多了自动换刀的装置,可以自动换刀连续加工(可以从粗加工到精加工,自动换刀依次完成,避免了多次装卸刀具造成的误差)。

在 CAM 自动编程上,只要将数控铣床加工的多个程序连起来加上自动换刀指令,即可用于加工中心,完成连续加工。即使不对程序进行自动换刀的修改,也可以将数控铣床的程序直接用于加工中心,不过这时的加工中心就等于数控铣床。因此,我们介绍的重点是数控铣床的 CAM 自动编程技术。

**2. MasterCAM 的特点**

MasterCAM 除可产生数控程序外,本身还具有 CAD 功能(2D、3D、图形设计、尺寸标注、动态旋转、图形阴影处理等功能），可直接在系统上制图并转换成数控程序，也可将用其他绘图软件绘好的图形，经由一些标准的或特定的转换文件，如 DXF 文件（Drawing Exchange File）、CADL 文件（CADKEY Advanced Design Language）及 IGES 文件（Initial Graphic Exchange Specification）等，转换到 MasterCAM 中，再生成数控程序。

MasterCAM 是一套用图形驱动的软件，应用广泛，操作方便，而且能提供适合目前国际上通用的各种数控系统的后置处理程序文件，以便将刀具路径文件（NCI）转换成相应的 CNC 控制器上所使用的数控程序。

MasterCAM 能预先依据使用者定义的刀具、进给率、转速等，模拟刀具路径和计算加工时间，也可将数控程序转换成刀具路径图。

MasterCAM 系统设有刀具库及材料库，能根据被加工工件材料及刀具规格尺寸自动确定进给率、转速等加工参数，并提供 RS-232C 接口通信功能及 DNC 功能。

**3. MasterCAM 数控加工部分的功能**

MasterCAM 2019 的数控加工部分可以适配铣床、车床、线切割及木雕。对于数控铣床（加工中心），其主要可以处理数控编程的类型有外形铣削（Contour，也叫轮廓加工）、挖槽加工（Pocket）、钻孔类加工（Drill）、曲面加工（Surface）等，还具有刀具的选择与管理、工件设置及材料设置等多种功能。MasterCAM 主菜单如图 5-45 所示，MasterCAM 刀具路径菜单功能如表 5-7 所示。

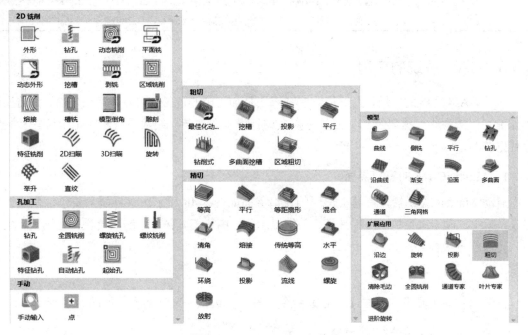

图 5-45　MasterCAM 主菜单

表 5-7　MasterCAM 刀具路径菜单功能

| 功能项 | 说明 |
| --- | --- |
| 起始设定 | 初始化操作管理和取消所有刀具路径 |
| 外形铣削 | 构建 2D 或 3D 外形铣削刀具路径 |

续表

| 功能项 | 说明 |
|---|---|
| 钻孔 | 从一个点或一系列的点产生一个钻孔刀具路径 |
| 挖槽 | 使用粗加工或精加工作为一个刀具路径 |
| 平面铣削 | 快速切除表面毛坯 |
| 曲面铣削 | 叙述曲面菜单并且产生曲面刀具路径 |
| 多轴加工 | 产生 Curve5ax（五轴钻孔）、Swarf5ax（曲面五轴）、Flow5ax（沿线五轴）、Rotary4ax（旋转四轴）等多轴加工刀具路径 |
| 操作管理 | 对刀具路径进行分类、编辑、重新生成和后处理操作 |
| 工作设置 | 设置现在工作参数，包括 NCI 设定、毛坯和刀具补正 |
| 手动输入 | 插入注解或特别码至数控程序中 |
| 全圆铣削 | 选用一个进刀圆弧，两个 180°圆弧和一个退出圆弧，自动加工一个整圆 |
| 点刀具路径铣削 | 从选择点构建刀具路径 |
| 投影铣削 | 投影 NCI 文件到一个平面、圆柱体、圆锥体、球体、横截面或曲面图素 |
| 修剪刀具路径 | 修剪一个现有的 NCI 文件至现在构屏面 |
| 线框模型刀具路径 | 产生旧版的线架构模型刀具路径，包括 Ruled（直纹曲面铣削）、Revolution（旋转曲面）、Swept（扫描曲面）、Coons（昆氏曲面）、Loft（举升曲面） |
| 转换 | 重复以前构建的刀具路径（在此功能前必须定义一个操作的刀具路径），沿 $X$ 坐标轴和 $Y$ 坐标轴方向按指定的距离进行多次加工，每次用相同间距重复进入，可以使用平移、旋转和镜像三种形式 |

### 5.5.3　CAM 系统的应用

对于 CAM 系统的应用，无论是数控铣床还是加工中心，在生成刀具路径之前，都需要对要加工工作的大小、材料及加工刀具等参数进行设置。本节介绍数控铣床加工中这些参数的设置方法。

**1．MasterCAM 的窗口界面**

启动 MasterCAM 后，屏幕上出现的窗口界面如图 5-46 所示。该界面主要包括快速访问工具条、主选项卡、菜单、上工具条、系统提示区、侧边工具条、左侧菜单栏、比例尺、坐标系、光标位置坐标等部分。

**2．调出零件造型**

在快速访问工具条中单击【开启】命令，打开望远镜的零件造型，如图 5-47 所示。

**3．MasterCAM 中的工件设置**

选定机床并开启后，在左侧菜单栏中顺序选择【机床分组】→【属性】→【素材设置】选项后，弹出【机床分组属性】对话框，如图 5-48 所示，在这里用户可以对所要加工的零件进行工件设置、刀具的选择与管理、工件材料设置及其他参数设置。

# 第 5 章 数控加工

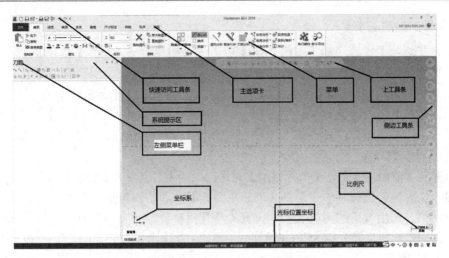

图 5-46　MasterCAM 窗口界面

图 5-47　望远镜的零件造型

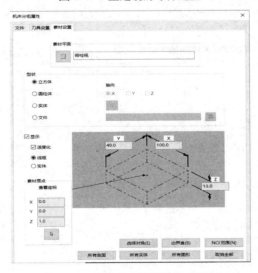

图 5-48　【机床分组属性】对话框

#### 4. 零件的粗加工设定

（1）在主选项卡中，选择【刀路】→【3D】→【粗切】→【平行】选项。

（2）选取加工曲面。

系统提示选择工件形状，按提示选取加工曲面，在【曲面】子菜单中单击【结束选取】选项，将已选择曲面作为加工对象，返回【刀路曲面选择】子菜单，单击【√】按钮，完成曲面选择，进行加工参数设置，如图 5-49～图 5-50 所示。选择的曲面将改变颜色显示。

（3）创建加工刀具。

打开系统【曲面加工】→【平行铣削】对话框中的【刀具参数】窗口。在刀具列表中单击鼠标右键，在弹出的快捷菜单中选择【创建新刀具】选项，创建新刀具如图 5-51 所示。根据加工零件所需，选用合适的刀具类型，设置刀具几何参数。本次加工中选用一把直径为 8mm 的平刀，并创建两把直径分别为 8mm 和 6mm 的球刀。选中直径为 8mm 的平刀，设置刀具参数，如图 5-52 所示。

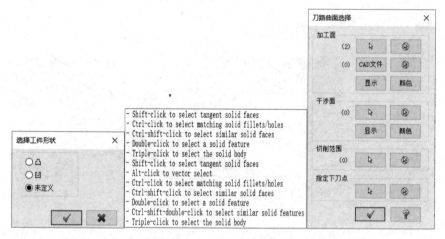

图 5-49　加工参数设置 1

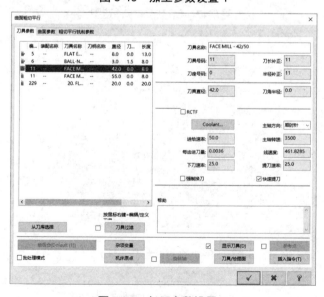

图 5-50　加工参数设置 2

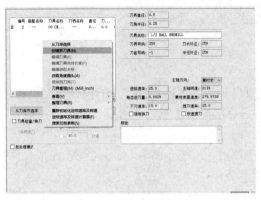
图 5-51 创建新刀具

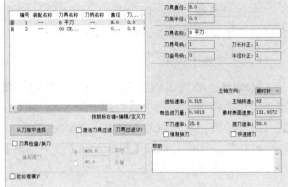
图 5-52 设置刀具参数

(4) 设置曲面加工参数。

单击【曲面参数】选项卡，设置曲面加工参数，如图 5-53 所示。

(5) 设置相切平行铣削参数。

单击【相切平行铣削参数】选项卡，设置相切平行铣削参数，如图 5-54 所示。

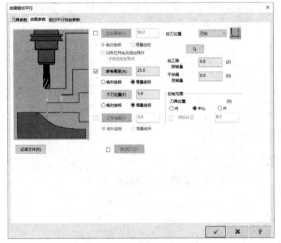
图 5-53 设置曲面加工参数

图 5-54 设置相切平行铣削参数

(6) 生成刀具路径。

进行完所有参数的设置后，单击【确定】按钮。系统即按设置的参数计算出刀具路径。生成的曲面粗加工刀具路径如图 5-55 所示。

图 5-55 生成的曲面粗加工刀具路径

零件的半精加工、精加工的设置参数的操作过程同上，只是一些功能选项设置不一样，在这里由于篇幅原因，就不一一进行阐述了。

**5. 实体加工模拟**

MasterCAM 提供的实体加工模拟功能可以使用户非常直观地观察零件的模拟切削过程，同时用户所设置的切削参数得以充分体现，以便在进行实际加工前对不合理的参数加以改进，最大限度地降低能源和材料消耗，提高加工效率。

在主选项卡中，选择【机床】→【机床模拟】选项后，系统会调用 MasterCAM 模拟软件，对模型进行实体加工模拟。

**6. 生成加工数控代码**

在主选项卡中，选择【机床】→【后处理】选项后，弹出【后处理程序】对话框，如图 5-56 所示，单击【√】按钮，进行后处理（将 NCI 文件转为 NC 格式），系统弹出资源管理器窗口，设定文件名及保存路径，保存文件。系统弹出 NC 格式文件编辑器，如图 5-57 所示，用户可以对 NC 格式文件进行检查与编辑，完成零件在数控铣床上的 CAM 自动编程。

图 5-56　【后处理程序】对话框

图 5-57　NC 格式文件编辑器

### 5.5.4　数控程序的输出与 DNC 技术

**1. DNC 的概念和特点**

DNC 最早是指分布式数控（Distributed Numerical Control），其含义是用一台大型计算机同时控制几台数控机床。后来随着技术的进步，数控系统由 NC（Numerical Control）发展为 CNC（Computer Numerical Control，计算机数控系统），每一台数控机床由一台计算机（CNC 系统）来控制，所以过去的 DNC 概念已失去意义。

目前，CNC 系统功能已非常完善，一般都支持 RS-232C 通信功能，即通过 RS-232C 接口接收或发送加工程序，有很多 CNC 系统可以一边接收数控程序，一边进行切削加工，这就是现在的 DNC（Direct Numerical Control，直接数控）。

DNC 是现代化机械加工车间的一种运行模式，它以数控技术、通信技术、控制技术、计算机技术和网络技术等先进技术为基础，把与制造过程有关的设备（如数控机床等）与上层控制计算机集成起来，从而实现制造车间和制造设备的集中控制管理，以及制造设备之间、制造设备与上层计算机之间的信息交换。DNC 是现代化机械加工车间实现设备集成、信息集成、功能集成、网络化管理、无纸化制造的一种新方法，是车间自动化的重要模式，是实现 CAD/CAM 和计算机辅助生产管理系统集成的纽带。

具体来讲，DNC 可以有效解决目前数控生产车间普遍存在的下列问题。

（1）车间现有的数控系统繁杂，各系统之间所用的通信程序不一样，每种不同的控制系统又有多种不同的型号，造成相互之间互不兼容的现状，给技术人员、操作人员的编程和应用带来很多不便，大大地限制了零件的快速加工。而 DNC 可以支持各种数控系统，支持各种通信标准。

（2）通信程序为"1 对 1 式"的程序，不具有程序自动反应和监测功能，在进行机床与计算机的通信时，必须一个人在机床前操作机床，另一个人在计算机终端前操作通信软件，两者交替操作。而 DNC 支持从机床端自动调用计算机端的数控程序文件，并可以远程将多个数控程序打包并调用。

（3）车间堆放了很多计算机，工业环境恶劣，计算机寿命大大缩短，而且计算机位置凌乱，不利于车间现场管理。程序传输用单机或笔记本计算机的形式，频繁的热插拔容易烧坏机床接口。而 DNC 建立在网络基础上，避免了频繁热插拔，实现数控程序文件从机床端到计算机端的自动下载，多台机床可以同时调用所需的加工程序，并且传输距离不受限制，实现资源的共享。

（4）部分老的数控系统，内存空间有限，程序一多，机床的内存空间就不够了，大量的加工程序不得不进行反复的删除和键入，直接影响到数控机床的使用效率。而 DNC 支持 CNC 机床的在线加工，可实现多机床的同时在线加工，支持在线加工时的断点续传功能，支持 DNC 在线加工时子程序的在线调用。

DNC 能够自动生成文件传输信息报表，便于统计及核查管理，并提供程序数据库管理功能，工厂管理部门或管理系统能及时得到生产设备的实时生产状况，完成科学的生产管理计划及措施，极大地提高了工厂生产率。

**2．DNC 的组成及应用实例**

本文以南京航空航天大学开发的车间级 DNC 教学系统为例，介绍 DNC 的组成及应用。

1）硬件系统

架构数控加工训练区 DNC 以太网，将以太网延伸到数控加工训练区的每一台数控机床，并通过中心的主干网与 CAD/CAM 训练区、教研室等联网，为实现学生各类作业信息的集成管理和各级教学系统（模块）间的数据交互与共享创建了硬件条件。在与 CNC 系统联网过程中，对于只具备串口的数控系统，鉴于串口通信距离的限制，应用串口服务器（采用 MOXA 公司的 Nport Express DE-311）实现机床侧串口与以太网的通信接口转换，以及与 DNC 服务器的远程互联。各类 CNC 系统侧串口的接口形式和通信协议不尽相同，因此机床侧串口与系统侧串口的连接采用了不同的解决方案。DNC 网络拓扑结构如图 5-58 所示。

2）软件实现

系统由 DNC 服务器、数控程序编辑管理模块及数控程序仿真系统构成。为便于学生海量作业信息的集成管理，实现系统模块间及与 CAD/CAM、CAPP、PDM 等教学系统的数据交互与共享，系统采用了基于数据库的集中管理方式。

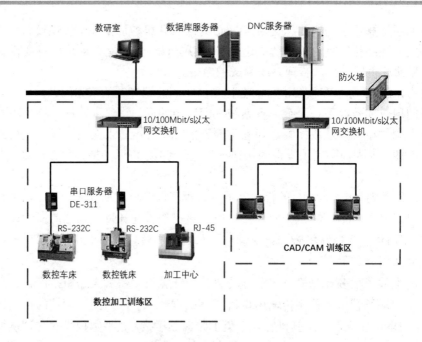

图 5-58 DNC 网络拓扑结构

DNC 服务器负责 DNC 主机与网络通信。该模块主要实现了多 CNC 系统数控程序的并发调用支持、CNC 端数控程序列表查询、远程数控程序上传和下载（含多数控程序的打包调用）、CNC 系统间的数控程序传输、数控程序远程加工断点续传、CNC 系统参数上传等功能。

DNC 服务器设备串口映射界面如图 5-59 所示。

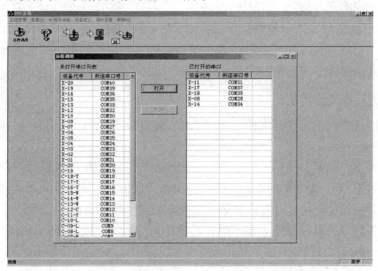

图 5-59 DNC 服务器设备串口映射界面

数控程序编辑管理模块采用 C/S 结构，按角色动态分配功能菜单，实现了针对教师级用户的权限管理、数控程序维护和版本管理等功能，以及针对学生级用户的数控程序的编辑、比对和数控程序的数据库分类存储（数控车床、数控铣床、加工中心）等功能。数控程序编辑管理模块界面如图 5-60 所示。

# 第 5 章 数控加工

图 5-60 数控程序编辑管理模块界面

通过 DNC 系统平台，建成了流程化的先进制造教学体系，实现了数控程序集中管理，与 CAD/CAM、CAPP 等系统无缝集成，形成了由无纸化设计到数控加工的流程化教学模式。

## 5.6 数控加工编程案例

### 5.6.1 数控车床编程案例

加工如图 5-61 所示的零件，毛坯是直径为 40mm 的圆铝棒。

工艺分析：

该工件是典型的阶梯轴，结构简单。根据其形状特点，使用一把 90°偏刀即可完成粗、精加工。

程序原点设在工件右端面中心处。

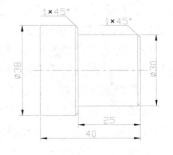

图 5-61 车削零件图（单位为 mm）

| 程序 | 说明 |
|---|---|
| O001; | 程序名 |
| N1; | 工序（一）粗车开始 |
| M03S500 ; | 主轴转速为 500r/min |
| T0101; | 调用 1 号粗车刀 |
| G00X43.0Z3.0; | 刀具快速移动至外圆粗车循环点(X43.0,Z3.0)，准备加工 |
| G71U1.0R0.2; | 外圆粗车纵向循环指令，吃刀深度为 1.0mm，退刀量为 0.2mm |
| G71P10Q11U0.5F0.12; | X 向精车余量为 0.5mm，进给速度为 0.12mm/r |
| N10G42G0X28.0; | 右刀补，刀具以 G00 速度移动至 X28.0 |
| G01Z0; | 直线插补至 Z0 |
| X30.0Z-1.0 ; | 切端面倒角 1×45° |
| Z-25.0; | 完成直径尺寸 ø30mm 外圆部分的切削，该段外圆长 25mm |
| X36.0; | 切端面至 X36.0 |
| X38.0C-1.0; | 倒角 1×45° |

· 145 ·

```
N11Z-45.0;              完成直径尺寸ø38mm外加部分的切削,该段外圆长20mm,在坐标Z-45.0处结束

N2;                     工序(二)精车开始
M03S1000;
T0202;                  调用2号精车刀
G00X43.0Z3.0;           外圆精车循环点
G70P10Q11F0.05 ;        精车外圆指令执行N10~N11程序段
G00X120Z500;            加工完毕,远离工件
M05;                    主轴停转
M30;                    程序结束,光标自动回程序头
```

### 5.6.2 数控铣床编程案例

**1. 加工要求**

根据如图5-62所示的尺寸加工零件。毛坯是直径为130mm,高为40mm的圆柱料,材料为2A12硬铝。

**2. 程序编制**

1) 工艺分析

根据对图5-62的分析,决定把工序分为粗加工、半精加工、精加工。首先对4个直径为10mm的孔进行钻削,然后依次对尺寸为90mm的方框和五边形及直径为40mm的内圆进行粗加工,接着分别对其进行半精加工和精加工,最后对4个直径为10mm的孔进行铰削。

2) 确定夹具,选用刀具

夹具的确定:数控铣床对夹具的基本要求是能保证定位与夹紧,工件的尺寸精度、表面质量及加工效率。所选毛坯料为圆棒,采用三爪卡盘比较合适。

刀具的选用:对于直径为10mm的孔的加工采用ø3mm的中心钻、ø9.8mm的钻头和ø10mm的铰刀;对于尺寸为90mm的方框和五边形及ø40mm的内圆的粗加工采用ø16mm的铣刀(两刃),半精加工和精加工采用ø12mm的铣刀(两刃)。

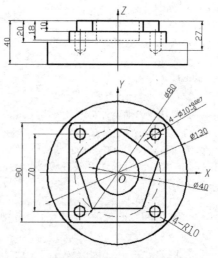

图5-62 铣削零件图(单位为mm)

3）确定编程原点、编程坐标系、对刀位置及对刀方法等

在本例中，编程原点建立在毛坯上表面的中心。

确定编程原点后，编程坐标系、对刀位置及对刀方法也就确定下来了。常用的对刀方法有机内对刀和机外对刀，刀具预调仪如图 5-63 所示。机内对刀常用试切法对刀或采用对刀器对刀，常用的对刀工具有偏心式寻边器、光电式寻边器和 Z 坐标轴设定器，如图 5-64 所示。

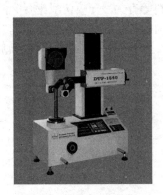

图 5-63　刀具预调仪

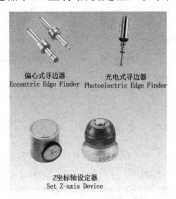

图 5-64　常用的对刀工具

4）确定加工路线

根据本工件的实际情况，我们确定的加工路线如图 5-65 所示。我们还需要注意以下事项。

在加工中一般选用顺铣，这样可以保证表面粗糙度，提高刀具耐用度，减少切削变形，节省机床功率消耗。

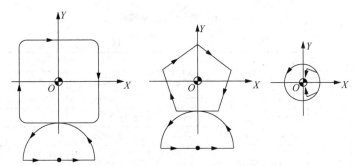

图 5-65　加工路线

粗加工的切削余量一般为 1.0mm，半精加工的切削余量为 0.2mm。

根据切削余量的厚度和刀具的直径确定是否要分层铣。

在粗加工中，为了节省时间，常采用直线进退刀方式；在精加工中，为了得到较好加工表面，常采用切向进退刀方式，其可分为直线和圆弧进退刀方式。在本例中采用的都是圆弧进退刀方式。

5）确定所用的各种工艺参数

加工所用的各种工艺参数可用一个数据表来表示，在表中填入刀具类型、切削开始点、切削条件，程序应该根据这个表来编制。主要工艺参数如下。

① 主轴转速。

主轴转速（r/min）要根据工具手册允许的切削速度 $V$（m/min）来选择。

$$S = n = \frac{1000V}{\pi D}$$

式中，$S$——主轴转速（r/min）；

$V$——切削速度（mm/min）；

$D$——刀具直径（mm）。

切削速度 $V$ 的大小和刀具材料、刀具种类、工具材料等有关，一般切削速度 $V$ 的选择如下。

高速钢铣刀，$V$=25～35mm/min；硬质合金铣刀，$V$=100～300mm/min；高速钢钻头，$V$=5～20mm/min；工具钢丝锥，$V$=2～5mm/min；铰刀，$V$=3～8mm/min；镗刀，$V$=10mm/min。

② 进给速度。

$$F = S \times N \times f$$

式中，$F$——进给速度；

$S$——主轴转速（r/min）；

$N$——刀具的刃数；

$f$——每刃进给量（mm/刃）。

注：粗加工，$f$=0.1～0.2mm/刃；精加工，$f$=0.01～0.05mm/刃。

③ 切削深度。

切削深度主要受机床和刀具刚度的限制，在机床和刀具刚度允许的情况下，尽可能加大切削深度，减少切削次数，提高加工效率。

本例中的数控机床参数表如表 5-8 所示。

表 5-8 数控机床参数表

机床型号：　　　　　　　　　　　　　　　　NO.

| 零件号： | | 零件名称： | | 材料： | | 程序号： | 日期： |
|---|---|---|---|---|---|---|---|
| 加工工序 | 刀具号 | 刀具名称 | 主轴转速 $S$ (r/min) | 进给速度 $F$ (mm/nin) | 刀具半径补偿（mm） | 备注 | |
| 1. 点中心钻 | T1 | $\phi$3mm 中心钻 | 849（$V$=8） | 85（$f$=0.05） | | | |
| 2. 钻底孔 | T2 | $\phi$9.8mm 钻头 | 487（$V$=15） | 49（$f$=0.05） | | | |
| 3. 方框粗加工 | T3 | $\phi$16mm 立铣刀 | 600（$V$=30） | 120（$f$=0.1） | $D1$=16<br>$D2$=9.0 | | |
| 4. 五边形粗加工 | T3 | $\phi$16mm 立铣刀 | 600（$V$=30） | 120（$f$=0.1） | $D1$=16.0<br>$D2$=9.0 | | |
| 5. 内圆粗加工 | T3 | $\phi$16mm 立铣刀 | 600（$V$=30） | 120（$f$=0.1） | $D2$=9.0 | | |
| 6. 方框半精加工 | T4 | $\phi$12mm 立铣刀 | 796（$V$=30） | 80（$f$=0.05） | $D1$<br>$D3$=6.2 | | |
| 7. 方框精加工 | T4 | $\phi$12mm 立铣刀 | 796（$V$=30） | 32（$f$=0.02） | $D4$=6.0 | | |
| 8. 五边形半精加工 | T4 | $\phi$12mm 立铣刀 | 796（$V$=30） | 80（$f$=0.05） | $D1$<br>$D3$=6.2 | | |
| 9. 五边形精加工 | T4 | $\phi$12mm 立铣刀 | 796（$V$=30） | 32（$f$=0.02） | $D4$=6.0 | | |
| 10. 内圆半精加工 | T4 | $\phi$12mm 立铣刀 | 796（$V$=30） | 80（$f$=0.05） | $D3$=6.2 | | |
| 11. 内圆精加工 | T4 | $\phi$12mm 立铣刀 | 796（$V$=30） | 32（$f$=0.02） | $D4$=6.0 | | |
| 12. 铰孔 | T5 | $\phi$10mm 铰刀 | 159（$V$=5） | 19（$f$=0.02） | | | |

6）数值点的计算

有些数值点需要通过计算机绘图后捕捉获得，最好计算出数值点的绝对坐标值，以免编程出错。

7）填写程序单

前面的步骤完成后，我们就可以按刀具的前进方向填写程序单。填写程序单时要注意程序中的代码是否符合所用机床控制系统的功能及用户编程手册的要求，是否遗漏指令和程序段，数值有没有错误，有没有把O填写成0，符号有没有少等。

为了节省篇幅，本例只列出零件轮廓精加工程序。程序如下所示。

```
ZCX04；程序名（此程序为φ12mm立铣刀对零件外形加工）
G54T4D1S796M03
G90G00Z5M08；冷却液开
X0Y-85；刀具半径补偿的起点
G01Z-20.0F30；加工尺寸为90mm的方框
G41G01X40；对圆弧切入的起点进行刀具半径补偿
G03X0Y-45CR=40；圆弧切入
G01X-35
G02X-45Y-35CR=10
G01Y35
G02X-35Y45CR=10
G01X35
G02X45Y35CR=10
G01Y-35
G02X35Y-45CR=10
G01X0
G03X-40Y-85CR=40 ；圆弧切出
G01G40X0；取消刀具半径补偿
G00Z5；
X0Y-104.721 ；加工五边形
G01Z-10F30
G41G01X40；对圆弧切入的起点进行刀具半径补偿
G03X0Y-64.721CR=40；圆弧切入
G01X-47.023
X-76.085Y24.721
X0Y40
X76.085Y24.721
X47.023Y-64.721
X0
G03X-40Y-104.721CR=40；圆弧切出
G40G01X0；取消刀具半径补偿
G00Z5
X0Y0；加工内圆
G01Z-10F30
G41G01X5Y-15；对圆弧切入的起点进行刀具半径补偿
G03X20Y0CR=15；圆弧切入
```

```
G03X20Y0I-20.0 J0
G03X5Y15CR=15；圆弧切出
G40G01X0Y0；取消刀具半径补偿
G00Z100M09
M05
M30
```

8）程序校验

程序编写完成后，往往会出现一些错误，可首先检查程序单；再通过计算机模拟子程序的切削路线，检查其是否正确；然后把程序传入数控控制系统，试运行（有图形模拟功能的机床可先进行图形模拟），再检查；接着可以用易切削、造价低的材料进行试切削；最后进行加工。

### 3. 操作步骤及内容

在完成程序编写后，数控铣床的主要操作步骤一共有9步。

（1）开机，回参考点，建立机床坐标系。

（2）设定刀具。

根据加工要求选择各种刀具，用弹簧夹头刀柄装夹后将其装上主轴，并设定刀具参数，将刀具各半径补偿值输入各刀具补偿地址中。

（3）工件装夹。

将平口虎钳清理干净装在干净的工作台上，先通过百分表找正平口虎钳，再将工件装正在平口虎钳上。

（4）测量工件、设定零点偏移。

用寻边器对刀，确定 $X$ 坐标轴、$Y$ 坐标轴方向的零点偏移值，将 $X$ 坐标轴、$Y$ 坐标轴方向的零点偏移值输入工件坐标系 G54 中。

先将加工所用刀具装上主轴，再将 $Z$ 坐标轴设定器安放在工件的上表面上，确定 $Z$ 坐标轴方向的零点偏移值，并输入工件坐标系 G54 中。

（5）输入程序。

可以通过操作面板上的按键将程序输入系统中，也可以通过 RS-232C 接口将程序传输到系统中，还可以通过 DNC 将程序传输到系统中。

（6）程序模拟。

可以通过系统自带的图形模拟功能检验程序是否正确，也可以把工件坐标系的 $Z$ 值沿+$Z$ 坐标轴方向平移安全高度，按下循环启动键，适当降低进给速度，检查刀具运动是否正确。

（7）执行程序。

把工件坐标系的 $Z$ 值恢复原值，将进给率开关打到低档，按下数控启动键运行程序，开始加工。当机床加工时，适当调整主轴转速和进给速度，并注意监控加工状态，保证加工正常。

（8）检测。

用量具进行尺寸在线检测，合格后取出零件。

（9）关机并清理加工现场。

## 第5章 数控加工

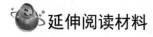延伸阅读材料

### 大国工匠｜常晓飞：数控微雕为国保驾护航

数控微雕是运用数控技术进行精密加工的一项技术，这项技术常用于我国航空航天精密零部件的加工制造，需要高超的数控技术水平。在全国第一届职业技能大赛中，这项考验眼力和手力的技术，成为"最受欢迎的中华十大绝技"，而掌握这项绝技的就是来自中国航天科工二院283厂的高级技师常晓飞。

用比头发丝还细0.05mm的刻刀刀头，在直径为0.15mm的金属丝上刻字，这相当于用绣花针给蚂蚁腿缝合，字体内容要用高倍显微镜才能看清，这样的超高技艺，是常晓飞运用数控加工技术所完成的。而目前，国内能达到如此精度的工匠寥寥无几。要想将产品加工到极致，材料本身的特性、选择刀具的强度、大小，以及机床本身的特性、最佳的解决方案，这些因素缺一不可。

数控微雕是加工航空航天精密零部件的关键技术。如果把数控加工的工作比作爬山，那么常晓飞则是在夜里攀登悬崖峭壁，必须谨小慎微、摸索前行。这些年来，常晓飞参与了国家导弹和宇航产品的复杂关键零部件，以及新型卫星零部件的制造任务。这些零部件关系着导弹能否精准制导、增加目标的命中概率，对于产品的最终性能起着举足轻重的作用。为了练就炉火纯青的数控加工技术，常晓飞不断挑战技艺的极限。

这些年来，凭借着一身真本领，常晓飞获得了无数荣誉。然而，比起这些耀眼的荣誉，常晓飞最自豪的还是能用自己精湛的技术参与到我国航空航天事业中，为国家安全保驾护航。

常晓飞觉得这个"工匠精神"其实更多的是，一种坚持和沉淀下来的追求那种极致的一种状态，自己作为国家年轻一代的工匠有责任把这种追求极致的精神，一直传承下去。

每一次冲顶都是一番意志打磨，每一次成功都是一场智慧较量。每一项大国重器、超级工程的诞生，离不开工匠们接续奋斗的实干，刻印着奋斗者刀锋起舞的身影，他们以"干一行专一行"的精益求精、"偏毫厘不敢安"的一丝不苟、"千万锤成一器"的卓越追求，不断助推我国从制造大国向制造强国迈进。

致敬！

（摘自国务院国资委新闻中心）

## 思考题

1. 简述数控车床加工特点。
2. 使用数控车床加工零件，工艺步骤如何确定？
3. 数控车削编程格式是怎样的？
4. 数控编程包括哪些内容？
5. 机床坐标系与工件坐标系的区别是什么？
6. 编程题，根据下图（图中数据单位为mm）编写程序。

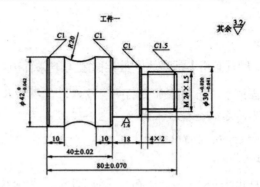

7. 使用数控铣床加工零件，工艺步骤如何确定？

8. 编程原点的选择原则是什么？

9. 如下图所示，已知各点坐标，起始点为原点，切削深度为2mm，按顺序分别采用绝对和相对坐标方式进行编程。各点坐标为 $P_1(6.0，29.394)$，$P_2(54.0，19.596)$，$P_3(38.0，-16.0)$，$P_4(24.0，-18.0)$，$P_5(32.0，-24.0)$。

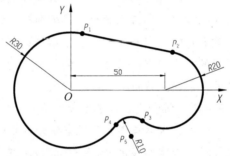

10. 如下图所示，已知工件图形，选用$\phi$12mm立铣刀，切削深度为5mm，刀具初始位置在$(X-20, Y0, Z50)$处，用G41和G42方式编程。

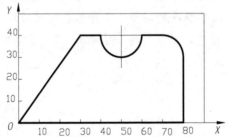

11. 什么叫CAM？并简述CAM编程的一般步骤。

12. 简述DNC的概念和特点。

13. DNC可以解决数控生产车间中的哪些普遍问题？

# 第6章 钳工与钣金

## 6.1 概述

随着科学技术的飞速发展,机械制造正从技艺型的传统制造向自动化、柔性化、绿色化、智能化、集成化和精密化方向发展。各种新工艺、新设备、新技术、新材料的大量出现与推广应用,客观上使钳工的工作范围越来越广,分工越来越细,对钳工的技术水平也提出了更高的要求。目前,我国国家职业标准将钳工划分为装配钳工、机修钳工和工具钳工3类。

装配钳工是指使用钳工工具、钻床,并按技术要求对工件进行加工、修整、装配的工种。

机修钳工是指使用钳工工具、量具及辅助设备,对各类设备进行安装、调试和维修的工种。

工具钳工是指使用钳工工具及设备对工具、量具、辅具、验具、模具进行制造、装配、检验和修理的工种。

尽管钳工的专业分工不同,但都必须掌握好基本操作技能,其具体的内容有划线、錾削、锯削、锉削、钻孔、扩孔、锪孔、铰孔、攻螺纹和套螺纹、矫正和弯形、铆接、刮削、研磨、装配和调试、测量及简单的热处理等。

## 6.2 钳工常用工具和设备

### 6.2.1 钳工常用工具

钳工常用工具:划线用的划针、划线盘、划规、样冲和划线平板等;錾削用的锤子和各种錾子;锉削用的各种锉刀;锯削用的手锯和锯条;孔加工用的麻花钻、各种锪钻和铰刀;螺纹加工用的丝锥、板牙和铰杠;刮削用的各种平面刮刀、曲面刮刀;各种扳手、旋具等。

钳工常用量具:游标卡尺、千分尺、角度尺、塞尺、百分表等,如图6-1~图6-5所示。

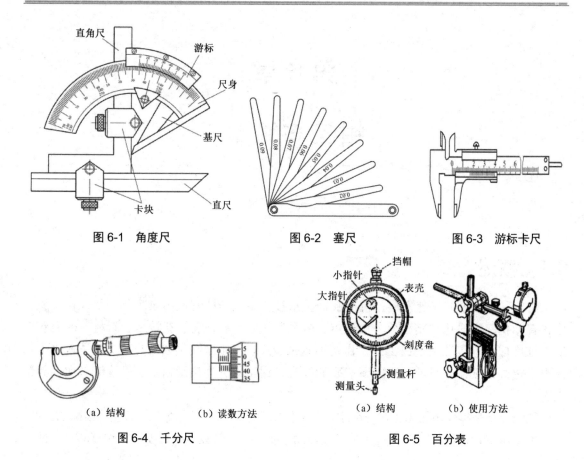

图 6-1　角度尺

图 6-2　塞尺

图 6-3　游标卡尺

（a）结构　　（b）读数方法

图 6-4　千分尺

（a）结构　　（b）使用方法

图 6-5　百分表

## 6.2.2　钳工常用设备

**1．钳工工作台**

钳工工作台简称钳台，一般用硬质木材制成，也有用铸铁件制成的，要求平稳结实。台面常用低碳钢板包封，上面装有虎钳和防止切屑飞出伤人的防护网。台面高度为 800～900mm。

**2．虎钳**

虎钳的作用是夹持工件，它是钳工操作中最常用的夹具，如图 6-6 所示。虎钳的规格是用钳口的宽度来表示的，常用的有 100mm、125mm、150mm 3 种。

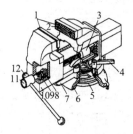

1—钳口；2—螺钉；3—螺母；4—手柄；5—夹紧盘；6—转盘座；7—固定钳身；
8—挡圈；9—弹簧；10—活动钳身；11—丝杆；12—手柄

图 6-6　虎钳

当使用虎钳时，应尽可能将工件夹在虎钳钳口中部，使钳口受力均匀且夹持稳定可靠。当夹持工件的已加工表面时，应在钳口与被夹表面之间垫上铜皮或铝皮，以免夹伤工件表面。不允许用榔头敲击手柄或用长筒扳手来增加夹紧力，这会损坏丝杆或螺母上的螺纹，只能用手来扳紧手柄。在进行强力作业时（如錾削），应尽量使施力方向朝向固定钳身，以免损坏丝杠或螺母。

**3．钻床**

钻床可以完成的工作很多，如钻孔、扩孔、铰孔、锪孔和攻丝等。钻床的种类很多，常用的钻床有台式钻床、立式钻床和摇臂钻床等。

台式钻床如图 6-7 所示，简称台钻，由 1—底座面、2—锁紧螺钉、3—工作台、4—头架、5—电动机、6—手柄、7—螺钉、8—保险环、9—立柱、10—进给手柄、11—锁紧手柄等部分组成。台式钻床主要用于加工小型工件上直径小于 13mm 的孔。台式钻床小巧灵活、使用方便、转速高，在仪表制造、钳工和装配中用得较多。

立式钻床如图 6-8 所示，简称立钻，适于用不同的刀具进行钻孔、扩孔、铰孔、锪孔、攻螺纹等多种加工。由于立式钻床的主轴对于工作台的位置是固定的，在立式钻床上加工完一个孔，再加工另一个孔时需要移动工件，使钻头对准另一个孔的中心，对大型或多孔工件的加工十分不便，因此立式钻床适合于在单件小批量生产中加工中小型工件。

摇臂钻床如图 6-9 所示，它有一个能绕立柱旋转的摇臂，摇臂可带着主轴箱沿立柱垂直移动，同时主轴箱能在摇臂上横向移动，操作时能很方便地调整刀具的位置，以对准所加工孔的轴线，而不要求移动工件，因此，摇臂钻床广泛用于加工大型及多孔工件。

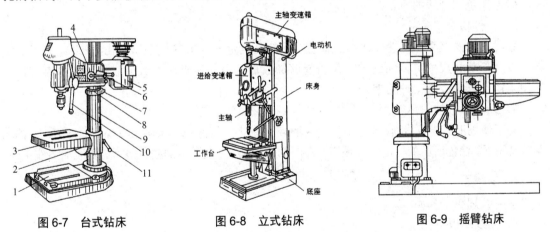

图 6-7　台式钻床　　　　图 6-8　立式钻床　　　　图 6-9　摇臂钻床

## 6.3　钳工基本操作

### 6.3.1　划线

在毛坯或工件上，用划线工具划出待加工部位的轮廓线或作为基准的点和面的操作叫划线。其可作为加工的依据，检查毛坯形状、尺寸，剔除不合格毛坯，合理分配工件的加工余量。划线一般可分为平面划线和立体划线两种，如图 6-10 所示。只在一个平面上划线就能满足加工要求的，称为平面划线；同时在工件上几个不同方向的表面上划线才能满足加工要求的，称为立体划线。

划线的基本要求是线条清晰均匀，尺寸准确。划线过程中所划出的线条有一定的宽度，一般划线精度要求为 0.25～0.5mm。注意：工件的加工精度（尺寸、形状）不能由划线来确定，而应在加工过程中通过加工余量来保证。

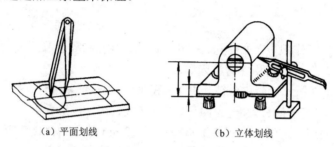

（a）平面划线　　　（b）立体划线

图 6-10　划线

**1．划线准备**

在划线前，要做好各种准备工作。首先要看懂图样和工艺文件，明确划线的工作内容；其次要看毛坯或半成品的形状、尺寸是否与图样和工艺文件要求相符，是否存在明显的外观缺陷；最后将要用的划线工具擦拭干净，摆放整齐，并做好划线部位的清理和涂色等工作。

1）工件清理

毛坯上残留的污垢、氧化皮、毛边、泥沙及已加工工件上的切屑、毛刺等都必须清除干净，确保涂色和划线的质量。

2）工件检查

划线工件清理后，要进行详细的检查，目的是确定零件上的气泡、缩孔、砂眼、裂纹、歪斜，以及形状和尺寸等方面的缺陷是否能够通过加工消除。确认不致造成废品后，再进行下一步工作，以免造成工时的浪费。

3）划线部位的涂色

为了使划出的线条清晰，一般都要在划线部位涂上一层涂料，涂料应涂得薄而均匀，涂得太厚容易脱落。涂色所用的材料种类很多，常用的有白灰水、粉浆、酒精色溶液、硫酸铜溶液4种。

**2．划线工具**

常用的划线工具如下。

1）划线平板

划线平板是用来检验或进行划线的平面基准工具，由铸铁制成，其工作面经过精细加工，平整光洁。划线平板安放应平稳牢固，并保持水平。当工作时，应均匀使用划线平板整个表面，以免局部地方磨凹。注意保持划线平板清洁，不碰撞和用锤敲击，有必要擦油防锈，并加盖保护罩。

2）划针和划线盘

划针是在工件上直接划出加工线条的工具，是用工具钢制成的。

划线盘是用来安装划针，在平台上进行立体划线和找正工件位置的工具。划线盘及其用法如图 6-11 所示。调节划针到一定高度，并在划线平板上移动划线盘，即可在工件上划出与划线平板平行的线，划针及其用法如图 6-12 所示。此外，还可用划线盘对工件进行找正。使用时注意划针装夹牢固，底座与划线平板紧贴，移动平稳。

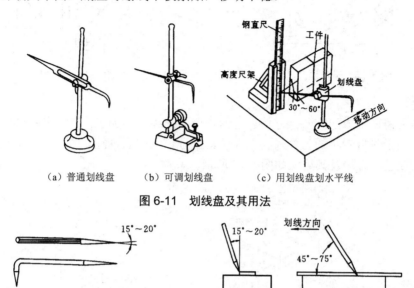

钢直尺
工件
高度尺架
划线盘
30°～60°
移动方向
（a）普通划线盘
（b）可调划线盘
（c）用划线盘划水平线

图 6-11　划线盘及其用法

15°～20°
15°～20°
划线方向
45°～75°
（a）划针
（b）划针的用法

图 6-12　划针及其用法

3）划规和划卡

划规是用来划圆或弧线、等分线段或求线段交点及量取尺寸的工具，如图 6-13 所示。

划卡又称单脚规，可用于确定轴及孔的中心位置，也可用来划平行线。划卡及其用法如图 6-14 所示。

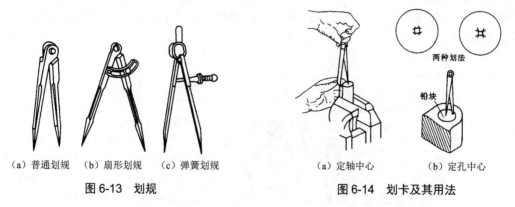

（a）普通划规
（b）扇形划规
（c）弹簧划规

图 6-13　划规

两种划法
铅块
（a）定轴中心
（b）定孔中心

图 6-14　划卡及其用法

4）千斤顶

在较大及不规则工件上划线，通常用 3 个千斤顶来支承。千斤顶的高度可以调整，以便找正工件。千斤顶及其用法如图 6-15 所示。

5）V 型铁

V 型铁用碳素钢制成，淬火后经磨削加工，相邻各边互相垂直，V 型槽呈 90°。V 型铁如图 6-16 所示。V 型铁用于支承圆柱形工件，使工件轴线与划线平板工作面平行，以便于找正和划线。

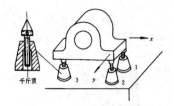
图 6-15　千斤顶及其用法

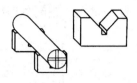
图 6-16　V 型铁

6）方箱

方箱是用铸铁制成的空心立方体，它的六个面都经过精加工，其上各相邻的两面均互相垂直，主要用于夹持较小的工件。将工件压紧在方箱上，通过翻转方箱，便可在工件上划出互相垂直的线条。方箱及其用法如图 6-17 所示。

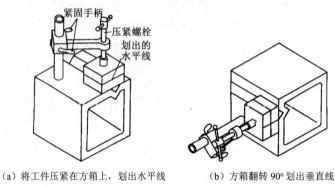

（a）将工件压紧在方箱上，划出水平线　　（b）方箱翻转 90° 划出垂直线

图 6-17　方箱及其用法

7）样冲

划出的线条在加工过程中容易被擦掉，因此要在划好的线条上用样冲打出小而分布均匀的样冲眼。钻孔前在孔的中心位置也需要打上样冲眼，以便于钻头定心。样冲及其用法如图 6-18 所示。

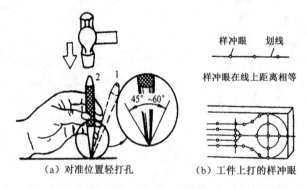

（a）对准位置轻打孔　　（b）工件上打的样冲眼

图 6-18　样冲及其用法

8）游标高度尺

游标高度尺是用游标读数的高度量尺，也可用于半成品的精密划线，是精确的量具和划线工具，如图 6-19 所示。它可测量高度，也可用其量爪直接划线。其测量精度多为 0.02mm，划线精度可达 0.1mm。游标高度尺不得用于毛坯划线，以防损坏划线脚。

9）万能角度尺

万能角度尺是用于划角度线的工具。万能角度尺及其用法如图 6-20 所示。

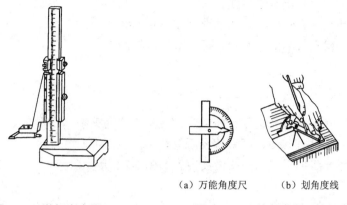

图 6-19　游标高度尺　　　　图 6-20　万能角度尺及其用法

### 3．划线基准

在工件上划线时必须选择一些点、线、面，以它们为依据来确定另一些点、线、面的位置，这些作为依据的点、线、面就称为划线基准。划线基准通常与设计基准一致。一般选重要孔的中心线为划线基准，或者选零件图样上尺寸标注基准为划线基准；若工件上个别平面已加工过，则应以已加工平面为划线基准。

6-1　划线及其应用

### 4．划线方法

以轴承座立体划线为例，划线操作步骤如图 6-21 所示。

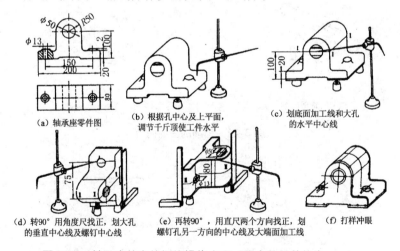

图 6-21　轴承座的立体划线操作步骤（图中数据单位为 mm）

首先应研究图纸，检查毛坯是否合格，确定各个面的划线基准，明确工件及其划线有关部分在产品上的作用和要求，了解有关的后续加工工艺。

清理毛坯上的氧化皮、型砂、疤痕、毛刺等，在划线部位涂上涂料（铸锻件用大白浆，已加工面用龙胆紫加虫胶和酒精或孔雀绿加虫胶和酒精）。有孔部位用木块或铅条堵上，以便确定孔的中心位置。

选择合适的工具支承工件,并找正。

划出划线基准,再划出其平行线。

翻转工件,找正,并划出与划线基准互相垂直的线。

对照零件图,检查所划的线是否正确,最后打样冲眼。

### 6.3.2 锯削

用手锯对材料(或工件)进行锯断或锯槽等加工称为锯削。锯削的主要工具是手锯,它具有方便、简单和灵活的特点,但锯削速度较慢,精度低,常需要进一步加工。锯削的主要内容如图 6-22 所示。

6-2 锯削的基本操作

**1. 手锯**

手锯是由锯弓和锯条组成的锯削工具。

1) 锯弓

锯弓是用来张紧锯条的。锯弓有可调式锯弓和固定式锯弓两种,如图 6-23 所示。

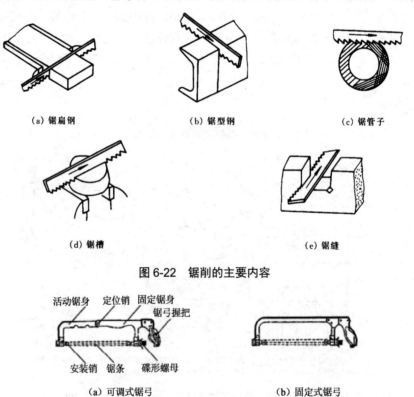

图 6-22 锯削的主要内容

图 6-23 锯弓形式

固定式锯弓只能安装一种长度的锯条。可调式锯弓则可通过调整活动锯身与定位销的位置,安装不同长度的锯条。可调式锯弓两端各有一个夹头,锯条孔被夹头上的销子插入后,旋紧碟形螺母就可把锯条拉紧。

2）锯条

锯条一般用渗碳钢冷轧而成，也有用碳素工具钢或合金钢制成的，并经热处理淬硬。锯条的长度以两端孔心距来表示，常用的锯条长300mm。

锯条的切削角度：锯齿相当于一排同样形状的錾子，每个齿都有切削作用。锯齿的切削角度为前角 $\gamma=0°$，后角 $\alpha=40°$，楔角 $\beta=50°$。

锯齿的粗细：锯齿的粗细是以锯条每25mm长度内的锯齿数来表示的。一般分为粗、中、细3种，齿数越多表示锯齿越细。锯齿粗细应根据材料的软硬和厚薄来选用。

粗齿锯条的容屑槽较大，适用于锯削软材料或截面较大的工件，因为在这种情况下每锯一次，都会产生较多的切屑，容屑槽大就不致发生堵塞而影响锯削的效率。锯削硬材料或截面较小的工件应该用细齿锯条，因为硬材料不易被锯入，每锯一次切屑较少，不易堵塞容屑槽。同时，细齿锯条参加切削的齿数增多，可使每齿担负的锯削量减小，锯削的阻力小，材料易于切除，推锯省力，锯齿不易磨损。

当锯削管子和薄板时，必须用细齿锯条，否则会因为齿距大于板厚，锯齿被钩住而崩断。当锯削工件时，截面上至少要有两个以上的锯齿同时参加切削，才能避免锯齿被钩住而崩断的现象。

3）锯路

当制造锯条时，将锯齿按一定规律左右错开，排列成一定的形状，称为锯路。锯路主要有交叉形和波浪形。锯条有了锯路后，锯缝的宽度大于锯条的厚度，这样锯削时就减少了锯缝与锯条之间的摩擦，锯条不易被锯缝卡住或折断，锯条也不会因摩擦过热而加快磨损，延长了锯条的使用寿命，提高了锯削效率。锯路如图6-24所示。

**2．锯削方法**

1）锯条的安装

由于手锯是在向前排进时进行切削的，而在向后返回时不起切削作用，因此安装锯条时一定要保证齿尖的方向朝前。锯条正确的安装方向如图6-25（a）所示，锯条错误的安装方向如图6-25（b）所示。

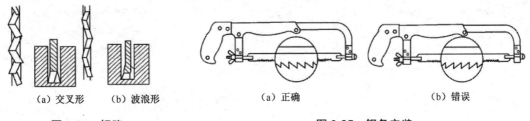

图6-24　锯路　　　　　　　　图6-25　锯条安装

在安装锯条时，松紧要适当。太紧使锯条受力太大，在锯削中稍有卡阻而受到弯折，容易崩断；太松则锯削时锯条容易扭曲，也很可能折断，而且锯缝容易发生歪斜。装好的锯条应与锯弓保持在同一中心平面内，这对保证锯缝正直和防止锯条折断都比较有利。

锯条松紧程度检查：用手指轻轻扳动锯条面，如果锯条与销钉有明显的松动，则锯条安装得太松；如果手指扳动锯条感觉涨度太硬，则锯条安装得太紧。锯条用碟形螺母调紧后，再逆时针旋转半周，合适的涨度是用手扳动锯条时有一定弹性。

2）工件的装夹

工件一般应夹持在虎钳的左面，以便操作。工件伸出钳口不应过长，防止工件在锯削时产生振动。一般锯缝离开钳口侧面 20mm 左右，并且与钳口侧面保持平行，便于控制锯缝不偏离划线。夹持要牢靠，避免锯削时工件移动或锯条折断。对薄壁件、管子，要防止将其夹持变形。已加工表面上需要衬铜垫或铝垫，同时要避免工件夹持变形和夹坏已加工表面。

3）锯削基本方法

（1）手锯的握法。

当锯削时，右手满握锯柄，左手轻扶在锯弓前端，站立位置和錾削基本相似。手锯握法如图 6-26 所示。

（2）锯削压力。

当锯削时，右手控制推力与压力，左手配合右手扶正锯弓，压力不要过大。手锯推出的距离即锯削行程，应施加压力，返回行程不切削，不加压力自然拉回。

（3）锯削运动和速度。

当手锯推进时，身体略向前倾，左手上翘，右手下压，回程时右手上抬，左手自然跟回。锯削速度一般为 40 次 / min，锯削硬材料时速度要慢些，同时锯削行程速度应保持均匀，返回行程速度应相对快些。

（4）起锯方法。

起锯是锯削的开始。起锯质量好坏影响锯削质量。起锯不当还会划伤工件表面或使锯条崩齿。当起锯时，以拇指为定位点，锯条紧贴拇指导向。起锯有两种方法：远起锯如图 6-27（a）所示，用锯条的中部或前端起锯；近起锯如图 6-27（b）所示，上锯时使用锯条后端起锯。在一般情况下，建议采用远起锯，因为此时锯齿是逐步切入材料的，锯齿不易被卡住，起锯比较方便。若采用近起锯，当掌握不好时，锯齿突然切入较深的材料，容易被工件棱边住，甚至崩齿。在起锯时，施加的压力要小，往复行程要短，速度要慢些。

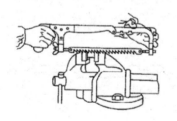

图 6-26　手锯握法

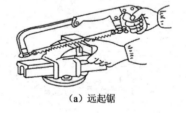

（a）远起锯

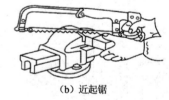

（b）近起锯

图 6-27　起锯方法

4）锯削操作举例

锯削不同的工件，需要采用不同的锯削方法。

锯削扁钢：为了得到整齐的锯缝，应从扁钢较宽的面下锯，这样锯缝深度较浅，锯条不致卡住，如图 6-28 所示。

锯削薄板：当锯削薄板时，可将薄板工件夹在两块木板之间，以防振动和变形，如图 6-29（a）所示。当薄板太宽，用虎钳装夹行程不够时，可将锯缝置于水平方位，采用横向斜推法锯削，这样夹持还可增加薄板工件的刚性，如图 6-29（b）所示。

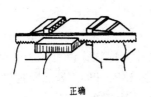
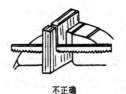

图 6-28 锯削扁钢

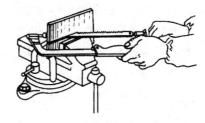

（a）用木板夹持　　　　　　　　　（b）横向斜推法锯削

图 6-29 锯削薄板

锯削圆管：应将圆管夹在两块 V 型木衬垫之间，以防夹扁或夹坏圆管，如图 6-30（a）所示。每当锯至圆管内壁时，将圆管沿锯削方向转过一定角度再锯，依次操作直至锯断，如图 6-30（b）所示。如果按一个方向锯到断，如图 6-30（c）所示，则锯齿易被管壁钩住而折断。

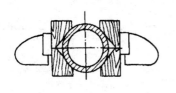

（a）圆管的夹持　　　　　（b）转位锯削　　　　　（c）不正确锯削

图 6-30 锯削圆管

锯削深缝工件：锯削锯缝较深的工件，锯缝深度超过锯弓高度如图 6-31（a）所示，为避免锯弓碰撞工件，可将锯条转过 90°重新安装，把锯弓转到工件旁边，沿原有锯路切削，如图 6-31（b）所示；当锯弓横过来后锯弓高度仍不够时，可把锯条转过 180°，使锯齿朝向锯弓背进行锯削，如图 6-31（c）所示，这样锯弓背不会与工件相碰。

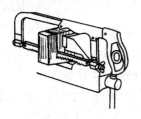
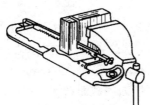
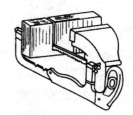

（a）锯缝深度超过锯弓高度　　　（b）锯条转过 90°安装　　　（c）锯条转过 180°安装

图 6-31 锯削深缝工件

### 6.3.3 锉削

用锉刀对工件表面进行切削加工，使其尺寸、形状、位置和表面粗糙度等都达到零件图纸要求的操作叫作锉削。锉削加工尺寸精度可达 IT7～IT8，表面粗糙度 $Ra$ 可达 $0.8\mu m$。锉削可以加工工件的内外平面、内外曲面、内外角、沟槽和各种复杂形状的表面。在现代化的生产条件下，有些不便于机械加工的场合，仍需要锉削来完成。例如，装配中对个别零件的修整、修理，小批量生产时某些复杂形状零件的加工和样板、模具的加工等。因此，锉削仍是钳工的一项重要基本操作，锉削技能的高低，往往是衡量一个钳工技能水平高低的重要标志。

锉削按加工表面形状的不同，可分为平面锉削、曲面锉削和球面锉削。

**1. 锉刀**

1）锉刀的结构

锉刀是用来锉削的工具，常用碳素工具钢 T12、T12A 或 T13A 制成，经过淬火，其刻齿部分硬度可达 62HRC 以上。锉刀由锉刀面、锉刀边、锉刀尾、锉刀舌、底齿、面齿、木柄等部分组成，如图 6-32 所示。

6-3 钳工概述及锉削的基本操作

2）锉刀的种类及选用

锉刀按用途可分为普通锉刀、整形锉刀和特种锉刀 3 种。

普通锉刀按其截面形状可分为平锉（亦称板锉）、方锉、圆锉、半圆锉和三角锉 5 种，其中平锉用得最多。普通锉刀的种类、形状及适用锉削的部位如图 6-33 所示。

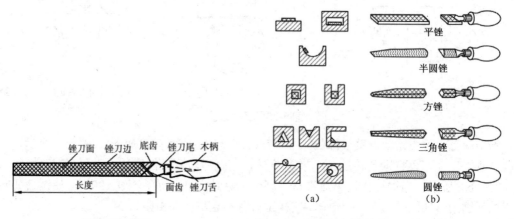

图 6-32 锉刀　　　　图 6-33 普通锉刀的种类、形状及适用锉削的部位

普通锉刀按齿纹粗细分为粗齿锉刀、中齿锉刀、细齿锉刀、粗油光锉刀、细油光锉刀 5 种；按齿纹数量分为单齿纹锉刀和双齿纹锉刀；按工作部分长度分为 100mm 锉刀、150mm 锉刀、200mm 锉刀、250mm 锉刀、300mm 锉刀、350mm 锉刀、400mm 锉刀等 7 种。

通常先按工件形状和大小选择锉刀的截面形状和规格，再按工件材料的性质、加工余量、加工精度和表面粗糙度的要求选用不同粗细齿纹的锉刀。当粗加工和锉削软金属（铜、铝等）时，选用粗齿锉刀，这种锉刀齿距大，不易堵塞；当半精加工钢、铸铁等工件时，选用细齿锉刀；当修光工件表面时，选用油光锉刀。

## 2. 锉削方法

1) 锉刀握法基本要求

锉刀的握法掌握得正确与否，对锉削质量、锉削力的发挥和疲劳程度都有一定的影响。由于锉刀的大小和形状不同，因此锉刀的握法也有所不同。长度大于250mm的锉刀，握法如图6-34所示。锉刀的规范握法：用右手握住锉刀柄，柄端顶住掌心，大拇指放在锉刀柄的上部，对准锉刀宽度方向的中心线，其余手指满握锉刀柄，如图6-34（a）所示。长度大于300mm的锉刀采用如图6-34（b）～图6-34（e）所示的4种握法。

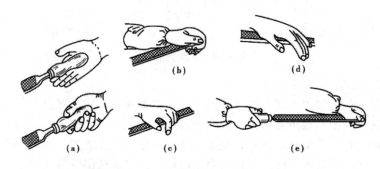

图6-34 锉刀握法（长度大于250mm的锉刀）

中小型锉刀，即长度在250mm以下的锉刀，采用如图6-35所示的3种握法。

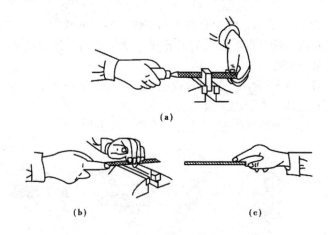

图6-35 锉刀握法（长度小于250mm的锉刀）

2) 锉削的姿势、用力和锉削速度

在锉削时，锉刀推进的推力大小由右手控制，而压力的大小由两手同时控制。为了保证锉刀进行直线锉削运动，在锉削时，右手的压力随锉刀的推动而逐渐增加，左手的压力随锉刀的推进而逐渐减小，如图6-36所示。这是锉削操作中最关键的技术要领，只有认真练习，才能掌握。锉削速度应根据被加工工件的大小、被加工工件的软硬程度及锉刀规格等具体情况而定，一般为40次/min左右。若太快，则容易造成操作疲劳和锉齿的快速磨损；若太慢，则效率低。锉刀在推出时用力，并且速度稍慢；在回程时，锉刀不加压力，并且速度稍快，动作要自然。

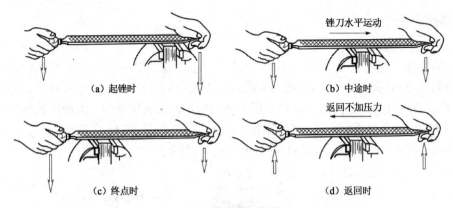

图 6-36　锉削力的平衡

3）工件装夹方法

工件应尽量夹在虎钳的中间，并且伸出部分不能太高，以防止锉削时工件产生振动。

工件要被夹持牢固，且不要使工件被夹变形。

对于几何形状特殊的工件，夹持时要加衬垫，如圆形工件要衬 V 型块或弧形木块。

对于已加工表面或精密工件，夹持时要用软钳口，并保持钳口清洁。

4）平面锉削

顺向锉如图 6-37（a）所示，是最普通的锉削方法。不大的平面和锉光都用这种方法，可得到正直的刀痕。

交叉锉如图 6-37（b）所示，锉削时锉刀与工件的接触面较大，锉刀容易握稳。同时从刀痕上可判断出锉削面的高低情况，因此容易把平面锉平。为了使刀痕变得正直，在平面即将锉削完成前，应改用顺向锉。

推锉法如图 6-37（c）所示，一般用来锉削狭长平面。推锉法不能充分发挥手的力量，锉齿切削效率不高，因此只适用于加工余量较小的场合。

在进行平面锉削时，通常要检验平面度误差和垂直度误差。

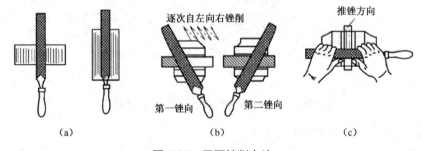

图 6-37　平面锉削方法

### 6.3.4　钻孔、扩孔、锪孔、铰孔

**1. 钻孔**

用钻头在实体材料上加工出孔的方法称为钻孔。钻床是一种常用的孔加工机床，在钻床上可装夹钻头、铰刀、丝锥等刀具，用来进行钻、扩、锯、铰孔及攻丝等操作。

6-4　钳工的刀具

钻孔分为手工钻孔和机械钻孔两种形式。

由于在钻孔时,钻头装在钻床(或其他机械)上,依靠钻头与工件之间的相对运动来完成切削,因此切削时的运动是由以下两种运动合成的。

① 主运动——将切屑切下所需要的基本运动。

② 进给运动——使被切削金属层继续投入切削的运动。

6-5 钻床及其钻削操作

在钻床上钻孔时,钻头的旋转运动为主运动,钻头的直线移动为进给运动。

1)钻削设备及工具

钻床:钻床种类很多,常用的有台式钻床、立式钻床、摇臂钻床等。

钻头:钻头是钻孔的主要刀具,常用的是麻花钻,它由高速钢(W18Cr4V 或 W9CrV2 钢)制造,经热处理后其工作部分硬度可达 62~68HRC 以上。麻花钻由柄部、颈部和工作部分组成,如图 6-38 所示。

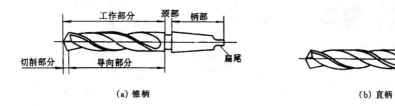

图 6-38 麻花钻的组成

麻花钻柄部用来夹持和传递钻头动力。它有锥柄和直柄两种。直径小于 13mm 的钻头通常制成直柄钻头,使用时需要先用钻夹头夹持,再装入钻床主轴锥孔中。直径大于 13mm 的钻头通常制成锥柄钻头,可直接装入钻床主轴锥孔中。颈部是工作部分与柄部的连接部分,加工钻头时作为退刀槽使用,其上刻有钻头的直径。工作部分包括切削部分和导向部分。切削部分的形状类似沿钻头轴线对称布置的两把车刀,由两个前刀面、两个后刀面、两个主切削刃及连接两个主切削刃的横刃组成,两个主切削刃的夹角称为顶角,通常为 116°~118°,其结构如图 6-39 所示。导向部分有两个副切削刃和螺旋槽。副切削刃起修光孔壁和导向作用,螺旋槽的作用是排除切屑和输送切削液。

2)钻孔夹具

(1)钻头夹具。

钻头夹具常用的有钻夹头和钻头套。

钻夹头是用来装夹直柄钻头的工具,如图 6-40 所示。其柄部是圆锥面,可以直接安装在钻床主轴的锥孔中,头部带有 3 个夹爪,可同时张开或合拢,用来夹紧钻头柄。

锥柄钻头可直接或通过钻头套(又称过渡套筒)将钻头与钻床主轴锥孔配合。当刀具锥柄外径小于钻床主轴锥孔内径时,就需要用钻头套来衔接。钻头套一端的锥孔装入锥柄钻头,另一端的外锥面装在钻床主轴锥孔内。由于各种锥柄钻头大小不一,以及各种钻床主轴锥孔大小不一,因此钻头套有多种,按其内外锥度的不同分为 5 种,根据锥柄钻头和钻床主轴锥孔锥度来选用钻头套。钻头套装拆钻头如图 6-41 所示。

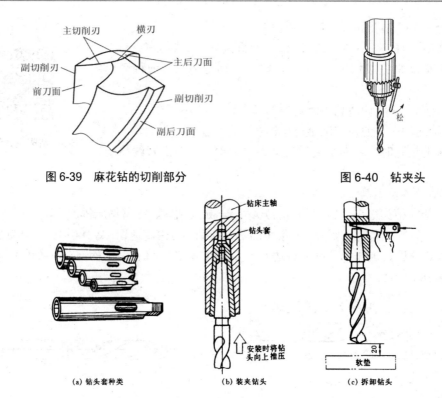

图 6-39　麻花钻的切削部分　　　图 6-40　钻夹头

(a) 钻头套种类　　(b) 装夹钻头　　(c) 拆卸钻头

图 6-41　钻头套装拆钻头

（2）工件夹具。

按工件的大小、形状、数量和钻孔直径，选用适当的装夹方法和夹具，常用的有手虎钳，它适用于薄壁工件、小工件，用手虎钳夹紧如图 6-42（a）所示；平口钳适用于平整的中小型工件，用平口钳夹紧如图 6-42（b）所示；对于大件或不规则外形的工件，可用螺栓压板直接夹持在钻床工作台上，用螺栓压板夹紧如图 6-42（c）所示；在圆柱形工件的端面上进行钻孔，用三爪自定心卡盘夹紧，如图 6-42（d）所示；切削圆柱形工件用带夹紧装置的 V 型铁夹紧，如图 6-42（e）所示。当工件的生产批量比较大时，为了提高生产率并保证零件的互换，需要使用专用的钻孔夹具，即钻模，如图 6-43 所示。不论采用何种夹持方法，都应使孔中心线与钻床工作台垂直，并且夹持稳固。

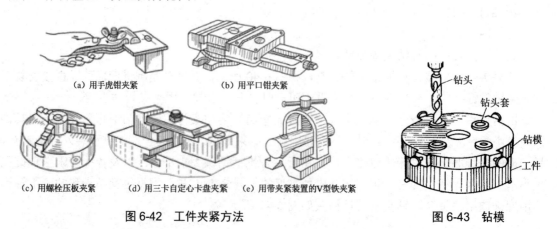

(a) 用手虎钳夹紧　　(b) 用平口钳夹紧

(c) 用螺栓压板夹紧　　(d) 用三卡自定心卡盘夹紧　　(e) 用带夹紧装置的V型铁夹紧

图 6-42　工件夹紧方法　　　图 6-43　钻模

3）钻孔方法

钻孔有划线钻孔、配钻孔、用钻模定位夹持钻孔等方法。

对于单件小批量生产，一般采用划线钻孔的方法，先划出两条互相垂直的中心线（十字线），定出圆心位置，在圆心冲样冲眼，划出孔径圆及检查圆，沿孔径圆打样冲眼，定中心样冲眼应打得大一些。钻孔划线定中心如图 6-44 所示。

在钻孔时，先用钻头在孔的中心锪一个小窝（约占孔径的 1/4 左右），检查小窝与所划圆是否同心，若稍有偏离，可用样冲将中心冲大矫正或移动工件借正；若偏离较多，可用窄錾在偏斜相反方向錾几条槽再钻，这样可以逐渐将偏斜部分矫正过来。钻偏时的纠正方法如图 6-45 所示。

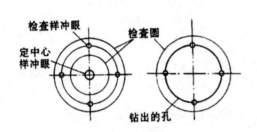

图 6-44　钻孔划线定中心

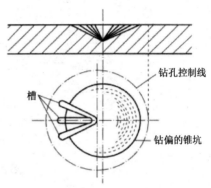

图 6-45　钻偏时的纠正方法

当钻通孔时，工件下面应放垫铁，或者把钻头对准工作台空槽。当孔将被钻透时，进给量要小，避免钻头在钻穿瞬间的抖动，影响钻孔质量，损坏钻头，甚至发生事故。

钻盲孔要注意控制钻孔深度，避免将孔钻深了出现质量问题。控制钻孔深度的方法有调整好钻床上深度标尺挡块；安置控制长度量具或划线做记号等。

当钻深孔时，要经常退出钻头以排出切屑和进行冷却，否则可能使切屑堵塞在孔内卡断钻头或由于过热而加剧钻头磨损。为降低切削温度，需要施加切削液。

直径大于 30mm 的孔应分两次钻，先钻出一个直径较小的孔（为孔径的 1/2 左右），再用所需直径的钻头（或扩孔钻）将孔扩大，以减小较大的轴向抗力，提高钻孔质量。

在斜面上钻孔，钻头易偏斜、滑移或折断，可先用与孔径相同的立铣刀铣出一个水平台，或者垫上一块斜铁，再钻孔。

当两孔并非正交且孔径相差悬殊时，一般先钻小孔，再钻大孔；若大孔已钻好，则在大孔内嵌入塞棒后再钻小孔。

当钻半孔时，可将两个工件夹在一起进行钻削。

## 2．扩孔

扩孔是用扩孔钻或麻花钻等扩孔工具扩大工件孔径的加工方法。其切削运动与钻孔相同。扩孔可以校正孔的轴线偏差，并使其获得较正确的几何形状与表面粗糙度。扩孔可以作为孔的终加工，也可作为铰孔或磨孔前的预加工，加工精度可达 IT9～IT10，表面粗糙度 $Ra$ 为 3.2～6.3μm。

扩孔钻的形状与麻花钻相似，结构如图 6-46 所示。与麻花钻相比，扩孔钻切削刃多（有

3~4个)、无横刃、螺旋槽较浅、钻芯粗实、刚性好、不易变形、导向性能好、切削平稳,因此扩孔的加工质量和生产率都高于钻孔。

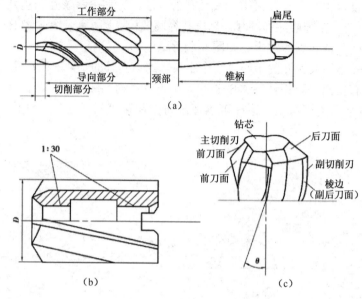

图 6-46 扩孔钻的结构

## 3. 锪孔

用锪钻将工件孔口加工出平底或锥形沉孔的过程称为锪孔,如图 6-47 所示。在工件的连接孔端锪出柱形或锥形埋头孔,用埋头螺钉埋入孔内把有关零件连接起来,使外观整齐、结构紧凑。将孔端锪平,并与孔中心线垂直,这样能使连接螺栓的端面与连接件保持良好接触。

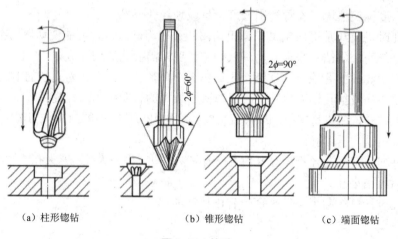

图 6-47 锪孔

锪孔的工作要点如下。

锪孔时的切削速度应比钻孔低,为钻孔时的 1/3~1/2,进给量为钻孔的 2~3 倍。

锪钻的刀杆和刀片装夹要牢固,工件夹持要稳定。

当锪钢件时,要在导柱和切削表面加切削液。

#### 4. 铰孔

用铰刀对已粗加工的孔进行精加工叫作铰孔，一般可加工圆柱形孔和锥形孔。由于铰刀的刀刃数量多、导向性好、尺寸精度高且刚性好，因此加工精度高、表面粗糙度小。其加工精度可达 IT7～IT8，表面粗糙度 $Ra$ 可达 $0.8\mu m$。在铰孔前，孔的预加工质量直接影响铰孔精度。铰孔的加工余量很小，一般为 0.05～0.2mm。

铰刀的种类较多，按其结构特点，可分为整体式铰刀和可调式铰刀，可调式铰刀如图 6-48 所示；整体式铰刀有机用铰刀和手用铰刀两类；按铰刀形状，可分为圆柱形铰刀（见图 6-49）和锥形铰刀（见图 6-50）。铰刀由高碳钢、高速钢、硬质合金等材料制成。

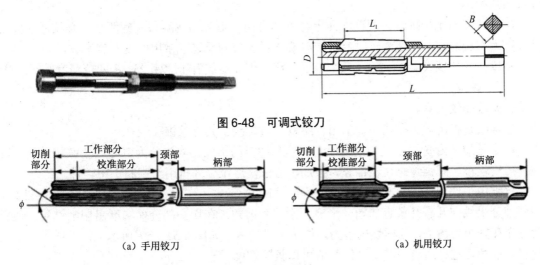

图 6-48　可调式铰刀

（a）手用铰刀　　　　　　　　　　　（a）机用铰刀

图 6-49　圆柱形铰刀

在铰孔时，应根据零件材质选用切削液进行润滑和冷却，减少摩擦和发热，同时将切屑及时冲掉。

铰削的方法分手工铰削和机动铰削两种。手工铰削的步骤如下。

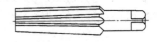

图 6-50　锥形铰刀

① 将工件装夹牢固。
② 选用适当的切削液，铰孔前先涂一些切削液在孔表面及铰刀上。
③ 铰孔时两手用力要均匀，只按顺时针方向转动。
④ 铰孔时施于铰刀上的压力不能太大，要使进给量适当且均匀。
⑤ 铰完孔后，仍按顺时针方向退出铰刀。
⑥ 当铰锥形孔时，对于锥度小、直径小且较浅的锥形孔，可先按锥孔小端直径钻孔，再用锥形铰刀铰削。对于锥度大、直径大且较深的孔，应先钻出阶梯孔，再用锥形铰刀铰削。

#### 5. 螺纹加工

螺纹的加工方法较多，可在通用机床上用切削的方法加工（如车螺纹、铣螺纹等），也可在专用机床上用冷镦、搓螺纹的方法加工，还可通过钳工的攻螺纹和套螺纹对工件进行加工。攻螺纹和套螺纹在装配工程中应用较多。

螺纹由牙型、大径、线数、螺距（或导程）、旋向及精度 6 个要素组成。

牙型：牙型是指通过螺纹轴线的剖面内的轮廓形状。牙型有三角形、梯形、锯齿形、圆形、矩形等。

大径：大径是指与外螺纹的牙顶或内螺纹的牙底相重合的假想圆柱的直径。

线数：线数是一个螺纹上螺旋线的数目。

螺距（或导程）：相邻两牙在中径线上对应两点间的轴向距离称为螺距。同一条螺旋线上的相邻两牙在中径线上对应两点间的轴向距离称为导程。对于单线螺纹来说，螺距就等于导程；对于多线螺纹来说，导程等于螺距与螺纹线数的乘积。

6-6　丝锥、板牙及攻螺纹、套螺纹训练

旋向：旋向是指螺纹在圆柱表面上绕行的方向，可分为右旋和左旋两种。螺纹从左向右升高称为右旋螺纹，表现为顺时针旋转时旋入；左旋则反之。常用的是右旋螺纹。

精度：粗牙螺纹有 1、2、3 三个精度等级，细牙螺纹有 1、2、2a、3 四个精度等级。

1）攻螺纹

（1）攻螺纹工具。

攻螺纹是指用丝锥在孔中切削出内螺纹。攻螺纹工具有丝锥和铰杠。

丝锥是加工内螺纹的工具。按加工螺纹和种类的不同，丝锥分为普通三角螺纹丝锥、圆柱管螺纹丝锥、圆锥管螺纹丝锥等。按加工方法，丝锥分为机用丝锥和手用丝锥。

丝锥由工作部分和柄部组成，如图 6-51（a）所示。工作部分包括切削部分和校准部分。切削部分沿轴向开有几条容屑槽，形成切削刃和前角。在切削部分前端磨出切削锥角，使载荷分布在几个刀齿上，这样切削省力，便于丝锥切入，如图 6-51（b）所示。为了适用于不同材料，前角可进行适当增减，具体数值可以查阅切削手册。

铰杠是手工攻螺纹时用来夹持丝锥，带动丝锥旋转切削的工具。铰杠有普通铰杠和 T 型铰杠两类，各类铰杠又分为固定式和可调式两种，如图 6-52 所示。T 型铰杠用来攻工件凸台旁的螺纹或机体内的螺纹，普通铰杠用来攻 $M5mm$ 以下的螺纹。可调式铰杠可以调节夹持孔尺寸。

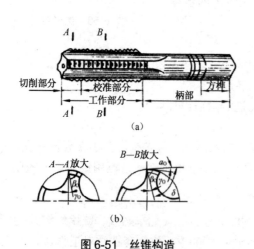

图 6-51　丝锥构造

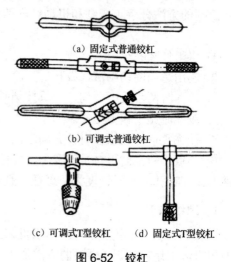

图 6-52　铰杠

（2）螺纹底孔直径确定。

普通螺纹的底孔直径计算式为

脆性材料：$D_0 = D - 1.05P$

塑性材料：$D_0 = D - P$

式中，$D_0$ 为底孔直径（mm）；$D$ 为螺纹大径（mm）；$P$ 为螺距（mm）。

当钻不通孔时，由于丝锥的切削部分不能攻出完整的螺纹，因此底孔的钻孔深度一定要大于所需的螺孔深度。

钻孔深度 = 所需螺孔深度 + 0.7$D$

式中，$D$ 为螺纹大径（mm）。

（3）攻螺纹方法。

在螺纹底孔的孔口处要倒角，通孔螺纹的两端均要倒角，这样可以保证丝锥比较容易切入，并防止孔口边缘出现挤压出的凸边。

起攻时应使用头锥。用一只手按住铰杠中部，沿丝锥轴线方向加压用力，另一只手配合进行顺时针旋转；或者两手握住铰杠两端均匀用力，并将丝锥顺时针旋进。操作中一定要保证丝锥中心线与底孔中心线重合，不能歪斜。

当丝锥切削部分全部进入工件时，不要再施加压力，只需靠丝锥自然旋进切削。此时，两手要均匀用力，铰杠每转 1/2～1 圈，应倒转 1/4～1/2 圈断屑。

当攻螺纹时，必须按头锥、二锥、三锥的顺序攻削，以减小切削载荷，防止丝锥折断。

当攻不通孔螺纹时，可在丝锥上做上深度记号，并经常退出丝锥，将孔内切屑清除，否则会因切屑堵塞而折断丝锥或攻不到规定深度。

2）套螺纹

利用板牙在圆柱（锥）表面上加工出外螺纹的过程称为套螺纹。

板牙是加工外螺纹的工具，由切削部分、校准部分和排屑孔组成。板牙本身就像一个圆螺母，上面钻有几个排屑孔而形成刀口。圆板牙如图 6-53 所示。板牙的切削部分为两端的锥角（$2\varphi$）部分，不是圆锥面，而是经铲磨而成的阿基米德螺旋面。圆板牙前面就是排屑孔，前角大小沿着切削刃而变化，外径处前角最小。板牙的中间一段是校准部分，也是导向部分。

板牙的校准部分因套螺纹时的磨损会使螺纹尺寸变大而超出公差范围，因此为延长板牙的使用寿命，$M3.5$mm 以上圆板牙的外圆上有一条 V 型槽。当尺寸变大超出公差范围时，可用片状砂轮沿 V 型槽割出一条通槽，用铰杠上的两个螺钉顶入板牙上面的两个偏心锥坑内，使圆板牙尺寸缩小，调节范围为 0.1～0.25mm。若在 V 型槽开口处旋入螺钉，则能使板牙直径增大。板牙两端面都有切削部分，一端磨损后，可换另一端使用。

板牙架是用来夹持板牙、传递转矩的工具，如图 6-54 所示。

（1）套螺纹前圆柱杆直径的确定。

由于用板牙在钢料上套螺纹时与攻螺纹一样，螺纹牙尖也要被挤高一些，因此圆柱杆直径应比螺纹大径（公称直径）小一些。

圆柱杆直径可计算为

$$d_0 = d - 0.13P$$

式中，$d_0$ 为圆柱杆直径（mm）；$d$ 为外螺纹大径（mm）；$P$ 为螺距（mm）。

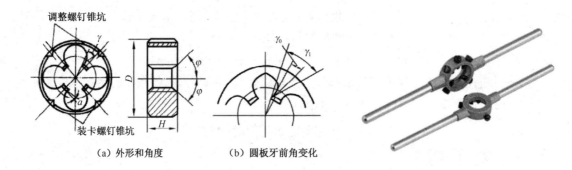

(a) 外形和角度　　　　　　(b) 圆板牙前角变化

图 6-53　圆板牙　　　　　　　　　　　图 6-54　板牙架

（2）套螺纹步骤。

为使板牙容易对准和切入工件，圆柱杆端都要倒成斜角为 15°的锥体。锥体的最小直径可以略小于螺纹小径，从而使切出的螺纹端部不出现锋口和卷边而影响螺母的拧入。

为了防止圆柱杆夹持出现偏斜和夹出痕迹，圆柱杆应装夹在用硬木制成的 V 型钳口或软金属制成的衬垫中，在夹衬垫时圆柱杆套螺纹部分离钳口要尽量近。

在套螺纹时应保持板牙端面与圆柱杆轴线垂直，否则套出的螺纹两面会有深有浅，甚至烂牙。

在开始套螺纹时，可用手掌控住板牙中心，适当施加压力并转动板牙架。当板牙切入圆柱杆 1～2 圈时，应目测检查和校正板牙的位置。当板牙切入圆柱杆 3～4 圈时，应停止施加压力，平稳地转动板牙架，靠板牙螺纹自然旋进套螺纹。

为了避免切屑过长，套螺纹过程中板牙应经常倒转。套螺纹如图 6-55 所示。

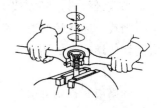

图 6-55　套螺纹

在钢件上套螺纹时要加切削液，以延长板牙的使用寿命，减小螺纹的表面粗糙度。

## 6.4　钳工装配工艺

将若干个零件（包括自制的、外购的、外协的）结合成部件或将若干个零部件结合成最终产品的过程，称为装配；前者称为部装，后者称为总装。

装配工作是产品制造过程中的最后一道工序，装配工作的好坏对整个产品的质量起着决定性的作用。零件间的配合不符合规定的技术要求，机器就不可能正常工作；零部件之间、机构之间的相互位置不正确，有的影响机器的工作性能，有的甚至无法工作。

装配工作是产品制造工艺过程中的后期工作，包括各种装配准备、部装、总装、调整、检验及试机等工作。

6-7　装配的基本知识

6-8　装配的基本操作

## 6.4.1 装配工艺过程

产品的装配工艺过程由以下 4 个部分组成。

**1．装配前的准备工作**

研究和熟悉产品装配图、工艺文件及技术要求；了解产品的结构、零部件的作用及相互的连接关系，并对装配零部件配套的品种及其数量加以检查。

确定装配的方法、顺序和准备所需要的工具。

对装配零部件进行清洗和清理，去掉零部件上的毛刺、锈蚀、切屑、油污及其他脏物，以获得所需的清洁度。

有些零部件需要进行刮削等修配工作，还有的要进行平衡试验、渗漏试验和气密性试验等。

**2．装配**

对于比较复杂的产品，其装配工作常分为部装和总装两个过程。由于产品的复杂程度和装配组织的形式不同，部装工作的内容也不一样。一般来说，凡是将两个以上的零件组合在一起，或者将零件与几个组件（或称组合件）结合在一起，成为一个装配单元的装配工作，都可称为部装。将零件和部件结合成一个完整产品的过程叫总装。

**3．调整、精度检验和试运行**

调整：调节零部件或机构的相互位置、配合间隙、结合松紧等。

精度检验：包括几何精度检验和工作精度检验等。

试运行：检验机构或机器运转的灵活性及振动、结合松紧等，以及功率、密封性等性能是否符合要求。

**4．装配方法**

为了保证机器的工作性能和精度，达到零部件相互配合的要求条件和生产批量，装配方法可以分为下面 4 种。

1）完全互换法

完全互换法是指装配精度由零件制造精度保证，在同类零件中任取一个，不经修配即可装入部件中，并能达到规定的装配要求的方法。完全互换法装配的特点是装配操作简单，生产率高，有利于组织装配流水线和专业化协作生产。由于零件的加工精度要求较高，制造费用较大，因此完全互换法只适用于成组件数少、精度要求不高或大批量生产的情况。

2）调整法

调整法是指装配过程中调整一个或几个零件的位置，以消除零件累计误差，达到装配要求的方法，如用不同尺寸的垫片、衬套、可调节螺母或螺钉、镶条等进行调整。

调整法只靠调整就能达到装配精度的要求，并可定期调整，容易恢复配合精度，对于容易磨损及需要改变配合间隙的结构极为有利，但此法由于增设了调整用的零件，结构显得稍复杂，因此易使配合件刚度受到影响。

3）选配法（不完全互换法）

选配法是指将零件的制造公差适当放宽，选取其中尺寸相当的零件进行装配，以达到配合要求的方法。选配法最大的特点是既提高了装配精度，又不增加零件的制造费用，但此法装配时间较长，有时可能造成半成品或零件的积压。装配法适用于成批或大量生产中装配精度高、配合件的成组数少及不便于采用调整法装配的情况。

4）修配法

当装配精度要求较高，采用完全互换法不够经济时，常用修正某个配合零件的方法来达到规定的配合精度，这就是修配法。

修配法虽然使装配工作复杂化并增加了装配时间，但在加工零件时可适当降低其加工精度，不需要采用高精度的设备，节省了机械加工时间，从而使成本降低，该方法适用于单件、小批量生产或成批生产精度高的产品。

### 6.4.2 典型零件的装配

**1．螺纹连接装配**

螺纹连接是现代机械制造中应用广泛的一种连接方式，它具有拆装、更换方便，易于多次拆装等优点。螺纹连接装配的技术要求是获得规定的预紧力，螺母、螺钉不产生偏斜和歪曲，防松装置可靠等。

对螺纹连接装配的技术要求如下。

（1）保证有一定的拧紧力矩。

为了达到螺纹连接可靠而紧固的目的，必须保证螺纹副具有一定的摩擦力矩，所以在螺纹连接装配时应保证有一定的拧紧力矩，使螺纹副产生足够的预紧力。

（2）有可靠的防松装置。

螺纹连接一般都有自锁性，在静载荷和工作温度变化不大时，不会自行松脱。但在冲击、振动或变载荷作用下，以及工作温度变化很大时，为了确保连接可靠，防止松动，必须采取有效的防松装置。

（3）双头螺柱的装配。

在装配双头螺柱时，必须保证双头螺柱与机体螺孔的配合有足够的紧固性。通常利用双头螺柱最后几圈较浅的螺纹，使配合的中径有一定的过盈量，来达到配合紧固的要求。双头螺柱的装配如图 6-56 所示。

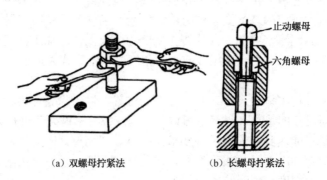

(a) 双螺母拧紧法　　　　(b) 长螺母拧紧法

图 6-56　双头螺柱的装配

（4）螺钉、螺栓、螺母的装配。

在装配前，将螺钉、螺母和零件连接表面擦拭干净；在装配后，螺钉、螺栓和螺母的表面必须与零件的平面紧密贴合,以保证连接牢固可靠。

螺钉、螺栓、螺母的装配方法比较简单,但在装配成组螺钉、螺栓、螺母时,必须按照一定的顺序(做到分次、对称)逐步拧紧,如图 6-57 所示。否则,螺栓松紧不一致,会使被连接件变形。

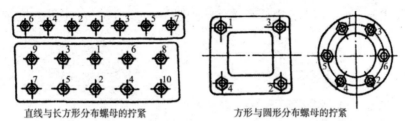

图 6-57　螺钉、螺栓、螺母拧紧顺序

**2．键连接装配**

键主要用于连接轴与轴上零件,实现周向固定,并传递转矩。键连接具有结构简单、工作可靠、拆装方便等优点,因此在机械连接中应用广泛。键连接可分为松键连接、紧键连接和花键连接 3 种。

1) 松键连接

松键连接所用的键有普通平键(见图 6-58)、半圆键(见图 6-59)、导向平键(见图 6-60)及滑键(见图 6-61)。其特点是依靠键的侧面来传递力矩,只能对轴上零件进行轴向固定,而不能承受轴向力。轴上零件的轴向固定要靠紧定螺钉、定位环等定位零件来实现。松键连接能保证轴与轴上零件有较高的同轴度,在精密连接中应用较多。

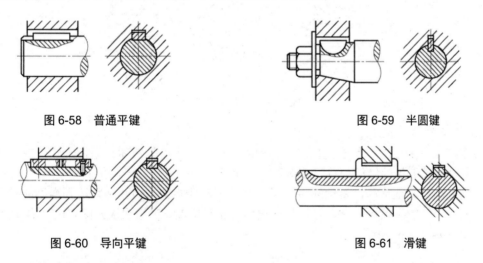

图 6-58　普通平键　　　　　　　　　　图 6-59　半圆键

图 6-60　导向平键　　　　　　　　　　图 6-61　滑键

松键连接的装配要点如下。

- 清理键及键槽上的毛刺,以防配合后产生过大的过盈量而破坏配合的正确性。
- 对于重要的键连接,装配前应检查键的直线度和键槽对轴心线的对称度及平行度等。
- 用键的头部与轴槽试配,应能使键较紧地嵌在轴槽中(对普通平键和导向平键而言)。
- 当锉配键长时,在键长方向上,键与轴槽有 0.1mm 左右间隙。
- 在配合面上加机油,用铜棒或虎钳(钳口应用软钳口)将键压装在轴槽中,并与槽底接触良好。
- 当试配并安装套件（齿轮、带轮等）时，键与键槽的非配合面应留有间隙，以求轴与套件达到同轴度要求，装配后的套件在轴上不能左右摆动，否则容易引起冲击和振动。

2）紧键连接

紧键连接主要指楔键连接。楔键可分为普通楔键（见图6-62）和钩头楔键（见图6-63）。

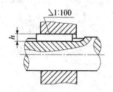　　　　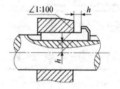

图 6-62　普通楔键　　　　　　图 6-63　钩头楔键

紧键连接的装配要点如下。
- 楔键的斜度应与轮毂槽的斜度一致，否则套件会发生歪斜，同时降低连接强度。
- 楔键与槽的两侧要留有一定间隙。
- 对于钩头楔键，不应使钩头紧贴套件端面，必须留有一定距离，以便拆卸。
- 当装配楔键时，要用涂色法检查楔镀上下表面与轴槽或轮毂槽的接触情况，若发现接触不良，可用锉刀、刮刀修整键槽。合格后，轻敲入内，使套件轴向紧固可靠。

3）花键连接

矩形花键连接如图6-64所示。

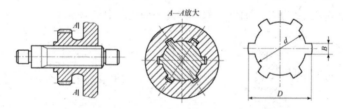

图 6-64　矩形花键连接

### 3. 销连接

销连接在机械结构中起连接、定位和保险作用，如箱盖与箱体、箱体与床身或机体等都用销来定位。销连接的结构简单、连接可靠、定位准确、拆装方便，在机械装配中广泛采用。销连接分为圆柱销连接和圆锥销连接两类。在装配时要求销与销孔必须达到准确的配合，以保证被连接零件的连接可靠性，并且具有正确的相对位置。销的连接如图6-65（a）所示，销的定位如图6-65（b）所示。

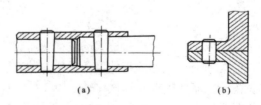

图 6-65　销的连接与定位

## 6.5 传动机构装配案例

机构的装配必须按正确的操作方法将零件、组件、部件组合起来,重要的是要保证正确的位置关系和合适的配合关系,即应达到装配的技术要求。

产品装配时经常采用以下方法。
- 完全互换法:在装配时各配合件不经修配、选择或调整,即可达到装配精度的方法。
- 选配法:选合适的零件进行装配,以达到其技术要求的方法。
- 调整法:改变产品中可调整零件的相对位置或选用合适的调整件进行装配,从而达到装配精度的方法。
- 修配法:在装配时去除指定零件上的预留余量,从而达到装配精度的方法。

现以如图6-66(a)所示的传动机构为例,说明用完全互换法进行装配的基本步骤和方法。

**1. 零件的整理和清洗**

清除各零件表面的防锈油、灰尘、切屑等污物,去除毛刺、印痕等。

**2. 分析装配图**

选择锥齿轮轴为装配基准件确定装配顺序(对于复杂机构,应画出装配单元系统图)。

**3. 按顺序进行装配**

轴承套组件及装配顺序如图6-66所示。

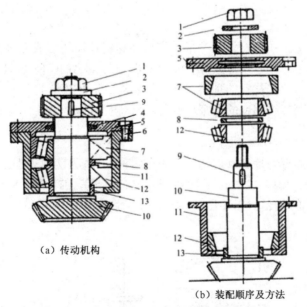

(a)传动机构　　(b)装配顺序及方法

1—螺母;2—垫圈;3—齿轮;4—密封圈;5—轴承盖;6—螺钉;
7、12—圆锥滚子轴承;8—隔套;9—键;10—锥齿轮轴;11—轴承套;13—衬套

图6-66　轴承套组件及装配顺序

(1)在轴承套的内表面涂上润滑油,并将圆锥滚子轴承的外圈打入或压入。
(2)将基准件锥齿轮轴稳定置于平板上,装入衬套、轴承套和圆锥滚子轴承组件。

（3）在基准件锥齿轮轴和圆锥滚子轴承的滚子上加润滑油（或润滑脂），借助于套筒，用手锤将圆锥滚子轴承的内圈打入，使得轴承套转动灵活。

（4）装入隔套，用套筒和手锤将圆锥滚子轴承的内圈打入。

（5）在圆锥滚子轴承的滚子上加润滑油（或润滑脂），并压入圆锥滚子轴承的外圈。转动轴承套，检查转动是否灵活。

（6）将装有密封圈的轴承盖压入轴承套内，并用螺钉紧固。转动轴承套，检查转动是否灵活。

（7）装入键，用套筒和手锤将齿轮压入。

（8）装上垫圈，将螺母拧入。

（9）检查装配质量，如转动是否灵活、间隙及配合是否合适等。

## 6.6 钣金

在现代工业生产中，钣金结构和制件以其生产率高、成本低、工艺简单、适于大批量生产等优点，被广泛运用于汽车、飞机、船舶、通信产品、机床、纺机、食品、机械、电器、仪器仪表、医疗设备等诸多领域。钣金工艺技术主要是指各种金属板材在常温下的加工成型方法，包括下料、压延、橡皮弯曲、旋压、落压、拉型等。基本操作包括弯曲、放边、收边、拔缘、拱曲、卷边、咬缝、校正等。

### 6.6.1 下料

下料是钣金零件加工的第一道工序，是指将原材料按需要切成毛料。下料的方法很多，按机床的类型和工作原理，可分为剪切下料、铣切下料、冲切下料、氧气切割下料等。在生产中可根据零件形状、尺寸、材料的种类、精度的要求及生产数量的多少来选择下料方法。

下料工作必须贯彻节约用料的原则，要提高材料利用率，注意合理的排样。

**1. 平口剪床和斜口剪床**

利用剪刃为直线的直刀片进行剪切的剪床有两种，一种为两剪刃平行的剪床（平口剪床），另一种为上剪刃与下剪刃斜交成一定角度的剪床（斜口剪床）。前者适于剪切比较窄而厚的条料，后者适于剪切宽而薄的条料。在冲压下料车间中，斜口剪床应用得较多，斜口剪床切料如图 6-67 所示。

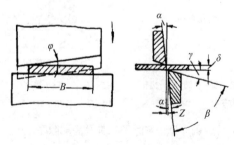

图 6-67　斜口剪床切料

## 2. 龙门剪床

龙门剪床是在钣金剪切中应用较广的一种机床，特点是使用方便、送料简单、剪切速度快、精度高。在龙门剪床上沿直线轮廓可以剪切各种形状，如长方形、平行四边形、梯形、三角形等零件或毛料。液压式龙门剪床如图6-68所示。

### 3. 龙门剪床工作原理

龙门剪床的构造形式很多，其构造主要有床身、床面、上下刀片、压料装置和传动系统等部分。

龙门剪床的构造如图6-69所示，下刀片11固定在床面2上，上刀片6固定在托板5上。工作时将板料放在床面上，用后挡板8定位。后挡板的位置$B$可用螺杆9调整。液压压料筒3在剪切时可使压脚压紧板料7，防止翻转。栅板4是安全装置，以防工伤事故。

图 6-68　液压式龙门剪床

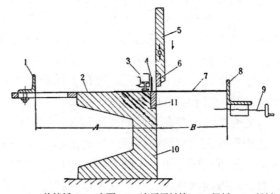

1—前挡板；2—床面；3—液压压料筒；4—栅板；5—托板；
6—上刀片；7—板料；8—后挡板；9—螺杆；10—床身；11—下刀片

图 6-69　龙门剪床的构造

挡板可按样板或用钢尺进行调整。按样板调整挡板的方法如下。
- 调整前挡板，先把后挡板靠紧下刀口，再把样板靠紧后挡板，将前挡板靠紧样板并固定住。松开后挡板，去掉样板，进行剪切。
- 调整后挡板，先将样板托平对齐下刀口，再把后挡板靠紧样板并固定住，去掉样板进行剪切。
- 调整角挡板，先将样板放在台面上对齐下刀口，调整角挡板并固定住，再根据样板调整后挡板，同时利用角挡板和后挡板。

利用后挡板和角挡板可剪切平行四边形、梯形、三角形等平板零件或毛料。

## 6.6.2　弯曲

弯曲是钣金加工的主要方法之一，是指将金属板材、条材、型材等用手工或机械的方法弯曲成一定的形状。

### 1. 折边弯曲工艺常识和变形过程

把材料弯曲成一定角度和形状的工序叫弯曲工序。常见的是利用弯曲模在曲柄冲床或液压板料折弯机上进行弯曲。此外，也可在弯板机和拉弯机等专用设备上进行弯曲。

V型材料的弯曲过程如图6-70所示。

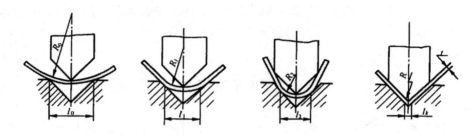

图6-70　V型材料的弯曲过程

在弯曲开始阶段，工件自由弯曲，工件的弯曲半径逐渐变小，由 $R_0$ 变为 $R_1$。凸模继续下压，工件的弯曲变形区逐渐减小，弯曲支点间的距离由 $l_0$ 变为 $l_1$、$l_2$ 直到 $l_k$。当凸模下降到最低点时，工件的圆角、直边与凸模全部吻合。这种用凸、凹模对工件进行校正以得到所需要的弯曲件的过程叫作校正弯曲。

为了直观地看到弯曲变形，可在工件的侧面画出网格，如图6-71所示，弯曲后网格就发生变化，从中可看到弯曲变形有如下特点。

弯曲变形区主要在零件的圆角部分，而平直部分基本没有变形。

在变形区内，材料的外层（靠近凹模一边，见图6-71中的 b-b 部分）受拉而伸长，材料的内层（靠近凸模一边，见图6-71中的 a-a 部分）受压而缩短。在伸长和缩短两个变形区之间，有一层纵向网格的长度不变，该层称为变形中性层（见图6-71中的 o-o 部分）。

由于外层受拉伸，内层被压缩，而变形区的金属体积基本无变化，因此外层的材料宽度变小（小于材料的毛坯宽度 $B$，见图6-71中的 C-C 剖面），对窄料（$B<2t$）来说，宽度 $B$ 的变化较为明显，而厚度总是变小的（毛坯厚度由 $t$ 变为 $t_1$），变薄现象在 $R<3t$ 的情况下比较明显。

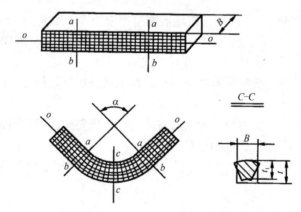

图6-71　材料内部弯曲变形过程

**2．最小弯曲半径和弯曲回弹**

1）最小弯曲半径

由于弯曲件的外层纤维受拉伸，变形最大，因此最容易断裂而造成废品。外层纤维拉伸变形的大小主要取决于弯曲件的弯曲半径（凸模圆角半径），弯曲半径越小，则外层纤维拉得越长。为了防止弯曲件的断裂，必须限制弯曲半径，使之大于材料开裂之前的临界弯曲半径，即最小弯曲半径。

2）影响最小弯曲半径的因素

影响最小弯曲半径的因素如下。

（1）材料的机械性能。

塑性好的材料，外层纤维允许变形程度大，允许的最小弯曲半径就小；塑性差的材料，最小弯曲半径就要相应大些。

（2）材料的热处理状态。

由于冲裁后的零件有加工硬化现象，若未经退火就进行弯曲，则最小弯曲半径应大些；若经过退火后进行弯曲，则最小弯曲半径可小些。

（3）制件弯曲角的大小。

如果弯曲角大于90°，则对最小弯曲半径影响不大；如果弯曲角小于90°，则由于外层纤维拉伸加剧，因此最小弯曲半径应增大。

（4）弯曲线方向。

钢板经碾压后形成纤维组织。纤维的方向性导致材料机械性能的异向性。因此，当弯曲线与材料的碾压纤维方向垂直时，材料具有较大的拉伸强度，外层纤维不易断裂，可具有较小的弯曲半径；当弯曲线与材料的碾压纤维方向平行时，则材料的拉伸强度较小而容易断裂，最小弯曲半径就不能太小。材料弯曲半径如图6-72所示。

在双向弯曲时，应该使弯曲线与材料纤维成一定夹角，材料弯曲与材料纤维方向的关系如图6-73所示。

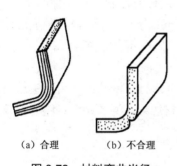

图6-72　材料弯曲半径

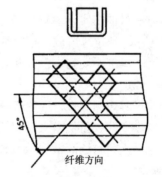

图6-73　材料弯曲与材料纤维方向的关系

（5）板料表面和冲裁表面的质量。

板料表面不得有缺陷，否则弯曲时容易断裂。在冲裁或剪裁后，由于剪切表面常不光洁，有毛刺，应力集中，降低了塑性，允许的最小弯曲半径增大，因此不宜采用最小弯曲半径为零的圆角半径，而应留有系数。当必须弯曲小圆角半径时，应先去掉毛刺。在一般情况下，若毛刺较小，则可把有毛刺的一边放于弯曲内侧（处于受压区），以防止产生裂纹。

### 6.6.3　滚弯原理及工艺

滚弯常用的设备是不对称三轴卷板机，如图6-74所示，它适用于滚弯0.5～2mm厚的金属薄板。不对称三轴卷板机滚弯的原理图如图 6-75 所示,上辊 1 作为主传动;下辊 2 做垂直升降运动,以夹紧板材,并通过下辊齿轮与上辊齿轮啮合,同时作为主传动;侧辊 3 做倾斜升降运动,有预弯和卷圆双重功能。下辊轴能上下调节,侧辊轴能沿倾斜方向移动,上下辊轴由电动机带动进行反方向旋转。

当滚弯时,将下辊轴上升,使得下辊轴的顶部到上辊轴底部的距离等于板厚。板料置于上、下辊轴之间。移动侧辊轴使板料受到压力而弯曲。当上、下辊轴由电动机带动而旋转时,板料压紧在上、下辊轴之间,在辊轴摩擦力作用下而移动,板料由于辊轴的压力而产生连续不断的弯曲,形成圆滑的曲率。调节侧辊轴的位置,可得到不同的弯曲半径。

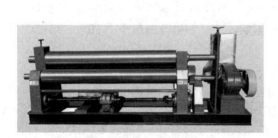
图 6-74 不对称三轴卷板机

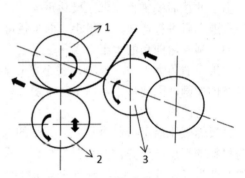
图 6-75 不对称三轴卷板机滚弯的原理图

### 6.6.4 放边

放边的方法目前在实际生产中较常见的有两种:一是打薄锤放,把零件的某一边(或某一部分)打薄;二是拉薄锤放,把零件的某一边(或某一部分)拉薄。前一种放边效果显著,但表面不光滑,厚度不均匀。后一种虽表面光滑,厚度均匀,但易拉裂。

1)打薄锤放

制造凹曲线弯边的零件,当生产数量较小时,可用直角材在铁砧或平台上锤放角材边缘,使边缘材料厚度变薄、面积增大、弯边伸长。越靠近角材边缘,伸长越大;越靠近角材内缘,伸长越小,这样直角材逐渐被锤放成曲线弯边的零件。

2)拉薄锤放

拉薄锤放用木锤在厚橡皮或木墩上锤放,利用橡皮或木墩既软又有弹性的特点,使材料伸展拉长。一般在制造凹曲线弯边零件时,为防止裂纹,可先用此法放展毛料,再弯制弯边,这样交替进行,来成型凹曲线弯边零件。

### 6.6.5 收边

收边的基本原理是先使毛料起皱,再把起皱处在防止伸展恢复的情况下压平。这样材料被收缩,长度减小,厚度增大。用收边的方法,可以把直角材收成一个凸曲线弯边或直角形弯边零件。收边广泛地用于修整零件靠胎和手工弯边成型等方面。收边皱缩如图 6-76 所示。

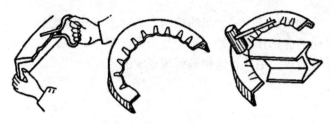

图 6-76 收边皱缩

## 6.6.6 拔缘

拔缘是指利用放边和收边的方法，把板料的边缘弯曲成弯边。拔缘分为内拔缘（也叫孔拔缘）和外拔缘。内拔缘是为了增加刚性，同时减小质量，如框板、肋骨等零件的腹板上常常采用内拔缘。外拔缘主要是为了增加刚性。一般无配合关系的部位多采用外拔缘。外拔缘如图 6-77 所示。

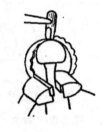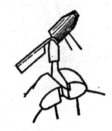

图 6-77 外拔缘

## 6.6.7 拱曲

**1. 冷拱曲（在常温下进行）**

把较薄的板料手工锤击成凸凹曲面形状的零件，这种工作叫拱曲。

拱曲的基本原理是通过板料周边起皱向里收，中间打薄向外拉，这样反复进行，板料逐渐变形，得到所需的形状，所以拱曲的零件一般底部都薄。拱曲件厚度变化如图 6-78 所示，半球形零件的拱曲如图 6-79 所示。

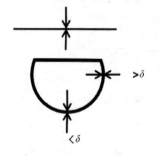 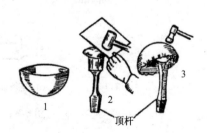

图 6-78 拱曲件厚度变化　　　图 6-79 半球形零件的拱曲

**2. 热拱曲**

通过加热使板料拱曲叫热拱曲。热拱曲一般在造船等工业中应用较广。因为这些零件一般都很大，用很厚的钢板制成，用一般的拱曲方法，不仅非常费劲，有时还没有效果。

热拱曲与冷拱曲的区别在于，冷拱曲是通过收毛料的边缘，放展毛科中间得到所需形状的，而热拱曲是通过加热使毛料收缩得到所需形状的。

### 6.6.8 卷边

卷边操作是钣金加工工艺中的一项重要技术。在薄板制件的边缘进行卷边，不仅加强了制件的强度和刚度，还提供了光滑而安全的边缘和美观的外表。日常用的锅、盆、桶、水壶，各种整流罩、机罩等边缘一般都需要卷边加强。卷边分为夹丝卷边和空心卷边两种，如图6-80所示。

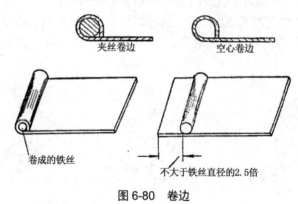

图6-80 卷边

### 6.6.9 咬缝种类和应用

把两块板料的边缘（或一块板料的两边）折转扣合，并彼此压紧，这种连接叫作咬缝。这种缝咬得很牢靠，所以在许多地方用来代替钎焊。

缝根据需要可咬成各种各样的结构形式，就结构来说，有挂扣、单扣、双扣等；就形式来说，有站扣和卧扣；就位置来说，有纵扣和横扣。咬缝的种类如图6-81所示。

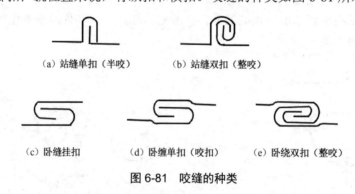

图6-81 咬缝的种类

一般所说的咬缝如图6-81（c）所示。因为这种咬缝既有一定的强度，又平滑，用得也多。日常生活中常见的盆、桶、水壶、茶杯等都用这种咬缝。

一般在建造屋顶时采用挂扣和卧缝整咬。卧缝整咬强度高又牢靠，因此屋顶的水沟都采用这种。而屋顶的一般地方或铁板制的门均采用挂扣，因为这些地方对强度要求不高，只要求不漏水。

站缝在要求具有大的刚性时采用，而站缝整咬由于难以弯制且实际应用的必要性不大，因此一般很少采用。多用站缝单扣，如屋顶的纵扣大多是站缝单扣。

手工咬缝使用的工具有锤、弯嘴钳子、拍板、角钢、规铁等。咬缝零件的毛料必须留出咬缝余量，否则制成的零件尺寸小，易成为废品。

### 6.6.10 校正

由金属板料制造的平板零件或各种立体形状的零件，在加工过程中都会产生不同程度的变形。为了达到零件质量要求，就必须修整变形，这种修整的过程称为校正。

钣金零件的形状繁多，在加工过程中产生的变形也是多种多样的，典型零件的校正有如下几种。

（1）平板校正。金属板料或经过热处理后的板料一般产生的变形有两种，一是四周扭动，二是中间鼓动。在一块板料上（俗称大平板），这两种变形同时存在。校正的方法就是应用收边及放边的基本原理。

（2）带孔零件校正。钣金零件腹板板面上带减轻孔、减轻加强孔、加强孔、凸边孔、加强筋等。这些孔在零件加工过程中，一般在淬火前制出，淬火后变形较大，校正方法也略有不同。

（3）框板外形校正。框板是内凹外凸的弯边零件，淬火后零件的曲度变大或变小，弯边角度不贴胎，腹板板面产生扭动，需要校正。

（4）蒙皮零件校正。蒙皮零件的校正要领与其他零件一样，也是把"紧"处放"松"。由于这类零件表面质量一般都要求很高，因此除划伤等缺陷有规定外，不应留有较明显的痕迹，否则影响表面质量。为此，校正用的工具（如硬木锤、铝锤、滚轮及平台等）表面要光滑，一般 $Ra$ 为 0.8mm 左右。校正时尽可能使用硬木锤，当用铝锤时，可涂油进行锤击，使平台与零件表面和锤头与零件表面之间都有一油层，锤击后基本没有锤印。油可用一般的汽油稀释之后的滑油，油层应尽量薄，防止因油层厚而出现小凹坑。校正用的手锤的直径要大些，一般在 60mm 以上。

对于较厚的单曲度蒙皮，当有小的凸起或边缘有波浪不直时，则垫硬橡皮往里墩。

对于双曲度蒙皮，一般都用滚轮来放展"紧"的部位，仅在区域很小或无法滚展时才进行锤击。

（5）角钢的校正。经过挤压加工的角钢，一般都不很平宜，长度越长，变形越大，运输堆落不当也会造成角钢变形。角钢的变形有弯曲、扭曲，或者二者兼有。因此，需要对角钢进行校正。

（6）焊接件校正。用各种截面形状的型钢经焊接而成的焊接件，受到热胀冷缩的影响都有不同程度的变形，尤其是在无焊接夹具的情况下，变形更大。因此，为了使焊接件达到质量要求，必须进行手工校正。

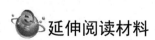 延伸阅读材料

### 工程师之戒

工程师之戒（Iron Ring，又译作铁戒、耻辱之戒）是一枚仅授予北美顶尖几所大学工程系

毕业生的戒指，用以警示及提醒他们，谨记工程师对于公众和社会的责任与义务。这枚戒指被誉为"世界上最昂贵的戒指"，其意义与军人的勋章一样重大，在整个西方世界，工程师之戒已经成为一个出类拔萃的工程师的杰出身份和崇高地位的象征。这枚戒指外表面上下各有10个刻面。

工程师之戒起源于加拿大的魁北克大桥悲剧。1900年，魁北克大桥开始修建，横贯圣劳伦斯河。为了建造当时世界上最长的桥梁，工程师在设计时将主跨的净距由487.7m忘乎所以地增长到了548.6m。1907年8月29日下午5点32分，当桥梁即将竣工之际，发生了垮塌，桥上的86名工人中75人丧生，11人受伤。事故调查显示，这起悲剧是由工程师在设计中一个小的计算失误造成的。惨痛的教训引起了人们的沉思，于是自彼时起，垮塌桥梁的钢筋便被重铸为一枚枚戒指，戒指被设计成扭曲的钢条形状，用来纪念这起事故和在事故中被夺去的生命。这一枚枚戒指就成为后来在工程界闻名的工程师之戒。这枚戒指要戴在小拇指上，作为对每个工程师的一种警示。至今100多年时间，工程师之戒无时无刻不提醒着每一位被定义为精英的工程师的义务与职责。

## 思考题

1. 我国《国家职业标准》将钳工划分为哪几类？
2. 钳工的基本操作技能包含哪些？
3. 钳工常用的工具、刃具、设备有哪些？
4. 钻床上可以完成的工作有哪些？
5. 以轴承座立体划线为例，简述划线操作步骤。
6. 锯削基本方法有哪些？
7. 钻孔方法有哪些？
8. 螺纹加工有哪些常用方法？
9. 锉削按加工表面形状的不同，可分为几种方式？
10. 简述产品的装配工艺过程。
11. 放边常用的方法有哪些？
12. 弯曲加工的主要方法有哪些？

# 第 7 章

# 特种加工

## 7.1 概述

### 7.1.1 特种加工的产生和发展

7-1 特种加工的
概述.MP4

传统的机械加工已经有很久的历史，它对人类的生产和物质文明起到了极大的作用。瓦特改进和发明蒸汽机的前几年苦于造不出高精度的蒸汽机汽缸，无法推广，恰好 1795 年威尔逊创造和改进了汽缸镗床，解决了蒸汽机主要部件的加工工艺问题，才使蒸汽机得到广泛应用，并引发了第一次工业革命，这说明加工方法对新产品的研制起着重大的作用。

从威尔逊制造汽缸镗床以后，一直到第二次世界大战前，这段很长的时间内都是以切削加工（包括磨削加工）为主的，并没有产生特种加工的迫切需要，也没有发展特种加工的必要条件，人们一直束缚在用机械能量、切削力除去多余金属以达到加工要求的思想上。1943 年，拉扎连柯夫妇研究火花放电时开关触点遭受腐蚀而损坏的现象，发现了电火花的瞬间高温可使局部的金属熔化、气化而被蚀除，从而开创和发明了电火花加工方法，首次摆脱了传统的切削加工方法，直接用电能和热能来切除、加工金属材料。

第二次世界大战以后，特别是进入 20 世纪 50 年代以来，随着航空航天工业、核能工业、电子工业及汽车工业的迅速发展，由于众多产品均要求具备很高的强度质量比与性能价格比，有些产品则要求在高温、高压、高速或腐蚀环境下进行长期而可靠的工作，因此对机械制造部门提出了新的更高的要求。

- 解决各种难切削材料的加工问题，如硬质合金、钛合金、耐热钢、不锈钢、淬火钢、金刚石、宝石、石英及锗、硅等各种高硬度、高强度、高韧性、高脆性的金属及非金属材料的加工。
- 解决各种特殊、复杂表面（如立体成型表面和特殊断面形状）的孔腔、小孔、窄缝等的加工问题。例如，喷气发动机叶片、各种冲压模具、喷油嘴、喷丝头等的加工。
- 解决各种超精、光整或具有特殊要求的零件的加工问题，如对表面质量和精度要求很高的航空航天陀螺仪、伺服阀，以及细长轴、薄壁零件、弹性零件等低刚度零件的加工。

要解决上述问题，仅依靠传统的切削加工方法很难实现，甚至根本无法实现，特种加工工艺就是在这种情况下产生并发展起来的。特种加工就是直接利用电能、热能、声能、光能、化学能和电化学能，有时也结合机械能对工件去除余量的新型加工技术。国外称之为非传统加工（Non-Traditional Machining，NTM）或非常规机械加工（Non-Conventional Machining，NCM）。特种加工与切削加工的区别如下。

- 不依靠机械能而主要依靠其他形式的能量，如电能、热能、光能、化学能等能量对工件进行加工。
- 加工用的工具硬度不必大于被加工材料的硬度。
- 加工过程中工具和工件之间不存在显著的机械切削力。

### 7.1.2 特种加工的分类

目前，特种加工的方法有数十种，一般按照能量来源及形式进行分类，详细情况如表7-1所示。

表7-1 常用特种加工方法分类表

| 特种加工方法 | | 能量来源及形式 | 作用原理 | 英文缩写 |
| --- | --- | --- | --- | --- |
| 电火花加工 | 电火花成型加工 | 电能、热能 | 熔化、气化 | EDM |
| | 电火花线切割 | 电能、热能 | 熔化、气化 | WEDM |
| 电化学加工 | 电解加工 | 电化学能 | 金属离子阳极溶解 | ECM |
| | 电解磨削 | 电化学能、机械能 | 金属离子阳极溶解、磨削 | EGM |
| | 电解研磨 | 电化学能、机械能 | 金属离子阳极溶解、研磨 | ECH |
| | 电铸 | 电化学能 | 金属离子阴极沉积 | EFM |
| | 涂镀 | 电化学能 | 金属离子阴极沉积 | EPM |
| 激光加工 | 激光切割、打孔 | 光能、热能 | 熔化、气化 | LBM |
| | 激光打标记 | 光能、热能 | 熔化、气化 | LBM |
| | 激光处理、表面改性 | 光能、热能 | 熔化、相变 | LBT |
| 电子束加工 | 切割、打孔、焊接 | 电能、热能 | 熔化、气化 | EBM |
| 离子束加工 | 蚀刻、镀覆、注入 | 电能、机械能 | 原子撞击 | IBM |
| 超声加工 | 切割、打孔、雕刻 | 声能、机械能 | 磨料高频撞击 | USM |
| 化学加工 | 化学铣削 | 化学能 | 腐蚀 | CHM |
| | 化学抛光 | 化学能 | 腐蚀 | CHP |
| | 光刻 | 光能、化学能 | 光化学腐蚀 | PCM |

### 7.1.3 特种加工技术的发展趋势

随着现代航空航天等高科技的发展，对特种加工的技术水平、经济性和自动化程度提出了更高的要求，从而促进了特种加工技术的发展。当前特种加工技术的总体发展趋势主要有以下几个方面。

1) 采用自动化技术

充分利用计算机技术对特种加工设备的控制系统、电源系统进行优化，加大对特种加工

# 第 7 章 特种加工

的基本原理、加工机理、工艺规律、加工稳定性等深入研究的力度，建立综合工艺参数自适应控制装置、数据库等（如超声、激光等加工），进而建立特种加工的 CAD/CAM 与 FMS 系统，使加工设备向自动化、柔性化方向发展，这是当前特种加工技术的主要发展方向。例如，用简单的工具电极加工复杂的 3D 曲面是电解加工和电火花加工的重要发展方向，目前已经实现用四轴联动线切割机床切出扭曲变截面的叶片。

2）开发新工艺方法及复合工艺

为适应产品的高技术性能要求与新型材料的加工要求，需要不断开发新工艺方法，电解电火花加工、电解电弧加工、电弧尺寸加工、电火花机械加工等复合工艺将成为航空工业和机械制造业着力发展的加工技术，同时由于复合工艺可以扬长避短，取得明显的技术经济效益，因此受到发达国家工业部门的普遍关注。例如，电解电弧复合工艺是电解加工和放电加工叠加而成的工艺过程，与电解加工相比，单位材料去除率可以提高 300%。

3）趋向精密化研究

高新技术的发展促使高新技术产品向精密化与小型化方向发展，对产品零件的精度与表面粗糙度提出了更严格的要求。为适应这一发展趋势，特种加工的精密化研究已引起人们的高度重视，因此，大力开发用于超精加工的特种加工技术（如等离子弧加工等）已成为重要的发展方向。例如，飞机惯性仪表中许多零件要求达到微米级以上，气浮陀螺和静电陀螺的内外支撑面的球度为 $0.05 \sim 0.5 \mu m$，尺寸精度为 $0.6 \mu m$，表面粗糙度 $Ra$ 为 $0.012 \sim 0.025 \mu m$；激光陀螺的平面反射镜平面度为 $0.03 \sim 0.06 \mu m$，表面粗糙度 $Ra$ 为 $0.012 \mu m$ 以上。

4）向绿色加工方向发展

污染问题是影响和限制某些特种加工应用、发展的严重障碍，如电化学加工过程中的废气、废液、废渣排放不当，会产生环境污染，影响工人健康。因此，必须花大力气合理利用废气、废液、废渣，向绿色加工的方向发展。

## 7.2 电火花加工

### 7.2.1 电火花加工原理、特点和分类

电火花加工又称为放电加工，是一种直接利用电能和热能进行加工的新工艺。在电火花加工中，工具和工件并不接触，依靠工具和工件之间不断的脉冲性火花放电，产生局部瞬时的高温把金属逐渐蚀除下来。由于在加工过程中可见到火花，因此称为电火花加工。

**1. 电火花加工的原理**

电火花加工的原理是基于工具和工件（正负极）之间脉冲性火花放电时的电腐蚀现象来蚀除多余金属，以达到对金属零件尺寸、形状和表面质量的预定加工要求。电腐蚀的主要原因是电火花放电时火花通道中瞬时产生大量的热，达到很高温度，使金属局部熔化、气化而被蚀除，形成放电凹坑。

电火花加工原理如图 7-1 所示，工具和工件分别与脉冲电源的两个输出端相连，自动进给调节装置使工具和工件之间保持很小的放电间隙。当脉冲电压加到两极之间时，便在当时条件下相对某一间隙最小处或绝缘强度最低处击穿介质，在该局部产生火花放电，瞬时高温

使工具和工件都蚀除掉一小部分金属，各自形成一个小凹坑，如图 7-2 所示。单个脉冲放电后的电蚀坑如图 7-2（a）所示，多次放电后的电极表面如图 7-2（b）所示。

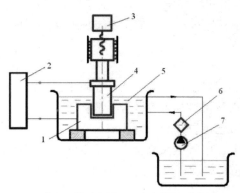

1—工件；2—脉冲电源；3—自动进给调节装置；
4—工具；5—工作液；6—过滤器；7—工作液泵

图 7-1　电火花加工原理　　　　　图 7-2　电火花加工表面局部放大图

**2. 电火花加工的过程和步骤**

在接负极的电极和接正极的工件之间加上高压脉冲电压，使两电极间间隙最小的凸点产生火花放电，放电时释放的能量把熔化和气化的金属微粒迅速抛离电极表面，在工件表面形成一个很小的凹坑。如此重复进行，并随着工具电极不断地向工件进给，工具电极的轮廓便可精确地复印在工件上，达到加工的目的。电火花加工分为 4 个步骤：①极间介质的电离、击穿，形成放电通道；②介质热分解，电极材料熔化、气化、热膨胀；③电极材料的抛出；④极间介质的消电离。

1）极间介质的电离、击穿，形成放电通道

当脉冲电压施加在工具电极与工件之间时，两极之间立即形成一个电场。电场强度与极间电压成正比，与极间距离成反比，随着极间电压的升高或极间距离的减小，极间电场强度将随之增大。由于工具电极和工件的微观表面是凸凹不平的，极间距离又很小，因此极间电场强度是很不均匀的，两极间离得最近的突出点或尖端处的电场强度一般最大。工作液介质中不可避免地含有某种杂质（如金属微粒、碳粒子、胶体粒子等），也有一些自由电子，因此介质呈现一定的电导率。在电场作用下，负电子高速向阳极运动并撞击工作液介质中的分子或中性原子，产生碰撞电离，形成带负电的粒子（主要是电子）和带正电的粒子（正离子），导致带电粒子雪崩式增多，最终介质被击穿而形成放电通道。

2）介质热分解，电极材料熔化、气化、热膨胀

极间介质一旦被电离、击穿，形成放电通道后，脉冲电源就会使通道间的电子高速奔向正极，正离子高速奔向负极。电能变成动能，动能通过碰撞又转变为热能。于是通道内、正极和负极表面分别成为瞬时热源，达到很高的温度。通道高温首先把工作液介质气化，正负极表面的高温也使金属材料熔化，直至沸腾气化。这些气化后的工作液和金属蒸汽，瞬时间体积猛增，迅速热膨胀，就像火药、爆竹点燃后那样具有爆炸的特性。

3）电极材料的抛出

通道和正负极表面放电点瞬时高温使工作液气化和金属材料熔化、气化，热膨胀产生很

高的瞬时压力。通道中心的压力最高,气化的气体体积不断向外膨胀,形成一个扩张的"气泡","气泡"上下、内外的瞬时压力并不相等,压力高处的熔融金属液体和蒸汽就被排挤、抛出而进入工作液中。

4)极间介质的消电离

随着脉冲电压的结束,脉冲电流也迅速降为零,这标志着一次脉冲放电的结束,但此后应有一段间隔时间,使间隙介质消电离。即放电通道中的带电粒子复合为中性粒子,恢复本次放电通道处间隙介质的绝缘强度,以免总是重复在同一处发生放电。这样可以保证在两极相对最近处或电阻率最小处形成下一个击穿放电通道。

**3．电火花加工的条件**

电火花加工的条件如下。

(1) 放电形式必须是瞬时的脉冲性放电。

脉冲宽度一般为 $10^{-7}\sim10^{-3}$s,相邻脉冲之间有一个间隔,这样才能把热量从局部加工区扩散到非加工区,否则,就会像持续电弧放电一样,使工件表面烧伤而无法进行尺寸加工。

(2) 必须使工具电极和工件被加工表面之间有一定的放电间隙。

这一间隙随加工条件而定,通常为几微米到几百微米。若间隙过大,则极间电压无法击穿极间介质,不会产生电火花,因此必须要有工具电极的自动进给调节装置。

(3) 火花放电必须在有一定绝缘性能的液体介质中进行。

这样做既有利于产生脉冲性的放电,又能使加工过程中产生的金属屑、焦油、炭黑等电蚀产物从电极间隙中排出,同时能冷却电极和工件表面。

**4．电火花加工的特点**

电火花加工的特点如下。

电火花放电产生的高温足以熔化、气化任何材料,能够加工传统切削加工难以加工或无法加工的高硬度、高强度、高脆性、高韧性等材料。

由于电火花直接利用电能和热能去除材料,与工件材料的强度和硬度关系不大,因此可以用较软的工具去加工硬的工件,实现"以柔克刚"。

在加工时,工具与工件不直接接触,没有传统切削加工方法的机械力,有利于加工微孔、窄缝和低刚度的工件。

**5．电火花加工的分类**

电火花加工的种类和应用形式是多种多样的,但按其工艺过程中工具与工件相对运动的特点和用途不同,仍可分为电火花成型加工(包括电火花穿孔和型腔加工)、电火花线切割、电火花磨削、电火花展成加工及其他电火花加工等。

1)电火花成型加工

电火花成型加工通过工具电极相对于工件做进给运动,把工具电极的形状和尺寸复制到工件上,从而加工出所需要的零件。其特点是工具电极和工件之间只有一个相对的伺服进给运动,工具电极为成型电极,与被加工表面有相应的截面和形状。这种加工方法又分为型腔加工和穿孔加工。型腔加工主要用于各类型腔模及各种复杂的型腔、型面零件,如塑料模、锻模、压铸模、挤压模、胶木模,以及整体叶轮、叶片等各种曲面零件。电火花成型加工机床数量约占电火花机床总数的 30%。

2）电火花线切割

电火花线切割用移动的线状电极丝按预定的轨迹进行切割加工，其运动轨迹可以用靠模、光电、数字程序等方式来控制。由于这种加工方法省去了制造成型工具电极的麻烦，而且工具电极丝的损耗可以在很大程度上得到补偿，因此具有很大的优越性。其特点是工具电极为顺电极丝轴线移动的线电极，工具电极丝和工件在两个水平方向上同时有相对伺服进给运动。电火花线切割主要用于切割各种冲模和具有直纹面的零件，同时用于下料、截割和窄缝加工。电火花线切割机床数量约占电火花机床总数的 60%。

3）电火花磨削

电火花磨削实质上是应用机械磨削的成型运动进行电火花加工的。其特点是工具和工件有径向和轴向的进给运动，工具电极与工件电极之间做相对运动，其中之一或二者做旋转运动，在加工过程中，不需要电火花成型那样的伺服进给运动。电火花磨削又分为内孔磨削、外圆磨削和成型磨削，主要用来加工精度高、表面粗糙度良好的小孔，如拉丝模、挤压模、微型轴承内环、偏心钻套等，同时可以加工外圆、小模数滚刀等。

4）电火花展成加工

电火花展成加工利用成型工具电极和工件做展出运动（回转、回摆或往复运动等），使二者相对应的点保持固定重合的关系，逐点进行电火花加工。它的特点是成型工具电极和工件均做旋转运动，但是二者角速度相等或呈现整数倍关系，相对应接近的放电点可有切向相对运动速度，工具电极相对工件可做纵、横向进给运动。电火花展成加工主要用于加工各种复杂型面的零件，如精度高的异形齿轮、螺纹环规和精度高、对称度高、表面粗糙度良好的内、外回转表面等。目前应用较广的是共轭回转加工，还有棱面展成加工、锥面展成加工、螺旋面展成加工等。

### 7.2.2 电火花线切割

电火花线切割（Wire cut Electrical Discharge Machining，WEDM）是在电火花加工的基础上发展起来的一种新工艺。电火花线切割是用线状电极（钼丝或铜丝），依靠火花放电对工件进行切割的一种加工技术。

**1. 电火花线切割的基本原理**

电火花线切割的基本原理是利用移动的细金属导线（钢丝或铜丝）作电极，对工件进行脉冲火花放电、切割成型。电极丝接脉冲电源的负极，工件接脉冲电源的正极，当一个脉冲到来时，在电极丝和工件之间产生火花放电，放电通道释放大量热，中心温度可达 10000℃，将工件局部熔化，甚至气化。在电极丝和工件之间浇注工作液介质，工作台在水平面两个坐标轴方向按各自预定的控制程序，根据火花间隙状态进行伺服进给移动，从而合成各种曲线轨迹，把工件切割成型。电火花线切割的基本原理如图 7-3 所示。

**2. 电火花线切割的分类**

根据电极丝的运行速度，电火花线切割机床通常分为两类，一类是高速走丝电火花线切割机床（HSWEDM），这类机床的电极丝做高速往复运动，一般走丝速度为 8～10m/s，这是我国生产和使用的主要机种，也是我国独创的电火花线切割加工模式；另一类是低速走丝电火花线切割机床（LSWEDM），这类机床的电极丝做低速单向运动，一般走丝速度低于 0.2m/s，这是国外生产和使用的主要机种。

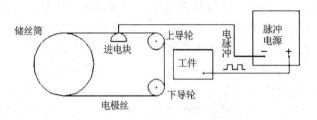

图 7-3　电火花线切割的基本原理

7-2　电火花线切割的基本原理.MP4

#### 3. 电火花线切割的特点

电火花线切割的特点如下。

电火花线切割的加工机理、生产率、表面粗糙度等工艺规律和材料的可加工性与电火花成型加工基本相似，能加工硬质合金等一切导电材料。

由于电极工具直径很小，因此脉冲宽度和平均电流不能太大，加工工艺参数范围小，工件常接脉冲电源正极。

采用水或水基工作液，不会引燃起火，容易实现安全无人运转。但由于工作液的电阻率远比煤油小，因此在开路状态下，仍有明显的电解电流。电解效应稍有益于改善加工表面粗糙度。

一般没有稳定电弧放电状态。由于电极丝与工件始终有相对运动，尤其是高速走丝电火花线切割加工，因此电火花线切割加工的间隙状态可以认为是由正常火花放电、开路和短路这 3 种状态组成的，但在单个脉冲内有多种放电状态，有"微开路""微短路"现象。

电极丝比较细，可以加工微细异形孔、窄缝和复杂形状的工件。由于切缝很窄，并且只对工件材料进行"套料"加工，因此实际金属去除量很少，材料的利用率很高，这对加工、节约贵重金属有重要意义。

由于采用移动的长电极丝进行加工，单位长度电极丝的损耗较少，因此对加工精度的影响比较小，特别是在低速走丝电火花线切割加工时，电极丝一次性使用，电极丝损耗对加工精度的影响更小。

#### 4. 电火花线切割的应用

电火花线切割适合加工模具，通过调整不同的间隙补偿量，只需一次编程就可以加工凸模、凸模固定板、凹模及卸料板等。模具配合间隙、加工精度通常都能达到要求。此外，电火花线切割还可加工挤压模、粉末冶金模、弯曲模、塑压模等通常带锥度的模具。

电火花线切割还可加工电火花成型加工用的电极。一般穿孔加工用的电极和带锥度型腔加工用的电极，以及铜钨、银钨合金之类的电极材料，用电火花线切割加工特别经济，同时适用于加工微细复杂形状的电极。

#### 5. 电火花线切割的设备组成

数控高速走丝电火花线切割机床如图 7-4 所示。该设备主要由机床本体、脉冲电源、控制系统、工作液循环系统和控制系统等部分组成。

1）机床本体

机床本体由床身、坐标工作台、运丝机构、丝架、工作液箱、附件和夹具等部分组成。床身一般是铸件，是坐标工作台、运丝机构及丝架的支撑和固定基础，常采用箱式结构，应有足够的强度和刚度。坐标工作台通过与电极丝的相对运动来完成零件加工，一般采用十字滑板，通过两个方向的运动可合成各种平面曲线轨迹。运丝机构使电极丝以一定的速度运动并保持一定的张力，在数控高速走丝电火花线切割机床上，一定长度的电极丝平整地卷绕在储丝筒上，丝张力与排绕时的拉紧力有关（为提高加工精度，已研制出恒张力装置），储丝筒通过连轴节与步进电动机相连。为了重复使用该段电极丝，步进电动机由专门的换向装置控制做正反向运转。走丝速度等于储丝筒周边的线速度，通常为 8~10m/s。在运动过程中，电极丝由丝架支撑，并依靠导轮保持与工作台垂直或倾斜一定的几何角度（当进行锥度切割时）。

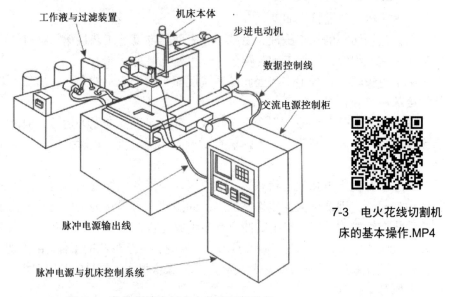

7-3 电火花线切割机床的基本操作.MP4

图 7-4 数控高速走丝电火花线切割机床

2）脉冲电源

受加工表面粗糙度和电极丝直径的限制，电火花线切割加工脉冲电源的脉冲宽度较窄（2~60μm），单个脉冲能量和平均电流（1~5A）一般较小，因此电火花线切割总是采用正极性加工的，常用的脉冲电源有晶体管矩形波脉冲电源、高频分组脉冲电源、并联电容型脉冲电源和低损耗脉冲电源。

3）工作液循环系统

在电火花线切割加工中，工作液对加工指标的影响很大，如切割速度、表面粗糙度、加工精度等。低速走丝电火花线切割机床采用去离子水作为工作液，高速走丝电火花线切割机床采用专用乳化液作为工作液，所有的工作液都应具有一定的绝缘性能、较好的洗涤性能、较好的冷却性能且对环境无污染，对人体无危害。

4）控制系统

控制系统的主要作用是在电火花线切割加工过程中，按加工要求自动控制电极丝相对工件的运动轨迹和进给速度,来实现对工件的形状和尺寸加工。即当控制系统使电极丝相对工件按一定轨迹运动时,同时实现进给速度的自动控制,以维持正常的稳定切割加工。进给速度是控制系统根据放电间隙大小与放电状态自动控制的,进给速度应与工件材料的蚀除速度相平衡。控制系统的具体功能如下。

(1) 轨迹控制。

轨迹控制即精确控制电极丝相对于工件的运动轨迹,以获得所需的形状和尺寸。

(2) 加工控制。

加工控制主要包括对伺服进给速度、电源装置、运丝机构、工作液系统及其他的机床操作控制。此外,失效、安全控制及自诊断功能也是加工控制的一个重要的方面。目前高速走丝电火花线切割机床的数控系统大多采用较简单的步进电动机开环系统,而低速走丝电火花线切割机床的数控系统大多采用伺服电动机加码盘的半闭环系统,仅在一些少量的超精密电火花线切割机床上采用伺服电动机加磁尺或光栅的全闭环数控系统。

### 7.2.3 电火花成型加工

**1. 电火花成型加工的设备组成**

以苏州长风 EDM-400 机床为例介绍数控电火花成型加工机床的结构,如图 7-5 所示,其主要由机床主体和电火花成型机控制柜组成,机床主体由床身、立柱、主轴头、工作台、自动进给调节装置和工作液循环过滤装置组成。

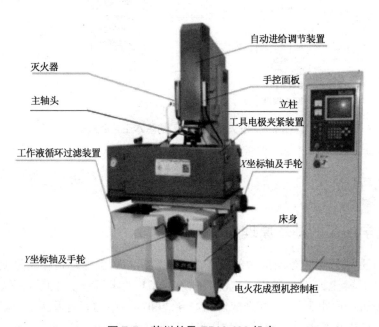

图 7-5 苏州长风 EDM-400 机床

其中,床身和立柱是基础结构件,作用是保证电极与工作台、工件之间的相对位置,它们的精度和刚度对加工有直接的影响。主轴头是机床最为重要的部件,可以实现 Z 坐标轴上、下方向的运动,它直接影响加工的工艺指标,如加工效率、几何精度和表面粗糙度。工作液循环过滤装置由泵、储液箱、过滤器、管道、工作液压力调节阀等部分组成，主要作用是向加工区域提供干净的工作液，以满足电火花加工对工作介质的要求。

电火花成型机控制柜中除控制系统外，还包括脉冲电源，脉冲电源的功能是将工频正弦交流电转化为适应电火花成型加工需要的脉冲电，脉冲电源输出的电参数对电火花成型加工的加工速度、表面粗糙度、工具电极的损耗及加工精度等工艺指标都具有重要的意义。

**2．电火花成型加工的基本工艺路线**

电火花成型加工的基本工艺路线如图 7-6 所示。

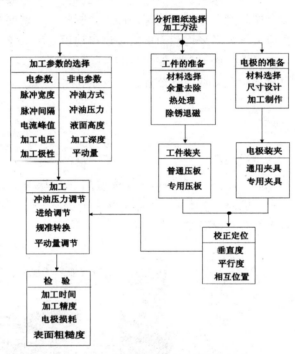

图 7-6　电火花成型加工的基本工艺路线

## 7.3　电化学加工

### 7.3.1　电化学加工的基本原理

电化学加工是利用电化学反应中的阳极溶解和阴极沉积的原理进行去除或沉积金属的加工方法。两个钢片接上约 10V 的直流电源并插入 $CuCl_2$ 的水溶液中（此水溶液中含有 $OH^-$ 和 $Cl^-$ 负离子及 $H^+$ 和 $Cu^{2+}$ 正离子），即形成通路。导线和溶液中均有电流流过，溶液中的离子将进行定向移动，$Cu^{2+}$ 正离子移向阴极，在阴极上得到电子进行还原反应，沉积出铜。在阳极表面，Cu 原子失掉电子而成为 $Cu^{2+}$ 正离子进入溶液。溶液中正、负离子的定向移动称为电荷迁移。在阴、阳极表面发生得失电子的化学反应称为电化学反应，利用这种电化学反应为基础对金属进行加工的方法即电化学加工。

## 7.3.2 电化学加工的分类

电化学加工按其作用原理可分为三类：第 1 类是利用电化学阳极溶解来进行加工，主要有电解加工、电解抛光等；第 2 类是利用电化学阴极沉积、涂覆进行加工，主要有电镀、涂镀、电铸等；第 3 类是利用电化学加工与其他加工方法相结合的电化学复合加工工艺。电化学加工的分类如表 7-2 所示，下面将重点介绍电解加工。

表 7-2 电化学加工的分类

| 类别 | 加工方法及原理 | 加工类型 |
| --- | --- | --- |
| 1 | 电解加工（阳极溶解） | 用于形状和尺寸的加工 |
|   | 电解抛光（阳极溶解） | 用于表面加工，取毛刺 |
| 2 | 电镀（阴极沉积） | 用于表面加工，装饰 |
|   | 局部涂镀（阴极沉积） | 用于表面加工，尺寸修复 |
|   | 复合电镀（阴极沉积） | 用于表面加工，模具制造 |
|   | 电铸（阴极沉积） | 用于制造复杂形状的电极，复制精密复杂的花纹模 |
| 3 | 电解磨削（阳极溶解，机械刮除） | 用于形状、尺寸加工，超精光整加工，镜面加工 |
|   | 电解电火花复合加工 | 用于形状、尺寸加工 |
|   | 电化学阳极机械加工 | 用于形状、尺寸加工，下料 |

## 7.3.3 电解加工

**1. 电解加工的基本原理**

电解加工是利用金属在电解液中的电化学阳极溶解来将工件加工成型的，电解加工的过程如图 7-7 所示。当加工时，工件接直流电源（10～20V）的正极，工具接直流电源的负极，工具向工件缓慢进给，使两极之间保持较小的间隙（0.1～1mm），具有一定压力（0.5～2MPa）的 NaCl 电解液从间隙中流过，这时阳极工件的金属被逐渐电解腐蚀，电解产物被高速电解液带走。

电解加工的成型原理如图 7-8 所示，图中的细竖线表示通过阴极（工具）与阳极（工件）间的电流，竖线的疏密程度表示电流密度的大小。在加工刚开始时，阴极与阳极距离较近的地方通过的电流密度较大，电解液的流速也较高，阳极溶解速度也就较快，如图 7-8（a）所示。由于工具相对工件不断进给，因此工件表面不断被电解，电解产物不断被电解液冲走，直到工件表面形成与阴极工作面基本相似的形状为止。

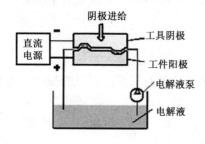

图 7-7 电解加工的过程

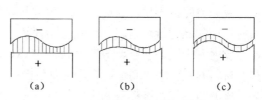

图 7-8 电解加工的成型原理

## 2．电解加工的特点

电解加工的特点如下。

- 加工范围广，不受金属材料本身力学性能的限制，可以加工硬质合金、淬火钢、不锈钢、耐热合金等高硬度、高强度及韧性好的金属材料，并可加工叶片、锻模等各种复杂型面。
- 电解加工的生产率较高，约为电火花加工的 5～10 倍，在某些情况下，比切削加工的生产率还高，而且加工生产率不直接受加工精度和表面粗糙度的限制。
- 可以达到较好的表面粗糙度（$Ra$ 为 0.2～1.25μm）和 ±0.1mm 左右的平均加工精度。
- 由于加工过程中不存在机械切削力，因此不会产生由机械切削力引起的残余应力和变形，没有飞边毛刺。
- 加工过程中阴极工具在理论上不会损耗，可长期使用。

电解加工不易达到较高的加工精度，阴极设计和修正也比较复杂，电解产物需要妥善处理，否则会污染环境。

## 3．电解加工的应用

电解加工逐渐在深孔扩孔加工、型孔加工、型腔加工、套料加工、叶片加工、电解去毛刺、电解刻字和电解抛光等方面得到广泛应用。

# 7.4 激光加工

高能束加工（High-Energy Beam Machining，HBM）是利用能量密度高的激光束、电子束和离子束等去除工件材料的特种加工方法的总称，激光加工与电子束、离子束、等离子弧加工一同组成了高能束加工。激光不仅具有普通光的共性，还具有自身独特的优点，如亮度高、单色性好、相干性好、方向性好，因此激光加工已经发展成为机械加工中最具有竞争力的先进制造技术，目前在材料的打孔、切割、焊接、热处理和精密测量中获得了广泛应用。

## 7.4.1 激光加工的基本原理和特点

### 1．激光加工的原理

激光加工把激光作为热源，对材料进行热加工，其加工过程基本分为激光束照射材料，材料吸收光能；光能转变为热能使材料无损加热；气化和熔融溅出使材料被去除或破坏。激光加工的原理如图 7-9 所示。

1）激光束照射材料，材料吸收光能

当激光束照射到材料表面时，一部分从材料表面反射，一部分透入材料内被材料吸收，透入材料内的光通量对材料起加热作用，还有一部分因热传导而损失。不同的材料对光波的吸收与反射有很大的差别，一般而言，电导率高的金属材料对光波的反射率也高，表面光亮度高的材料其反射率也高。反之，表面粗糙或人为弄黑的表面，在加工过程中金属表面升温、加热形成液相或气相等等都有利于提高材料对光能的吸收率。

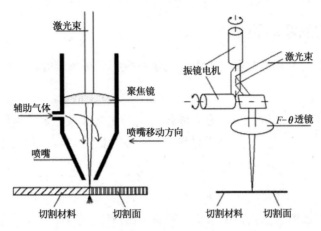

图 7-9 激光加工的原理

2）光能转变为热能使材料无损加热

材料的加热是光能转变为热能的过程。对于金属材料，激光束只是在很薄的金属表面层被吸收，金属表面层的厚度约为 0.01～0.1μm，使金属中的自由电子热运动能量增加，并在与晶格的碰撞中短时间内把电子的能量转变为晶格的热振动能，引起材料温度的升高，并按热传导规律向四周或内部传播，从而改变金属材料表面和内部各点的温度。

对于非金属材料，一般其导热性很小，在激光束的照射下，其加热不是依靠自由电子的。当激光波较长时，光能可以直接被材料的晶格吸收而使热振荡加剧；当激光波较短时，光能激励原子壳层上的电子，这种激励通过碰撞而传播到晶格上，使光能转换成热能。

3）气化和熔融溅出使材料被去除或破坏

当足够高的功率密度的激光束照射在材料表面上时，材料表面达到熔化、气化温度，材料气化蒸发或熔融溅出；当激光束功率密度过高时，材料在表面上气化，而不在深层熔化；如果激光束的功率密度过低，那么能量会扩散分布，加热面积过大，致使材料表面焦点处熔化深度很小。

对于非金属材料，其反射率比金属材料低，因此进入材料内部的激光能量比金属材料多，有机材料吸收光能使内部原子振荡激烈，通过聚合作用形成的巨分子又起解聚作用，部分材料迅速气化，如有机玻璃。

**2. 激光加工的特点**

激光加工的特点如下。

- 激光功率密度高，几乎可以熔化任何金属、非金属材料，透明材料只需经过一些色化和打毛措施，也能加工。
- 由于激光光斑大小可以聚焦到微米级，输出功率可以调节，因此可以进行精微加工。
- 加工所用工具是激光束，是非接触加工，无明显的机械力，无工具损耗；还能通过透明体进行加工，如对真空管内部进行焊接加工等。
- 激光加工是一种热加工，影响因素很多，当进行精微加工时，精度不易得到保证。此外，激光对人体有害，须采取相应的防护措施。

### 7.4.2　激光加工的基本设备

激光加工的基本设备有激光器、电源、光学系统和机械系统等。

**1. 激光器**

激光器按照激活介质的种类可以分为固体激光器和气体激光器，按照工作方式可分为连续激光器和脉冲激光器。目前，常用于材料加工的激光器是二氧化碳气体激光器和二氧化碳固体激光器。

**2. 电源**

电源根据加工工艺的要求为激光器提供能量，包括电压控制、时间控制及触发器控制等。

**3. 光学系统**

光学系统将激光束聚焦并观察和调整焦点位置，包括显微镜的瞄准、激光束聚焦及加工位置的显示等。

**4. 机械系统**

机械系统包括床身、可在多坐标范围内运动的工作台和机电控制系统，随着计算机技术的发展，大多数已采用计算机来控制工作台的移动，实现激光加工的连续操作。

激光加工结构如图 7-10 所示。

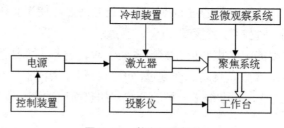

图 7-10　激光加工结构

### 7.4.3　激光加工的应用

**1. 激光打孔**

利用激光几乎可以对任何材料进行微型小孔和窄缝等精密微细加工，目前主要应用在火箭发动机和柴油机的燃料喷嘴加工、化学纤维喷丝头打孔、钟表及仪表中的宝石轴承打孔、金刚石拉丝模加工、集成电路碳化钨劈刀引线小孔加工等方面。例如，激光打孔的效率很高，直径为 0.12～0.18mm，深度为 0.6～1.2mm 的宝石轴承孔，若工件自动传送，每分钟可加工数十件；在聚晶金刚石拉丝模坯料的中央加工直径为 0.04mm 的小孔，仅需十几秒。激光还大量用于汽车零部件打孔，如许多汽车底盘要配到不同座位和不同传动装置的各种型号汽车上，这需要打出不同的孔，左侧驾驶和右侧驾驶就有不同的安装孔。激光打孔燃气轮机涡轮如图 7-11 所示。

## 2. 激光切割

激光切割的原理和激光打孔基本相同,在生产实践中,一般都是移动工件,若采用直线切割,则可借助于柱面透镜将激光束聚焦成线,以提高切割速度。激光切割金属板材如图 7-12 所示。激光切割的特点是可以切割多种材料和各种形状的工件;切缝狭窄且切边平滑不带毛刺;被切工件不受机械力,故变形小;生产率高,经济性好。

图 7-11 激光打孔燃气轮机涡轮

图 7-12 激光切割金属板材

## 3. 激光表面处理

激光表面处理主要是指激光表面淬火、激光涂覆等。

激光表面淬火采用激光束瞬时加热工件表面后,迅速冷却而形成淬火层。激光表面淬火与普通表面淬火所得的淬火层性能完全不同,因为激光加热区的金属材料在瞬时熔化时,熔融材料对杂质的溶解度很大,材料中的杂质几乎被完全溶解。普通表面淬火把杂质的不均匀状态及其相应的金相组织固定下来,而激光表面淬火的表面层是合金元素过饱和的、结晶极为细小的特殊性能层。这种独特的表面层一般不易受腐蚀剂侵蚀,硬度高,耐磨性极好。

激光涂覆是指将粉末撒在金属工件表面,利用激光束加热至全部熔化,同时工件表面有微量熔融,激光束离开后迅速冷却凝固,形成与基体牢固结合的涂覆层(不是与基体形成新的合金表层)。激光涂覆常用于一些重要零件的有效使用方面,如镍基合金涡轮叶片利用激光涂覆钴基合金后,提高了叶片的耐热、耐磨损性能,并消除了热作用导致的裂纹。

激光加工除应用于打孔、切割、焊接、材料表面处理、雕刻和微细加工外,还可用于打标、对电阻和动平衡进行微调、激光快速成型等方面。随着新型激光器的出现和发展,激光加工必将开辟更多的应用领域。

### 7.4.4 机器人激光加工

#### 1. 机器人系统的基本组成

本激光切割工作站的机器人系统采用的是广州数控设备有限公司的 GRC 系列机器人,它由机器人本体、控制柜和示教盒 3 个部分通过电缆线连接而成。

1)机器人本体

机器人本体是执行运动的部件,如图 7-13 所示,分为基座和执行机构,包括臂部、腕部和手部。每个关节处分别由伺服电动机驱动控制,以保证动作的精准性,本机器人为六自由度串联式工业机器人,有 6 个关节,其分别由 6 个伺服电动机分别控制(即 J1、J2、J3、J4、J5、J6)。

2)控制柜

控制柜如图 7-14 所示,控制柜正面左侧安装有主电源开关和门锁,右上角有红色指示灯、白色指示灯和急停键,下方挂钩用来悬挂示教盒。

3）示教盒

示教盒为用户提供友好可靠的人机接口界面，可以对机器人进行示教操作，对程序文件进行编辑、管理、示教检查和再现运行，监控坐标值、变量和输入输出，实现系统设置、参数设置和机器设置，及时显示报警信息和必要的操作提示等。

（1）示教盒外观。

示教盒的外观如图7-15所示，分为按键和显示屏两个部分。按键包括对机器人进行示教编程所需的所有操作键和按钮。

图7-13 机器人本体

图7-14 控制柜

图7-15 示教盒的外观

（2）示教盒显示画面。

示教盒显示屏主页面分为8个显示区：快捷菜单区、系统状态区、导航条、主菜单区、时间显示区、文件列表区、人机对话区和位置显示区。其中可以进行光标切换的只有快捷菜单区、主菜单区和文件列表区，通过按Tab键可以在显示屏上切换光标，区域内通过方向键移动光标。示教盒显示屏主页面如图7-16所示。

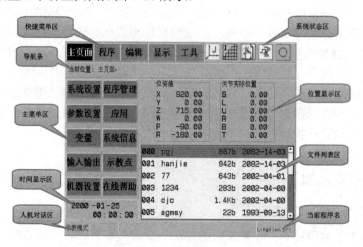
图7-16 示教盒显示屏主页面

**2. 离线编程操作**

RobotAssist是由广州数控设备有限公司推出的一款辅助用户编程的离线软件，这款软件操作比较简单，容易上手。RobotAssist软件本身不能生成轨迹，需要使用第三方软件（如UG、MasterCAM）等。要进行离线编程，首先要有用户的产品模型，然后通过第三方软件生成数控程序轨迹，最后把轨迹导入RobotAssist软件，经过调试即可生成机器人应用程序。

7-4 激光切割工作站的组成和基本操作.MP4

RobotAssist 的用户界面如图 7-17 所示，包括标题栏、下拉菜单区、工具图标区、操作图标区、模型设置窗口、3D 显示窗口、输出窗口等。

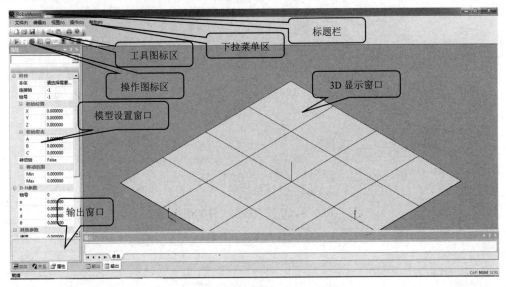

图 7-17　RobotAssist 的用户界面

1）下拉菜单区

下拉菜单区包括文件、编辑、视图、操作、帮助等菜单，涵盖了工具图标命令，编辑菜单暂时无效，视图菜单含有工具栏和停靠窗口、状态栏、应用程序外观、视图模式、视图定向命令。

2）工具图标区

工具图标区主要包含创建、打开、保存和打印命令，通过鼠标可以拖动工具条，将光标放在工具图标区单击鼠标左键显示移动标志。

3）操作图标区

操作图标区包括仿真、导入模型、导入轨迹、保存模型、停止仿真、轨迹编辑、示教盒打开、系统设置、输出文件、工具设置等功能。具体如下。

- 仿真：对轨迹进行模拟运行仿真，检查机器人能否正常运行。
- 导入模型：包括导入机器人、工具和外围设备等模型。
- 导入轨迹：用于导入连线数控轨迹。
- 停止仿真：用于停止当前轨迹仿真模拟状态。
- 输出文件：输出机器人应用程序。
- 工具设置：用于输入工具坐标系的参数，或者对工具进行数据补偿。

**3．机器人离线编程实现案例**

（1）导入机器人模型的场景文件，导入机器人模型文件的用户界面如图 7-18 所示。
（2）设置工具坐标系的参数，如图 7-19 所示。
（3）导入轨迹（数控程序），如图 7-20 所示。

工程训练与创新实践

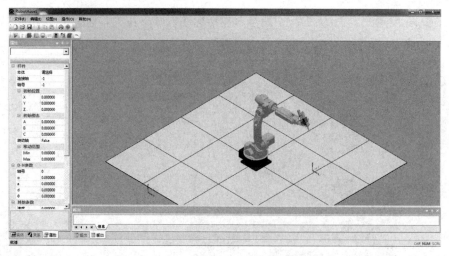

图 7-18　导入机器人模型文件的用户界面

图 7-19　设置工具坐标系的参数　　　　　图 7-20　导入轨迹

（4）选中轨迹，单击鼠标右键，选择用户坐标系。

（5）设置用户坐标系参数，如图 7-21 所示。

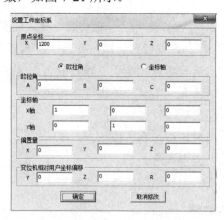

图 7-21　设置用户坐标系参数

（6）单击操作图标区的【仿真】按钮，如图 7-22 所示。

（7）仿真后，生成机器人程序（.prl），单击操作图标区的【输出文件】按钮，如图 7-23 所示。

· 206 ·

# 第 7 章 特种加工

图 7-22 操作图标区的【仿真】按钮

图 7-23 操作图标区的【输出文件】按钮

## 7.5 高能水射流加工

### 7.5.1 高能水射流加工的发展

水处于静态时是没有确定形状的液体,但是当水流动起来,尤其是高速流动起来后,液体会沿着速度的方向"急驰",变得无坚不摧,这就是后来的高能水射流技术的基础原理。

20 世纪 50 年代,苏联开始系统地研究高压水射流切割技术,到 20 世纪 60 年代初,美国、英国、意大利和日本等国家投入了大量的人力和物力研究开发高压水射流切割技术。经过多年潜心钻研,美国终于在 1971 年设计制造了世界上第一台超高压纯水射流切割机,简称纯水射流切割机,水的压力范围通常是 132~198MPa,将其应用到家具制造行业中,取得了很大的成功。水射流技术依靠水,利用增压设备(水泵技术)将液相加压到一定压力后通过不同形状的出口喷嘴,以一定速度将高能液相流喷出,完成不同的工作任务。纯水射流喷嘴结构如图 7-24 所示。

水射流在开始应用时,改进的方向是提高压力,随着技术的发展,人们逐渐意识到除提高射流的压力和减小喷嘴的直径外,适当改变流体介质属性,如在流体中添加固相颗粒,也能提高水射流的冲击力。

到了 20 世纪 70 年代末期,水射流内部流体已经由单一的纯水介质转为新型混合介质(其他物质和水混合)。磨料水射流(Abrasive Water Jet,AWJ)技术是基于纯水射流加工,在行进的高速水流中注入磨料,形成液固两相流,通过高硬的磨料水喷嘴喷射出磨料水射流的工艺。加入磨料后,高压水射流的冲击能力提高,可以切割工程陶瓷这样硬度高、脆性大的难加工材料。把固体粒子加入射流中成为磨料流。磨料流进入纯水射流,在混合腔中混合成磨料水射流。在磨料水喷嘴中,粒子被加速,这意味着粒子动能增加,水和磨料混合形成的液固两相流将产生更高的切割能力。

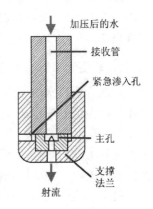

图 7-24 纯水射流喷嘴结构

到了 20 世纪 80 年代,随着制造水平的提高和计算机控制技术的迅猛发展,水射流技术的能量特性也由普通的连续性射流陆续转向脉冲式纯水射流、空化水射流、超声自激振荡激光射流等。

### 7.5.2 磨料水射流加工的基本原理

磨料水射流按照固体粒子混合时间与位置的不同,可以分为两类:前混合磨料水射流、后混合磨料水射流。磨料水射流的混合方式及原理如图 7-25 所示。

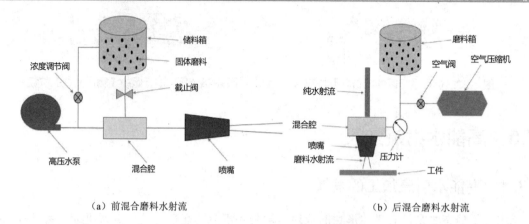

(a) 前混合磨料水射流　　　　　　　　　　　(b) 后混合磨料水射流

图 7-25　磨料水射流的混合方式及原理

**1. 前混合磨料水射流**

前混合磨料水射流的混合方式及原理如图 7-25（a）所示，高压水泵加压供水系统提供的水流，产生的高压水流向两个不同方向形成两股高速射流：一股射流直接进入混合腔，等待与另一股水的混合；另一股射流进入浓度调节阀，与密封的储料箱中的磨料粒子进行预混合，形成的高浓度低速固液混合水砂浆体流经截止阀后，进入混合腔。两种流向对应压力相同，高速纯水射流与低速水砂浆体在混合腔中进行混合加速，再通过喷嘴射出，形成前混合磨料水射流。在此混合系统中，粒子相在混合液中分布相对均匀，且水流加压所需泵压低。但是前混合磨料水射流的固有缺点在于，混合水砂浆体中磨料粒子在喷嘴内部的摩擦切削导致喷嘴磨损快，使用寿命短。

**2. 后混合磨料水射流**

后混合磨料水射流的混合方式及原理如图 7-25（b）所示，高压水泵加压供水系统提供的水流，产生的高压水流经过喷嘴形成高速射流后射入混合腔，而磨料粒子在自身重力、文丘里作用（高低压强差），以及磨料供给系统的作用下被送入系统混合腔内，与纯水射流进行初步混合和加速，随后在较长的直线形聚合管内发生磨料粒子的进一步加速和混合，形成后混合磨料水射流。由于磨料粒子的加入方式不同且没有预混合，因此混合均匀程度稍弱于前混合磨料水射流，但其具有所需设备相对简单、造价较低、设备维修方便等优点。

## 7.5.3　磨料水射流加工的应用

磨料水射流切割因特有的清洁、冷态加工优势得到越来越多的关注和使用，它对材料具有极强的冲蚀和磨削作用，而不改变材料的力学、物理和化学性能，并且切割作用力小、噪声小、无尘、适应性广，特别适合切割热敏、压敏、脆性、塑性和复合型材料。据不完全统计，磨料水射流可切割多种材料，几乎包括所有领域中应用的材料。目前，该技术主要应用于以下领域。

航空航天工业，切割特种材料，如铝合金、蜂窝状结构、碳纤维复合材料及层叠金属或增强塑料玻璃等。用磨料水射流切割的飞机叶片，切割边缘无热影响区和加工硬化现象，省去了后续加工。

# 第7章 特种加工

汽车制造与修理业，切割各种非金属材料及复合材料构件，如仪表板、地毯、石棉刹车衬垫、门框、车顶玻璃、汽车内装饰板、橡胶、塑料燃气箱等，以及其他内外组件的成型切割等。

兵器工业，切割各种战车的装甲板、履带、防弹玻璃、车体、炮塔、枪械等，以及各种废旧炮弹的安全拆除。

林业、农业及市政工程，用于伐木、剥树皮、灌溉、饲料加工、路面维护、工艺品的切割下料等。

电子及电力工业，可进行印刷电路板及薄膜形状的成型切割；计算机硬盘、软盘、电气元件、非晶合金、变压器铁芯、无损切割特殊电缆等。

机械制造业，用磨料水射流切割代替冲、剪工艺，不但能节省模具费用，而且有利于降低噪声、减少振动和提高材料的利用率。另外可去除工件外部的氧化铝、铸件上的型砂及陶瓷涂层、切口飞边、浇口、冒口等，还可切割常规方法难以切割的灰铸铁件。

其他工业，建筑装饰业中切割大理石、花岗岩、地砖、陶瓷等，造纸业中加工成品纸卷、卫生纸等，木材业中加工胶合板、木板等。

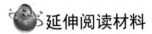延伸阅读材料

### 特种加工技术在航空航天领域的应用

随着我国在航空航天领域的不断开拓进步，取得辉煌成就，任务复杂程度和难度也"水涨船高"，对相关各基础模块有了更高的要求。更大推力、控制更精准的航空航天发动机越来越受到重视。而整体式涡轮盘作为航空航天发动机核心中的核心，更是极其重要。整体式涡轮盘加工技术历来都是国内外航空航天发动机的关键制造技术之一。

由于整体式涡轮盘结构复杂，加工精度要求高，尤其是叶片工作表面为空间曲面，形状复杂，并且要承受高温、高压、高转速的环境条件，想要对其进行加工是异常困难的。传统的机械加工方法已很难胜任，必须应用现代特种加工技术。由于数控电火花加工技术能实现多轴联动的运动控制，能完成复杂的空间轨迹进给运动，能灵活地解决小通道叶片加工过程中电极与叶片的干涉问题，因此是目前整体式涡轮盘研制中非常可靠理想的加工方法。

关键核心技术必须要掌握在自己的手里，经过多年的布局，我国成功研制出多轴联动电火花加工机床，高精度地完成了非常复杂的空间轨迹进给运动，能效果良好地、稳定地实现整体式涡轮盘工程化生产加工，这在国内航空航天发动机的研制中发挥了关键的作用。

在先进大推力航天发动机的研制方面，南京航空航天大学朱荻院士的团队做出了突出的贡献。2021年3月5日，我国研制的500吨级液氧煤油火箭发动机全工况半系统试车取得圆满成功，标志着我国500吨级重型运载火箭发动机关键技术攻关取得重要突破，为后续重型运载火箭工程研制打下坚实基础。该款发动机是目前世界上推力最大的双管推力室发动机，采用全数字化设计与管理，相比120吨级液氧煤油高压补燃发动机，推力增大了3倍，发动机综合性能指标达到世界先进水平。在500吨级重型运载火箭发动机关键零件的制造协作攻关中，朱荻院士和团队中刘嘉、方忠东等老师提出了"复杂整体构件内型腔精密电解加工"的新方法，并在自主研发的精密电解加工机床装备上完成了产品研制。交付的产品质量

可靠、装机运行良好,解决了核心零件制造的重大技术难题,为该发动机试车成功提供了有力保障。

思考题

1. 试简述电火花线切割加工的基本原理。
2. 试比较电火花加工与金属切削加工的主要区别。
3. 结合实际,试简述电火花成型加工的工艺路线。
4. 试简述激光的特点及激光加工的原理。
5. 结合实际,试简述激光加工的应用场合。
6. 试简述磨料水射流加工的原理和分类。

# 第 8 章

# 零件检测技术

## 8.1 概述

随着现代机械制造业的发展，人们越来越多地采用集约化形式来组织产品生产，这需要在产品全生命周期的各个环节贯彻互换性生产原则。具体地，需要做好两方面工作：一是必须在产品设计和制造时遵循国家标准规定的"极限与配合"等互换性原则；二是必须具有相应的检测技术手段来准确地评判产品是否合格。

检测技术应用不当，会在零件检测时产生或大或小的检测误差。这可能导致两种误判结果：一是把不合格品当作合格品，造成误收；二是把合格品当作不合格品，造成误废。

在加工过程中和加工完成后对零件几何信息进行检测，除可以判断零件是否合格外，还可以依据对零件检测结果的统计分析，找出产生不合格品的原因，进而对生产过程进行适当调整，最终减少和防止废品的产生，达到提高产品质量的目的。

### 8.1.1 检测的定义

检测是利用物理化学效应，通过选择合适的方法和装置，将生产、科研、生活中的有关信息使用检验与测量的方法进行定性或定量的过程。检测是检验与测量的统称。

**1. 检验**

检验是将被测量与专用量具进行比较来判断被测量是否合格的过程。检验的结果不是一个具体的数值，而是一个结论，即被测量合格或不合格。

机械零件几何信息检验是指确定零件的几何参数值是否在规定的极限范围内，并进行合格性判断，而无须得出具体数值，如使用塞规进行零件孔径检验。

**2. 测量**

测量是将被测量与作为计量单位的标准量进行比较，以确定被测量的具体数值的过程。测量的结果是具有一定精度的数值。

机械零件几何信息测量是指确定零件的几何参数具体数值的过程。例如，使用外径千分尺对轴类零件外径进行测量，即确定相应轴径具体数值的过程。

### 8.1.2 测量的基本概念

一次完整的测量过程包含测量对象、计量单位、测量方法、测量精度4个要素。

**1. 测量对象**

在计量学中，被测量称为测量对象，包括长度、角度、表面质量、几何形状及其相互位置等。

**2. 计量单位**

测量过程中采用的标准量称为计量单位，我国规定采用以国际单位制（SI）为基础的法定计量单位制。其中，长度的计量单位是国际标准计量单位"米"（m），在机械制造业中通用的长度单位是"毫米"（mm），在几何量精密测量中采用的长度单位是"微米"（μm）；角度的计量单位是国际标准计量单位"度"（°）、"分"（′）、"秒"（″）等。

**3. 测量方法**

测量过程中所依据的测量原理、采用的计量器具及实际测量条件等称为测量方法。在实际测量时，根据测量对象的特征、对测量精度的要求等，首先确定测量方案，然后选择恰当的计量器具，设计合理的测量步骤，最后由具备相应资质的测量人员依据操作规范完成测量过程。

**4. 测量精度**

测量结果与真值的符合程度称为测量精度，它直接反映测量结果的权威性。

## 8.2 测量方法和仪器

### 8.2.1 测量方法的分类

从不同根据出发，可以将测量方法进行不同的分类，常见的分类如下。

1）直接测量和间接测量

根据被测量的量值是直接由计量器具的计数装置获得的，还是通过对某个标准值的偏差值计算得到的，测量方法可分为直接测量和间接测量。直接测量是指被测量的量值直接由计量器具测得的测量方法；间接测量是指首先测得与被测量有一定函数关系的量，然后运用函数计算求得被测量的测量方法。

2）绝对测量和相对测量

根据所测的几何量是否为要求被测的几何量，测量方法可分为绝对测量和相对测量。绝对测量是指采用计量器具上的示值直接表示被测量大小的测量方法；相对测量是指将被测量同与它只有微小差别的同类标准量进行比较，测出两个量值之差的测量方法。

3）接触测量和非接触测量

根据对被测物体的瞄准方式不同，测量方法可以分为接触测量和非接触测量。接触测量的敏感元件在一定测量力的作用下，与被测物体直接接触；非接触测量的敏感元件与被测物体不发生直接接触。

4）被动测量和主动测量

主动测量是产品制造过程中的测量，它可以根据测量结果来调整加工过程，以保证产品质量，预防废品产生。

被动测量是产品制造完成后的测量，它不能预防废品产生，只能发现产品中的不合格品。

5）单项测量和综合测量

根据零件上同时被测的几何量的多少，测量方法可分为单项测量和综合测量。单项测量对多参数的被测物体的各项参数分别测量；综合测量对被测物体的综合参数进行测量。

6）静态测量和动态测量

静态测量是对在一段时间间隔内其量值可认为不变的被测量的测量；动态测量是为确定随时间变化的被测量的瞬时值而进行的测量，测量时被测量处于不断变化中。

### 8.2.2　常用测量仪器的分类

测量仪器也称为计量器具，根据复杂程度可分为量具、量仪、测量系统 3 类。

1）量具

量具是指以固定形式复现量值的计量器具，包括单值量具和多值量具两种。

2）量仪

量仪是指可以将被测量的量值转换成可直接观察的示值或等效信息的计量器具。

3）测量系统

测量系统是指为确定被测几何量的量值所必需的计量器具及其辅助设备的总称。

### 8.2.3　测量仪器的基本计量参数

测量仪器的计量参数主要用于其性能和功用的说明，是选择和使用测量仪器、研究和确定测量方法的主要依据。基本计量参数如下。

- 刻度间距，也称刻线间距，是指测量仪器的刻度尺或刻度盘上相邻两刻线中心之间的距离。
- 示值误差，测量仪器的指示值与被测尺寸的真值之差。示值误差与仪器设计误差、分度误差和传动机构的失真等因素有关。
- 分度值，在测量仪器的刻度盘或标尺上每个刻度间距所代表的量值。
- 校正值，为了消除示值误差所引起的测量误差，在测量结果中添加的与示值误差大小相等、符号相反的一个修正值。
- 示值稳定性，在测量条件一定的情况下，针对同一参数进行多次测量，所得示值的最大变化范围。
- 测量力，测量过程中测量头与被测表面的接触力。
- 不确定度，由于测量误差的存在而对被测量的量值不能肯定的程度。

## 8.3　常用测量仪器的使用、维护

### 8.3.1　游标卡尺

游标卡尺是利用游标原理进行读数的一种常用量具，具有结构简单、使用方便、精度中等和测量尺寸范围大等特点，可以用它来测量零件的长度、宽度、厚度、外径、内径、孔深和孔距等，应用范围很广。

**1．游标卡尺的结构与用途**

游标卡尺由尺身和可以在尺身上滑动的游标组成，两者互相配合进行测量，长度游标卡尺如图8-1所示。游标与尺身之间装有一个弹簧片（图8-1中未画出），利用它的弹力使游标与尺身贴紧。游标上部有一个紧固螺钉，可将游标固定在尺身上的任意位置。

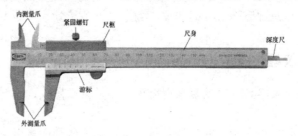

图8-1　长度游标卡尺

根据结构与用途的不同，游标卡尺分为长度游标卡尺、深度游标卡尺（见图8-2）和高度游标卡尺等（见图8-3），它们的测量面位置不同，但读数原理相同。

1）长度游标卡尺

尺身和游标都有量爪，利用内测量爪可以测量槽的宽度和管的内径尺寸，利用外测量爪可以测量零件的厚度和管的外径尺寸。深度尺与游标连在一起，可以测量槽和孔的深度尺寸。

2）深度游标卡尺

深度游标卡尺专门用于测量槽和孔的深度尺寸、台阶高度尺寸。

3）高度游标卡尺

高度游标卡尺主要用于工件的高度测量和钳工划线等。

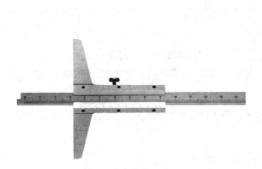

图8-2　深度游标卡尺

图8-3　高度游标卡尺

**2．游标卡尺的刻线原理和读数方法**

1）刻线原理

游标卡尺依据尺身上的刻线间距与游标上的刻线间距差来进行分度。游标处的刻线将49mm长度分为50个分划，两个分划之间的距离为0.98mm。当游标零点对准主尺上的某一分划时，游标上第50个分划正好对准主尺上该分划加上49mm处，若游标卡尺两尺爪距离增加0.02mm，则游标零点将偏离主尺上的分划线0.02mm，又因为游标两刻线之间距离正好比主尺短 0.02mm，这样，游标上的第 1 个分划将会对准主尺上的分划线，即游标零点已经偏离主尺刻度 0.02mm 了。

依据游标上的刻度线哪一根能与主尺刻度线对齐，刻度线数乘以 0.02mm 的积，即游标零点偏离主尺刻度线的尺寸，这就是精度为 0.02mm 的游标卡尺的分度读数原理。其他精度游标卡尺的读数原理相同。

2）读数方法

当用游标卡尺测量时，首先需要知道游标卡尺的测量精度和测量范围。游标的零刻度线是读毫米数的基准。具体读数步骤如下。

读整数：读出尺身上靠近游标零刻度线左边最近的刻度线数值，该值即被测量的整数部分。

读小数：找出与尺身刻度线相对准的游标刻度线，将其顺序号乘以游标卡尺的测量精度值所得的积，即被测量的小数部分。

求和：将整数值和小数值相加，即可得到被测量的具体数值。

图 8-4（a）中的读数为 0.08mm，图 8-4（b）中的读数为 72.45 mm。

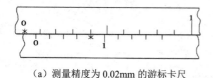　　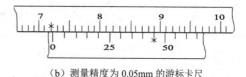

（a）测量精度为 0.02mm 的游标卡尺　　　（b）测量精度为 0.05mm 的游标卡尺

图 8-4　游标卡尺的读数方法

**3. 游标卡尺的使用方法和注意事项**

正确使用游标卡尺是保证测量数据准确的关键因素，使用游标卡尺时需要注意以下几点。依据工件的尺寸及精度要求的不同，选择合适规格的游标卡尺。

在使用前，确保游标卡尺的量爪与测量刃口平直无损，两量爪贴合后无漏光现象，尺身和游标的零刻度线对齐。

在测量时，首先拧松紧固螺钉，移动游标时平稳用力，保证两量爪与被测物体的接触松紧适当。

在读数时，视线垂直于尺面。如需固定读数，可将紧固螺钉拧紧，使游标固定在尺身上，防止滑动。

在实际测量时，对同一长度可多次测量，取其平均值以消除偶然误差。

## 8.3.2　外径千分尺

千分尺又称螺旋测微仪，是利用螺旋副运动原理进行测量和读数的一种量具，它比游标量具的测量精度高，主要用于测量中等精度的零件。依据用途不同，千分尺可以分为外径千分尺（见图 8-5）、内径千分尺和深度千分尺等。下面以外径千分尺为例进行介绍。

图 8-5　外径千分尺

## 1. 外径千分尺的结构与用途

### 1）结构

外径千分尺的结构如图 8-6 所示。

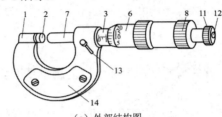

（a）外部结构图

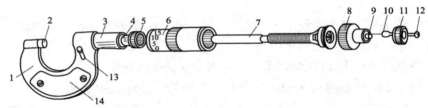

（b）外部分解图

1—尺架；2—测砧；3—固定套筒；4—衬套；5—螺母；6—微分筒；7—测微螺杆；8—罩壳；9—弹簧；10—棘爪；11—棘轮；12—螺钉；13—止动手柄；14—隔热装置

图 8-6 外径千分尺的结构

### 2）用途

外径千分尺主要用于测量工件的外径、长度、厚度等外形尺寸。

## 2. 外径千分尺的工作原理和读数方法

### 1）工作原理

外径千分尺固定套筒上的刻线间隔为 0.5mm，微分筒圆锥面上刻有 50 个格。测微螺杆的螺距为 0.5mm，当微分筒转动一周时，测微螺杆沿轴线移动 0.5mm，即当微分筒转动一格时，测微螺杆移动 0.01mm，因此外径千分尺的精度为 0.01 mm。

### 2）读数方法

读毫米和半毫米数：读出微分筒边缘固定在主尺上的毫米和半毫米数值。

读不足半毫米数：找到微分筒上与固定套筒上基准线对齐的那一格，并读出相应的不足半毫米数值。

求和：将两组读数值相加，即可得到被测尺寸数值。外径千分尺的读数如图 8-7 所示。

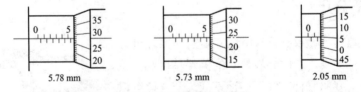

图 8-7 外径千分尺的读数

## 3. 外径千分尺使用的注意事项

正确使用外径千分尺是保证测量数据准确的关键因素，在使用外径千分尺时需要注意以下几点。

依据工件公差等级不同,合理选用外径千分尺。

使用前将外径千分尺用清洁纱布擦干净,并检查基准线是否对齐,活动部分是否灵活,锁紧装置是否可靠。工件在测量前必须去除毛刺,并擦拭干净。

在使用前,当确认两测量面接触时,微分筒上零线与固定套筒上的基准线要对齐;若零线不对齐,则应先进行校准。

在使用时,保证测量方法正确。当外径千分尺两测量面将与工件接触时,应停止转动微分筒,改为转动棘轮,直至棘轮发出"嗒嗒"的响声后,即可进行读数。若受条件限制不便直接查看尺寸,则可以先旋紧止动手柄使测微螺杆锁紧,取出外径千分尺后,再进行读数。外径千分尺的使用方法如图8-8所示。

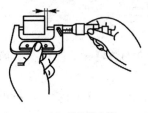 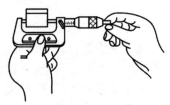

(a)转动微分筒　　　　　　　　(b)当将要接触时,改为转动棘轮

图 8-8　外径千分尺的使用方法

在测量时,应注意避免体温或其他热源对测量结果的影响。当使用大规格外径千分尺时,还需要进行等温处理。

### 8.3.3　百分表

百分表是一种以指针指示测量结果的比较式量具,它只能测出相对数值,不能测出绝对数值。

**1. 百分表的结构与用途**

1)结构

百分表的结构如图8-9所示。

2)用途

百分表是应用很广的机械式量具,主要用于测量零件的几何形状偏差(如圆度、平面度、垂直度、跳动等),也可用于机床上安装工件时的精密找正,其分度值为0.01mm,测量范围分0~3mm、0~5mm和0~10mm 3种。

**2. 工作原理**

百分表的工作原理如图8-10所示。当测杆1移动1mm时,这一移动量通过测杆1的齿条、轴齿轮2、齿轮3和轴齿轮4放大后传递给安装在轴齿轮4上的长指针5,使长指针5转动一圈,同时通过齿轮6带动小刻度盘上的短指针7

1—测头;2—测杆;3—小齿轮;
4,9—大齿轮;5—表盘;6—表圈;
7—长指针;8—短指针;10—中间齿轮

图 8-9　百分表的结构

转动一个刻度。若增加齿轮放大机构的放大比，则这种表式测量工具称为千分表。

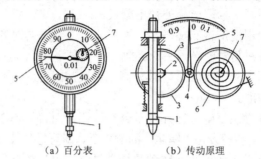

(a) 百分表　　　　(b) 传动原理

1—测杆（带齿条）；2—轴齿轮；3—齿轮；4—轴齿轮；5—长指针；6—齿轮；7—短指针

图 8-10　百分表的工作原理

**3．百分表使用的注意事项**

在使用前，需要检查测杆活动的灵活性，即当轻轻推动测杆时，测杆在套筒内的移动应灵活，没有轧卡现象，松手后，指针可以返回原来的刻度位置。

在使用时，必须将百分表固定在可靠的专用支撑架上，如图 8-11 所示，不可随便放置在不稳固的地方，否则可能造成测量结果不准，或者导致百分表损坏。

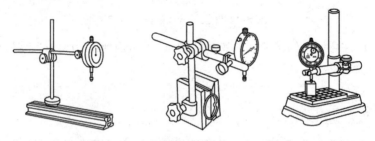

图 8-11　安装在专用支撑架上的百分表

在测量时，不要使测杆的行程超出测量范围，也不要使表头与工件突然撞到一起，更不能用百分表测量表面粗糙或有明显凹凸不平的零件。

当测量平面时，百分表的测杆应与平面垂直；当测量圆柱形工件时，测杆应与工件的中心线垂直，否则将造成测杆活动不灵活或测量结果不准。

为方便读数，在测量前一般都将长指针放到刻度盘的零位处。

当百分表不用时，应从专用支撑架上拆下来保存，并使测杆处于自由状态，以避免表内弹簧失效情况的发生。

在使用百分表的过程中，必须严格防止水、油或灰尘渗入表内，测杆上无须加油，以避免带有灰尘的油污进入表内，影响百分表的灵活性。

# 8.4　三坐标测量机

## 8.4.1　三坐标测量机的功能

三坐标测量机（Coordinate Measuring Machine，CMM）是一种高效率的新型精密测量仪器，如图 8-12 所示。将被测物体置于三坐标测量机的测量空间，通过测头系统与工件的相对移动，可得到被测物体上各被测点的坐标数据。在此基础上，经计算机处理，可求出该物体的几何尺寸、形状和位置精度。

三坐标测量机的出现，一方面是因为随着数控机床等现代制造设备的产生发展，零件形状日益复杂，制造精度不断提高，这种情况对高效精密测量手段的需求越来越迫切，需要有快速可靠的测量设备与之配套；另一方面是因为电子技术、数控技术、计算机技术及精密加工技术的发展为三坐标测量机的发明提供了技术条件。

图 8-12　三坐标测量机

三坐标测量机通用性强、测量范围广、精度高、性能好，已广泛在机械制造业、汽车工业、电子工业、航空航天工业和国防工业等各领域应用，主要进行高精度和形状复杂的机械零部件及各种自由曲面的测量。

三坐标测量机不仅可以在计算机控制下完成各种复杂测量，还可以通过与 CNC 机床交换信息，实现对加工过程的控制，甚至可以把测量数据用于逆向工程，从而成为现代工业检测与质量控制必不可少的多功能测量设备。

现在，三坐标测量机已成为测量和获得尺寸数据最有效的方法之一，它可以代替多种表面测量工具及昂贵的组合量规，因此可以把复杂的测量任务所需时间从小时级减少到分钟级，大幅提高工作效率。

## 8.4.2　三坐标测量机的工作原理和组成结构

**1．三坐标测量机工作原理**

由于任何形状均由空间点组成，因此所有的几何量测量都可以归结为对空间点的测量，精确进行空间点坐标的采集，成为评定任何几何形状的基础。在空间中，可以用坐标来描述各个点的位置，多个点可用数学的方法拟合成几何元素，依据几何元素的特征，就可以计算出这些几何元素之间的距离和位置关系，进而完成形状、位置公差的评价。

依前段分析，将被测零件放入三坐标测量机的测量空间，通过测头系统精确地测出该零件表面所有点的 3D 坐标值，经过计算机软件处理，可以拟合形成各种几何测量元素，如圆、球、圆柱、圆锥、曲面等，最后利用数学计算的方法可获得它的形状、位置公差等几何量数据。

三坐标测量机工作原理在工程应用中得以实现，主要受益于测量技术的发展，特别是光栅尺及磁栅、激光干涉仪等测量元件的发明，革命性地实现了尺寸信息数字化，不但可以进行数字显示，而且可以进行零件几何量的计算机处理，进而为加工控制提供了条件。

**2．三坐标测量机组成结构**

三坐标测量机种类繁多、形式多样、性能各异，检测对象和安装环境也不尽相同，但在具体组成结构上都包含以下 4 个部分。

1）主机机械系统

主机机械系统主要包括如下部分。

（1）框架。

框架是指三坐标测量机的主体机械结构，包括工作台、立柱、桥框、壳体等机械部分。

（2）标尺系统。

标尺系统是决定三坐标测量机检测精度的一个重要部分，主要包括精密丝杆、数显电气装置，以及线纹尺、感应同步器、光栅尺、磁尺等检测元件。

（3）导轨。

导轨是三坐标测量机实现 3D 运动的重要部件。三坐标测量机可以采用滑动导轨、滚动轴承导轨和气浮导轨，其中以气浮导轨为主要形式。气浮导轨由导轨体和气垫组成，其正常工作需要用到气源、稳压器、过滤器、气管、分流器等一套气动装置。

（4）传动元件。

三坐标测量机上采用的传动元件一般包括丝杆螺母、滚动轮、钢丝、齿形带、齿轮齿条、光轴滚动轮等，配以伺服电动机驱动，即可实现 3D 测量所需复杂运动。

（5）平衡部件。

平衡部件主要用于 $Z$ 坐标轴框架结构中。它的功能是平衡 $Z$ 坐标轴的质量，以使检测时 $Z$ 坐标轴方向测力稳定。$Z$ 坐标轴平衡装置有重锤、发条、弹簧或气缸活塞杆等。

（6）转台与附件。

转台使三坐标测量机增加了一个旋转运动的自由度，便于某些种类零件的测量。转台包括分度台、单轴回转台、万能转台（二轴或三轴）和数控转台等。三坐标测量机的附件一般指基准平尺、角尺、步距规、标准球体（或立方体）、测微仪及用于自检的精度检测样板等。

2）3D 测头

3D 测头即 3D 测量的传感器，它可在 3 个方向上感受瞄准信号和微小位移，从而实现瞄准与测微两种功能，主要有硬测头、电气测头、光学测头等。

3）电气控制系统

电气控制系统作为三坐标测量机的电气控制部分，可实现单轴与多轴联动控制、外围设备控制、通信控制和保护与逻辑控制等功能。

4）数据处理软件系统（测量软件）

数据处理软件系统包括控制软件和数据处理软件两个模块。数据处理软件系统通过 PC 或工作站不仅可以实现坐标交换与测头校正、生成探测模式与测量路径，还可进行基本几何元素及其相互关系的测量，形状与位置误差测量，齿轮、螺纹与凸轮的测量，以及曲线与曲面的测量等。除此以外，数据处理软件系统还具有统计分析、误差补偿和网络通信等功能。

处理完的数据，可按照测量需求，通过打印与绘图装置打印出来或绘制成图形。

## 8.5　白光干涉仪

白光干涉仪（White Light Interferometry，WLI）是一种用于对各种精密器件和材料表面进行亚纳米级测量的检测仪器。SuperViewW1 白光干涉仪如图 8-13 所示。

白光干涉仪目前在 3D 检测领域是精度最高的检测仪器之一，在同等系统放大倍率下，其检测精度和重复精度都高于聚焦成像显微镜。

干涉仪是一种依据干涉原理，通过对光在两个不同

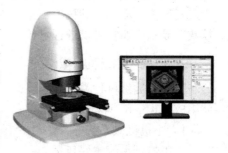

图 8-13　SuperViewW1 白光干涉仪

表面反射后形成的干涉条纹进行分析，来完成光程差的测量，从而测定相关物理量的光学测量仪器，其工作原理如图8-14所示。

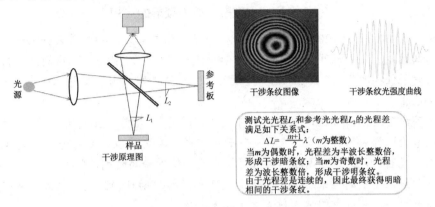

图 8-14　干涉仪工作原理

光源发出的光经过扩束准直后经分光棱镜分为两束，一束光经被测表面反射回来，另一束光经参考板反射回来，两束反射光最终汇聚并产生干涉，生成干涉条纹。

由于两束相干光间的光程差的任何微小变化都会非常灵敏地造成干涉条纹的移动，而某一束相干光的光程变化是由其通过的几何路程或介质折射率的变化引起的，因此通过干涉条纹的移动变化，就可以测量几何长度或折射率的微小改变，进而可测得与此相关的其他物理量。其测量精度取决于光程差的测量精度，由于干涉条纹每移动一个条纹间距，光程差就改变一个波长（约为 $10^{-7}$m），因此干涉仪是以光波波长为单位来测量光程差的，其测量精度是其他测量方法无法相比的。

白光干涉仪依据上述基本原理，利用白光通过分光板作为参考光和样品照射光，两路光束非常容易被测量。由于白光有较小的时间相关性，因此白光干涉仪的工作过程可概括为高分辨率地、逐层地测量反光粗糙面。当开始测量高低形貌时，利用 Z 坐标轴方向精密扫描模块，对被测器件表面进行非接触式扫描。物镜在 Z 坐标轴方向上连续进行微小距离移动，在每个移动位置上都进行拍照记录。借助 3D 建模算法，这些照片可用于建立表面 3D 图像。利用计算机对该 3D 图像进行数据处理与分析，最终可获取反映器件表面质量的 2D、3D 数据，从而完成器件表面形貌 3D 几何测量。

白光干涉仪测量设备主要由白光干涉仪、工作台、操控部分和计算机组成，如图8-15所示。

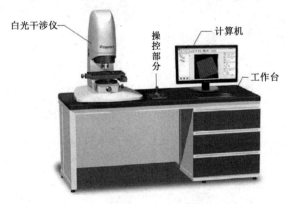

图 8-15　白光干涉仪测量设备

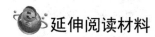
延伸阅读材料

**零件检测技术在航空航天领域的应用**

北京时间 2021 年 9 月 20 日 15 时 10 分，中秋节的前一天，搭载着天舟三号货运飞船的长征七号遥四运载火箭，在中国文昌航天发射场点火升空，发射任务取得圆满成功。中国载人航天工程发射任务取得 20 战 20 捷。与此同时，千里之外的西北戈壁，神舟十三号载人飞船发射任务已排上了日程。

这是中国向空间站核心舱送出的第二件太空"包裹"。此前，2021 年 5 月 29 日，中国空间站关键技术验证阶段的首艘货运飞船——天舟二号，在文昌航天发射场点火发射。

按照工程规划，两艘货运飞船会同时对接在天和核心舱的两端，形成"一"字形构型，等待神舟十三号载人飞船的到来。天舟三号货运飞船总指挥助理邓凯文介绍说，两艘中国货运飞船同时在天运行，这在中国载人航天史上是第一次。

我国航空航天事业的起飞，离不开从事航空航天事业的每一名员工的成长和机床工具业的进步，航空航天事业的发展也是对我国金属加工业发展的有力见证。

由于航空航天制造业与普通制造业有着巨大的区别，航空航天产品出现质量问题就会造成不可估量的后果，所谓"差之毫厘，谬以千里"，说的就是这种情况。因此，航空航天产品质量优良的保证，必须要有一定的检测手段和标准，这就涉及各种测量设备的应用。

除前述常规检测设备外，三坐标测量机已经成为航空航天机械制造领域常用的测量设备，广泛应用于航空发动机叶片等复杂精密零件检测和逆向工程设计中，能够快速有效地完成通用检测，提高检测效率，确保测量精度及稳定性，可替代工具显微镜和投影仪，发挥着越来越重要的作用。

"工欲善其事，必先利其器"，随着科技发展，零件检测的方法和手段也在不断改进，反过来进一步推动科学技术的进步。有志于祖国航空航天事业的学子，认真学习掌握先进测量技术，必将有助于日后的科研工作。

## 思考题

1. 一次完整的测量过程涉及哪几个要素？
2. 常用测量仪器有哪些？
3. 三坐标测量机的基本工作原理是什么？

# 第 9 章 机电系统

## 9.1 机电技术简介

### 9.1.1 机电技术概述

19世纪70年代,随着电的产生,人类进入了电气化的工业2.0时代。通过电气控制,人们可以实现流水化的批量生产。从那时起,机电技术就已经产生了。机电技术指的是机械与电气控制的结合技术。随着时代的发展,在工业3.0时代,电子技术和微型计算机技术快速发展,同时融合到了机电行业。现在正处于工业4.0的网络时代,互联网和人工智能技术正在迅猛发展,现在的机电技术已不是"机"与"电"的简单结合,它是指以机械、电子、计算机、检测及通信等为主的多学科交叉技术。

本章介绍的机电技术主要是指机电技术在机电产品上的应用。典型的机电产品主要由机械系统、控制系统、驱动系统、检测系统和通信系统组成,其中机械系统为主体,控制系统为核心,其他系统协同工作。

### 9.1.2 机电产品

机电产品指的是独立存在的机电结合产品,常见于我们日常生活和现代制造业中。在日常生活中,机电产品有洗衣机、空调、冰箱、扫地机器人等家用电器;在制造领域中,机电产品有各种数控机床、工业机器人、AGV小车、仓储系统、汽车、飞机、船舶等。随着机电技术的发展,传统机电产品将会被淘汰。在智能制造环境下,机电产品的存在形式主要是智能机电产品(智能家电、高端数控设备、智能机器人、无人机等)。

### 9.1.3 机电技术发展

机电技术是多学科的交叉融合,涉及机械技术、运动学技术、材料技术、计算机技术、自动控制技术、传感器技术、通信技术等。机电技术的发展依赖于相关学科技术的发展。在智能制造的大趋势下,机电技术主要向网络化、智能化、微型化、个性化、绿色化等方向发展。

## 9.2 机械系统

在机电产品中,机械系统是主体,是把原动机的动力转化为实际运动和动作的机械运动装置,是产品功能的主要完成者,也是区别于电子产品的关键要素,它相当于人体的骨骼和肌肉。机械系统受控制系统、驱动系统和检测系统的协调和控制。

### 9.2.1 机械系统的组成

虽然随着控制技术的发展,现代机电产品的机械系统与一般的机械系统相比,机构变得简单化了,很多复杂的动作关系可以通过控制来完成,但是现代机电产品对机械系统的制造精度和动态响应特性要求更高了。机械系统一般由传动机构、执行机构、导向机构和相关辅助机构组成。

### 9.2.2 常用基本机械机构

在设计机电产品的机械系统时,传动机构与执行机构的设计尤为关键。对于复杂功能的机械系统,我们首先按照系统功能对机械系统进行分解,然后针对各个功能进行机械系统运动方案设计。任何一个复杂机构都是由一些基本机构组成的,这些机构具有运动变换和传递动力的基本功能。下面是常用的几个基本机构,更多详细的内容可参考机械原理书。

9-1 常用机械结构

**1. 平面连杆机构**

在平面连杆机构中,最基本的是铰链四杆机构,如图 9-1(a)所示。在四杆机构中,固定不动的构件为机架;两端都用活动铰链与其他构件连接的是连杆;有一端用固定铰链与机架连接的是连架杆。如果连架杆与机架连接的固定铰链是周转副,则该连架杆为曲柄;如果连架杆与机架连接的固定铰链是摆转副,则该连架杆为摇杆。当一个连架杆为曲柄,另一个连架杆为摇杆时,该四杆机构称为曲柄摇杆机构;当两个连架杆均为曲柄时,该四杆机构称为双曲柄机构;当两个连架杆均为摇杆时,该四杆机构称为双摇杆机构。曲柄滑块机构由曲柄摇杆机构变形而得,当摇杆为无限长时,把摇杆做成滑块,转动副变成移动副,这种机构就是曲柄滑块机构,完成的是旋转运动向直线运动的动力传递,如图 9-1(b)所示。

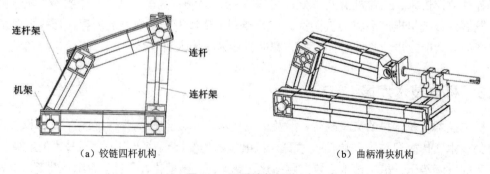

(a)铰链四杆机构  (b)曲柄滑块机构

图 9-1 平面连杆机构

## 2. 凸轮机构

凸轮机构由凸轮、从动件和机架组成，如图 9-2 所示。凸轮是指具有曲线轮廓或凹槽等特定形状的构件，凸轮机构因机构中有一特征构件凸轮而得名。当凸轮做等速运动时，从动件通过运动副与之接触，在凸轮轮廓或凹槽的推动下，相对于机架做连续或间歇的任意预定运动规律的运动。凸轮最大的优点是只要设计出适当的凸轮轮廓，就可以使凸轮从动件获得任意预期的运动规律，而且结构简单、紧凑，设计方便；缺点是由于凸轮与从动件之间是点或线接触的，形成的运动副为高副，容易磨损，因此只适用于传动力不太大的执行机构。凸轮机构从动件的运动形式有两种：移动从动件和摆动从动件，分别把旋转运动转变成直线运动和往复摆动。

## 3. 螺旋机构

螺旋机构是将主动轴的旋转运动转变为螺母及相关构件的直线运动的机构。螺旋机构由螺杆、螺母和机架组成，如图 9-3 所示。在一般情况下，螺杆为主动件，螺母为从动件，螺杆旋转一周带动螺母匀速直线移动一个螺距；也可以将螺母位置固定，螺杆一端旋转，另一端进行轴向移动。

## 4. 蜗杆蜗轮机构

蜗杆蜗轮机构是空间交错轴间传递运动和动力的机构。蜗杆蜗轮机构由蜗杆和蜗轮组成，蜗杆类似于螺杆，蜗轮类似于一个具有凹形轮缘的斜齿轮。蜗杆蜗轮机构如图 9-4 所示（这里用普通齿轮代替蜗轮）。蜗杆为主动件，蜗轮为从动件，通常两轴在空间交错呈现 90°。蜗杆蜗轮机构一般应用于传动机构中，具有传动速比大、传动平稳和自锁作用等特点。

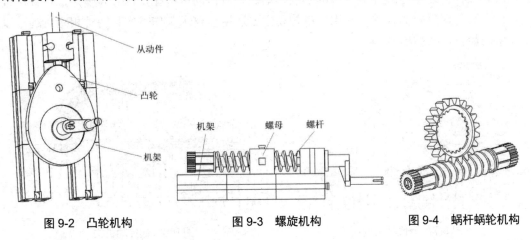

图 9-2 凸轮机构    图 9-3 螺旋机构    图 9-4 蜗杆蜗轮机构

## 5. 齿轮机构

齿轮机构通过成对的轮齿依次啮合来传递两轴之间的运动和动力，可以用来传递空间中任意两轴间的运动。齿轮机构由主动齿轮、从动齿轮和机架组成。齿轮传动准确、平稳、机械效率高，齿轮机构使用寿命长，工作安全、可靠，适用速度范围大。一般一对齿轮的传动比不大于 5~7，如果需要大传动比，则可以用齿轮轮系的多级传动来完成。直齿轮机构如图 9-5 所示，锥齿轮机构如图 9-6 所示。

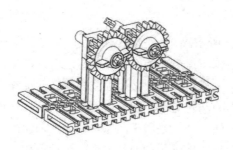

图 9-5　直齿轮机构

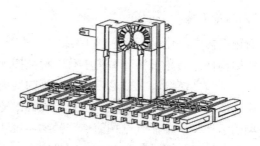

图 9-6　锥齿轮机构

**6. 带传动机构**

1）带传动

带传动是通过带与带轮间的摩擦力，把主动轴的运动和动力传给从动轴的一种机械传动形式。带传动机构一般由主动带轮、从动带轮、传动带和机架组成，如图 9-7 所示。当主动带轮转动时，通过带和带轮间的摩擦力，驱使从动带轮转动并传递动力。因为带具有良好的弹性，能够缓冲和吸振，所以带传动平稳、噪声小。带传动机构在工作时，带与带轮之间会产生弹性滑动，不能保证严格的传动比，这一特性使得当带传动阻力过大/过载时，带与带轮产生打滑现象，带轮空转，可以防止损坏其他零件，起到自动保护的作用。带传动适合对传动比要求不高、两轴相距较远的场合。

2）链传动

链传动通过链轮轮齿与链节的啮合来传递运动和动力。链传动机构由主动链轮、从动链轮和链条组成，如图 9-8 所示。链传动与带传动的传动方式类似，与带传动相比，由于链传动无弹性滑动和打滑现象，因此能保持准确的传动比。链传动机构在工作时有噪声，不宜在载荷变化很大和急速反向的传动中应用。链传动主要适用于要求工作可靠且两轴相距较远，以及不宜采用齿轮传动的场合。

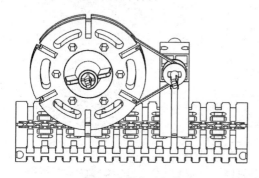

图 9-7　带传动机构

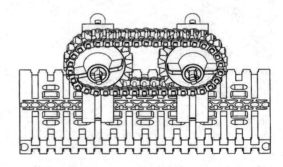

图 9-8　链传动机构

## 9.3　驱动系统

驱动系统是给机械系统提供动力的系统，能将输入的各种形式的能量转换为机械能，如电动机、液压泵、压缩机、内燃机等分别把输入的电能、液压能、气压能和化学能转换为机械能。驱动系统相当于人的脏腑和血脉，给机械系统提供能量。

# 第9章 机电系统

控制系统发出指令，驱动系统得到指令后，快速并正确控制动力产生装置产生动力或运动输送给机械系统。

驱动系统一般包括动力源、原动机及相应的驱动装置。按照利用的动力源分，驱动系统一般可分为电动驱动系统、气压驱动系统、液压驱动系统、内燃机驱动系统和新型驱动系统。这里介绍电动驱动系统和气压驱动系统。

## 9.3.1 电动驱动系统

电动驱动系统的动力源通常是工业电源，通过功率晶体管等电子器件构成的电力变换装置（一般称为驱动装置）把控制器输出的微弱信号转换成可控的电力，供给原动机（一般为电动机），电动机产生所需要的动力和运动驱动机械系统工作。在机电产品中，常用的电动机有直流电动机、步进电动机、伺服电动机、舵机，这类电动机的核心都是一种依据电磁感应原理，将电能转换成机械能（旋转或直线驱动力矩）的电磁装置。近几年又出现了超声波电动机和音圈电动机等新型的电动机。

### 1. 直流电动机

直流电动机是目前机电产品上使用最多、应用最广的动力装置。直流电动机是将直流电能转换为机械能的电动机，如图 9-9 所示。一般的直流电动机也称直流有刷电动机，由定子、转子、电刷和换向器组成，定子是永磁磁钢；转子是线圈绕组；两个电刷是用来引入电压和电流的，它们通过绝缘座固定在电动机外壳上，直接连接到外部直流电源的正负极上，把电源引入电动机转子的换相器上；换向器连通了转子上的线圈，线圈极性不断地交替变换，与外壳上固定的磁铁形成作用力而转动起来。由于电动机转动时电刷与换向器发生摩擦产生大量阻力和热量，因此直流电动机有效率相对低下、噪声大、寿命短等缺点。但是直流电动机制造简单、成本低，并且具有启动快、制动及时、调速范围大、控制相对简单等优点，所以它适用于定位精度要求不高、有比较大的调速要求的执行机构的动力装置。除上面的直流有刷电动机外，还有一种直流无刷电动机，它由电动机主体和电子调速器（电调）两部分组成，因为去掉了有刷电动机用来换向的电刷，所以称为无刷电动机。直流无刷电动机在无人机和 AGV 小车上得到了广泛应用。

### 2. 步进电动机

步进电动机与普通直流电动机的原理不同，步进转动靠的是定子线圈绕组不同相位的电流，以及定子和转子上齿槽产生的转矩。二相步进电动机工作原理如图 9-10 所示。步进电动机与驱动器一起可以组成开环位置控制系统。步进电动机可以通过控制脉冲个数来控制角位移量，达到准确定位的目的；同时可以通过控制脉冲频率来控制电动机转动的速度和加速度，达到调速的目的。步进电动机一般适用于不需要位置反馈的位置控制装置。

### 3. 伺服电动机

伺服电动机又称执行电动机，可以把收到的电信号转换成电动机轴上的角位移或角速度输出。伺服电动机通常是永磁同步电动机，主要由电动机本体和编码器组成，如图 9-11 所示。伺服电动机内部的转子是永磁铁，驱动器控制的 U/V/W 三相电形成电磁场，转子在此磁场的作用下转动，同时电动机自带的编码器反馈信号给驱动器，驱动器将反馈值与目标值进行比较，调整转子转动的角度，从而实现精准的闭环位置控制。伺服系统的工作原理如图 9-12 所示。伺服系统常用于需要高精度定位和轮廓控制的场合。

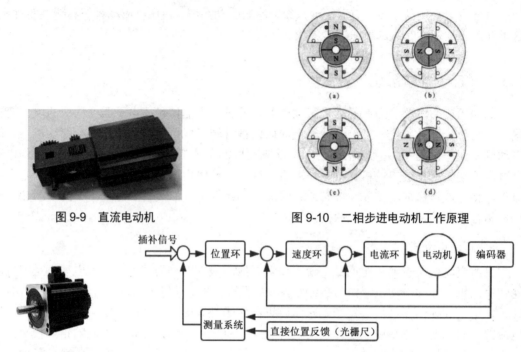

图 9-9　直流电动机

图 9-10　二相步进电动机工作原理

图 9-11　伺服电动机

图 9-12　伺服系统的工作原理

### 4. 舵机

舵机由外壳、控制板、直流电动机、齿轮组与位置检测器等组成，如图 9-13 所示。舵机的控制信号为 20ms 周期的脉冲宽度调制（PWM）信号，其中脉冲宽度为 0.5~2.5ms，相对应的舵盘位置为-90°~90°，呈线性变化。舵机控制板产生一个周期为 20ms，宽度为 1.5ms 的基准信号，控制板将控制信号与基准信号相比较，判断出方向和大小，从而控制电动机的转动。同时位置检测器反馈信号给控制板，判断是否已经到达角度，形成闭环，实现角度定位控制。舵机一般可控转角在-90°~90°之间，但也有厂商做成 180°、300°、360°（总的控制角度）。舵机可应用于精度要求不高的角度定位控制。

图 9-13　舵机

## 9.3.2　气压驱动系统

气压驱动系统的动力源是压缩空气，压缩空气由压缩机（气泵）产生。气压驱动系统一般由气泵、储气罐、气缸和控制阀等组成。气泵将大气压力的空气压缩，被压缩的空气通过储气罐存储。高压空气流在控制阀的控制下推动气缸的活塞做来回的直线运动，从而产生所需要的动力和运动，驱动机械系统工作。气压驱动系统工作原理如图 9-14 所示。

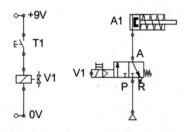

图 9-14 气压驱动系统工作原理

## 9.4 控制系统

### 9.4.1 控制系统的概念

控制系统作为机电产品的核心,是机电产品的命令发出者,相当于人的大脑,它根据检测系统获得的信息和外部输入的命令,对数据进行分析、处理,最后将一个个指令发给机电产品各个功能部件的驱动系统。随着电子技术、计算机技术、通信技术等技术的发展,现代的控制系统已经从最开始的基于电气的继电器控制系统发展成了基于各种微型控制器的多功能系统,它除具有基本的控制功能外,还具有网络通信、人工智能等功能。机电产品的控制系统形式有很多,有基于各种单片机的嵌入式控制器、基于 FPGA/CPLD 的控制器、可编程逻辑控制器(PLC)、基于 PC 的控制器、类 PC(如树莓派等)、数控系统等。

**1. 单片机**

单片机通常称为微控制单元(Micro Control Unit,MCU)。它是将 CPU、存储器(RAM 和 ROM)、定时器/计数器及 I/O 接口等集成在一块芯片上的单片微型计算机。随着市场的需求扩大,各个生产厂商在芯片内还集成了许多不同的外围及外设接口,常用的有 51 系列、PIC 系列、AVR 系列、ARM 系列、DSP 系列等。因为单片机体积小、功能强大、指令系统相对简单、抗干扰性和可靠性强、开源资料和案例丰富等,所以用它来进行系统设计快捷、方便又灵活。基于单片机的控制器一般是把单片机作为核心的主控系统。主控系统可以用单片机加上各种外围芯片和电路自行设计,好处是可以根据产品的具体任务要求设计最精简和实用的控制模块,前提是要有相关硬件电路设计经验(集成电路、印制电路板原理图设计及布线等)。对于新手来说,选择一个开发成熟的嵌入式控制器可以快速地完成产品的设计,目前市场上有各种针对不同需求的单片机开发板和控制器。

**2. 数控系统**

数控系统是计算机数字控制系统的简称,英文名称为 Computerized Numerical Control,简称 CNC。数控系统是一种用于控制自动化加工设备的专用计算机系统,一般由控制系统、伺服驱动系统和测量系统组成。控制系统按加工工件程序进行插补运算,发出控制指令到伺服驱动系统,伺服驱动系统将控制指令放大,由伺服电动机驱动机械按要求运动,测量系统检测机械的运动位置或速度,并反馈到控制系统,来修正控制指令,从而实现闭环控制。数控机床是数控系统应用的典型机电产品。常用的数控系统品牌有德国西门子、日本 FANUC、日本三菱，还有国内的广州数控系统、南京白泽数控系统、武汉华中数控系统、北京凯恩帝数控系统等。

**3．可编程逻辑控制器**

可编程逻辑控制器简称 PLC，是一种以微处理器为核心的通用工业控制系统，专为工业环境下应用而设计。早期的 PLC 采用可编程的存储器，通过执行逻辑运算、顺序控制、定时、计数和算术运算等指令，并通过数字式和模拟式的输入和输出来控制各种设备逻辑或顺序动作。随着微处理器在 PLC 上的应用，现在的 PLC 不仅具有逻辑控制功能，还具有过程控制、运动控制和网络通信等功能。目前市场上常用的 PLC 品牌有德国西门子、日本 OMRON、日本三菱等。

## 9.4.2　ROBO TXT 控制器

ROBO TXT 控制器是德国慧鱼公司开发的一款通用型微控制器，如图 9-15 所示。

9-2　控制器介绍

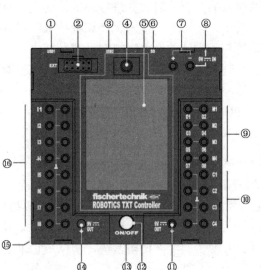

图 9-15　ROBO TXT 控制器

ROBO TXT 控制器各部分功能介绍如下。

① USB-A 接口（USB-1）：连接如慧鱼 USB 摄像头的设备。

② 扩展板接口：连接额外的 ROBOTICS TXT 控制板，用以扩充 I/O 接口；另外可以作为 I2C 接口，连接 I2C 扩展模块。

③ MiniUSB 接口（USB-2）：USB 2.0 接口，用于计算机与控制器建立通信。

④ 红外接收管：可以接收来自慧鱼控制组件包中遥控器的信号，这些信号可以被读入控制程序中。这样，遥控器就可以远程控制 ROBOTICS 系列模型。

⑤ 触摸屏：显示控制器的状态，完成对控制器的操作。

⑥ MicroSD 卡插槽：可以插入控制板，用以提供额外的存储空间。

⑦ 9V 供电端：9V 充电电池接口，这个接口可以为控制器提供一个移动电源。

⑧ 9V 供电端：直流开关电源接口。

⑨ 输出端 M1～M4 或 O1～O8：信号输出口，可以给 4 个双向电动机提供信号；或者可以给 8 个灯或电磁铁（也可以为单向电动机）等电气执行件提供信号。

⑩ 输入端 C1～C4：快速脉冲计数端口，最高脉冲计数频率可达 1kHz（每秒 1000 个脉冲信号）。

⑪ 9V 输出端（正极端子）：为各种传感器提供工作电压。

⑫ ON/OFF 开关：开启或关闭控制板（持续按下 1s）。

⑬ 扬声器：播放存储于控制板或 SD 卡的声音文件。

⑭ 9V 输出端（正极端子）：为各种传感器提供工作电压。

⑮ 纽扣电池仓：TXT 控制板包含实时时钟（Real-time Clock）模块，该模块由一个 CR2032 纽扣电池供电。

⑯ 通用输入端 I1～I8：信号输入口，在 ROBO Pro 软件下，通过修改功能模块属性可以被设置为数字量传感器（微动开关/干簧管/光敏晶体管/轨迹传感器）、模拟量传感器（热敏电阻/光敏电阻/颜色传感器）、超声波距离传感器等。

### 9.4.3 ROBO Pro 编程软件简介

ROBO Pro 软件采用图形化语言编程，软件先把各编程功能进行分类别封装，再以图形化的形式表示。编程的过程就是先直接调用相关图形模块，再用连接线把各功能模块按照逻辑组合起来，编制成一个类似于流程图的程序，程序从"小绿人"开始沿着流程方向从上往下执行，直到遇到"小红人"，程序结束。编程案例和功能模块如表 9-1 所示。

9-3 ROBO Pro 软件介绍

表 9-1 编程案例和功能模块

| 名称 | ROBO Pro 图标 | 说明 | 案例 |
|---|---|---|---|
| Level 1 开始 | | 程序进程的起点。如果一个程序由几个进程组成（可以同时运行），则每一个进程都必须有一个开始模块 | 程序开始→电动机运行→碰到开关→电动机停止  |
| 结束 | | 程序进程的结束。进程也可以不含结束模块 | |
| 数字量分支 | | 采样控制板输入端口数字量的状态（按钮开关、光电晶体管、干簧管、红外轨迹传感器等）。如果是 1，则程序从"1"出口向下执行；如果是 0，则程序从"0"出口向下执行 | |
| 模拟量分支 | | 采样控制板输入端口模拟量的值（热敏电阻、光敏电阻、距离传感器、颜色传感器）。表达式的值如果为真，则程序从"Y"出口向下执行；如果是否，则程序从"N"出口向下执行 | 程序开始→电动机运行→5cm 内感应到障碍物→电动机减速→1s 后电动机停 |

续表

| 名称 | ROBO Pro 图标 | 说明 | 案例 |
|---|---|---|---|
| 延时 | 1s | 流程执行延迟一个所设定的时间 | |
| 电动机输出 | M1 V=7 | 控制板两级输出端口（M1~M4）的信号，该信号可以用来控制电动机、灯、电磁阀、电磁铁等 | |
| 编码电动机输出 | M1 M2 V=8 D=0 | 控制板两级输出端口（M1~M4）的信号，该信号用来控制编码电动机进行定位控制和同步控制 | 程序开始→按下一次按钮→电动机转动一个设定的角度→循环运行 |
| 等待输入 | I1 | 等待数字量信号状态变化（控制器输入端口 I、计数输入端口 C、编码电动机脉冲到达信号 ME 等），程序将在该模块处停留，直到出现指定的数字量信号状态变化 | |
| 脉冲计数器 | 10 I1 | 等待脉冲计数到达，程序将在该模块处停留，直到脉冲计数到达设定的值 | 程序开始→开关每按下 4 次→灯闪烁 1 次→10 次循环后→发声报警并结束 |
| 灯输出 | O1 I=7 | 控制板一级输出端口（O1~O8）的信号，该信号可以用来控制单方向旋转电动机、灯、电磁阀、电磁铁等 | |
| 循环计数 | =1 +1 Z>10 N J | 可以让某一个程序段执行给定的次数，类似于 C 语言中的 For 循环 | |
| 声音信号 | 01-Airplane repeat=1 wait | 通过该模块，控制器发声器可以发出给定要求的声音 | |

## 9.5 检测系统

### 9.5.1 检测系统的概念和组成

检测系统相当于机电产品的"感觉器官"，其功能是对产品运行中所需的自身和外界环境参数及状态进行检测,将其变换成系统可识别的电信号,传输给信息处理单元。检测系统所检测的物理量主要有位移、速度、加速度、振动、拉压力、弯扭力矩、温度、湿度、酸碱度、光强度、声音、视觉等。检测系统一般由传感器、信号传输单元和信息处理单元组成,其中传感器是实现机电产品自动检测和自动控制的首要环节。

传感器是一种检测装置,能感受到被测量的信息,并能将检测到的信息按一定规律变换成电信号或其他形式的信息输出,以满足信息的传输、处理、存储、显示、记录和控制等要求。随着微电子技术和网络通信技术的发展,传感器正向着微型化、智能化、网络化方向发展。

### 9.5.2 常用传感器

下面介绍一些常用传感器。

触动传感器:触动传感器是一种行程按钮开关,通过外力触动按钮使内部常开或常闭触点发生变化,一般应用于感应设备运动部件的变化(如行程限位)。

9-4 常用传感器和执行器介绍

接近传感器:接近传感器是一种具有感知物体接近能力的传感器,它利用传感器对接近的物体具有敏感特性来识别物体的接近,并输出开关信号,通常被称为非接触式开关。接近传感器一般分为电容式接近传感器、电感式接近传感器和光电式接近传感器。

位移传感器:位移传感器又称线性传感器,是把各种被测物体尺寸或位移值转换为电量的传感器。常用的位移传感器有直线位移传感器(光栅尺)和角度位移传感器(编码器)。

压力传感器:压力传感器是能感受压力信号,并能按照一定的规律将压力信号转换成电信号的传感器。压力传感器通常由压力敏感元件和信号处理单元组成。常用的压力传感器有压阻式压力传感器和陶瓷压力传感器。

温度传感器:温度传感器是感应温度及温度变化的传感器,常用的有热敏电阻。热敏电阻的阻值随着温度的升高越来越小,根据阻值可以计算当前的温度。

颜色传感器:颜色传感器是一种感应物体颜色的传感器。颜色传感器有色标颜色传感器和 RGB(红绿蓝)颜色传感器两种基本类型。RGB 颜色传感器通过测量构成物体颜色的三基色的反射比率来实现颜色检测。

轨迹传感器:轨迹传感器是一种感应轨迹的传感器,常用的有红外轨迹传感器和灰度轨迹传感器。红外轨迹传感器由红外发射器和红外接收器两部分组成,红外发射器不断地发射信号,当遇到地面不同颜色时,反射回红外接收器中的信号强弱就会不同,红外接收器把这些不同的信息转化为相应的电信号输出。灰度轨迹传感器的工作原理类似颜色传感器,利用地面轨迹颜色和地面无轨迹颜色对同一有色光线的不同反射,来判断传感器与轨迹的相对位置。

生物感应传感器:生物感应传感器是感应生命体的传感器,常用的有热红外传感器。热红外传感器利用了人体的红外辐射特性,光学系统将接收到的人体热辐射能量聚焦在热红外传感器上后转变成电信号,从而感知生命体的存在,可应用于避障。

距离传感器:常用的距离传感器有超声波测距传感器、红外测距传感器和激光雷达测距传感器等。超声波测距传感器利用超声波发出后遇到物体反射的特点,通过检测超声波发出和接收的时间差,根据超声波在空气中的传播速度来计算与障碍物的距离,测量精度一般为厘米级,测量距离一般为 3m 左右。激光雷达测距传感器使用一束脉冲激光来测距,当发出的激光指向目标物体时，激光束被物体反射并被记录，记录的这些数据经过计算可以测量出与物体的距离，利用这些数据还可以建立物体的 3D 空间模型，因此激光雷达测距传感器被广泛应用于无人机领域。

视觉传感器：即摄像头，通过摄像头可以获得物体图像和物体状态变化等信息，可用于机电产品对物体形状、颜色、线条、二维码、人脸、车型号、车状态等的识别。

加速度传感器：加速度传感器是一种用来测量运动物体线性加速度的传感器。加速度传感器主要由检测质量、支撑结构、阻尼系统、弹簧、电位系统及壳体组成。当壳体运动时，检测质量与壳体产生相对运动，当弹簧力与惯性力达到平衡时，检测质量与壳体之间的相对运动停止，这时根据弹簧的形变可以计算运载体的加速度。

角速度传感器：陀螺仪是用来测量运动物体角速度的传感器，三轴陀螺仪可以通过角速度测量运动物体 6 个方向的位置、运动轨迹和加速度。MPU6500 是集三轴加速度计和三轴陀螺仪为一体的集成模块。

磁力计：又叫高斯计，磁力计可测量磁场方向和磁场强度，在惯性导航中起着确定物体方向的作用。MPU9250 是集三轴加速度计、三轴陀螺仪和三轴磁力计为一体的集成模块。

气压计：气压计通常用来测量大气压力及相应的绝对高度，或者通过两个高度值相减得到相对高度。当无人机距离地面过远，超声波测距仪失效时，通常使用气压计感应无人机的高度。

全球定位系统：全球定位系统是一种全球导航卫星系统，可以提供物体的 3 个绝对位置（经度、纬度、高度）的状态信息，还包括物体在当下的 3 个速度状态向量，精度一般为米级，由于卫星信号强度的问题，在室内环境不可用。常用的全球定位系统有美国的 GPS、俄罗斯的 GLONASS、我国的北斗卫星定位系统等。

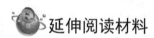
## 延伸阅读材料

### 嵌入式系统

从 20 世纪 70 年代起，微型机以小型、价廉、高速数值计算等特点迅速走向市场，它所具备的智能化水平在工业控制领域发挥了作用，常被组装成各种形状，嵌入一个对象体系中，进行某类智能化的控制，这样一来，计算机便失去了原来的形态与通用的功能，为区别于通用计算机系统，将这类为了某个专用的目的，而嵌入对象体系中的计算机系统，称为嵌入式计算机系统，简称嵌入式系统。

嵌入式技术的发展日新月异，经历了单片机（SCM）、微控制器（MCU）、系统级芯片（SoC）3 个阶段。

（1）SCM。

SCM（Single Chip Microcomputer）即单片机，随着大规模集成电路的出现及发展，计算机的 CPU、RAM、ROM、定时器和 I/O 接口集成在一片芯片上，形成芯片级的计算机。

（2）MCU。

MCU（Micro Controller Unit）即微控制器，这个阶段的特征是："满足"各类嵌入式应用，根据对象系统要求扩展各种外围电路与接口电路，突显其对象的智能化控制能力。实际上，MCU、SCM 之间的概念在日常工作中并不严格区分，很多时候一概以"单片机"称呼。随着能够运行更复杂软件（如操作系统）的 SoC 的出现，"单片机"通常指不运行操作系统、功能相对单一的嵌入式系统。

（3）SoC。

随着设计与制造技术的发展，集成电路设计从晶体管的集成发展到逻辑门的集成，现在又发展到 IP 的集成，即 SoC（System on a Chip）设计技术。SoC 可以有效地降低电子/信息系统产品的开发成本，缩短开发周期，提高产品的竞争力，是未来工业界将采用的最主要的产品开发方式。

嵌入式处理器种类繁多，有 ARM、MIPS、PPC 等多种架构。ARM 处理器的文档丰富，各类嵌入式软件大多（往往首选）支持 ARM 处理器，使用 ARM 开发板来学习嵌入式开发是个好选择。

ARM（Advanced RISC Machine）既可以认为是一个公司的名字，又可以认为是对一类微处理器的通称，还可以认为是一种技术的名字。ARM 公司是 32 位嵌入式 RISC 微处理器技术的领导者，自从 1990 年创办公司以来，基于 ARM 技术 IP 核的微处理器的销售量已经超过了 100 亿。

ARM 公司并不生产芯片，而是出售芯片技术授权。其合作公司针对不同需求搭配各类硬件部件，如 UART、SDI、PC 等，设计出不同的 SoC 芯片。ARM 公司在技术上的开放性使得它的合作伙伴既有世界顶级的半导体公司，又有各类中、小型公司。随着合作伙伴的增多，ARM 处理器可以得到更多的第三方工具、制造和软件支持，这使整个系统成本降低，新品上市时间加快，从而具有更大的竞争优势。

## 思考题

1. 机电产品主要由哪几个系统组成？并简述驱动系统的作用。
2. 简述螺旋机构的工作原理。
3. 简述舵机的工作原理。
4. 机电产品中常用控制系统有哪些？列举 3 个以上。
5. 简述传感器的一般工作过程。

# 第 10 章 工业机器人

## 10.1 概述

机器人作为 20 世纪人类最伟大的发明之一，其问世改变了人们的生活、工作方式，使人类社会迈向智能化、信息化时代。当前世界各国都在积极发展新科技生产力，以提高国家竞争实力，而工业机器人是当今科技发展的新重点，工业机器人行业将进入一个前所未有的高速发展期。

机器人（Robot）一词是 1920 年捷克作家卡雷尔·恰佩克（Karel Capek）在他的讽刺剧《罗莎姆的万能机器人》中首先提出的。剧中塑造了一个与人类相似，但能够不知疲倦工作的机器奴仆 Robot。从那时起，Robot 一词就被沿用下来，中文译成机器人。

一般来说，机器人应该具有以下 3 个特征。

- 拟人功能，由于机器人是模仿人或动物肢体动作的机器，能像人那样使用工具。因此，数控机床和汽车不是机器人。
- 可编程，机器人具有智力或感觉与识别能力，可随工作环境变化的需要而再编程。由于一般的电动玩具没有感觉与识别能力，不能再编程，因此不能称为真正的机器人。
- 通用性，一般机器人在执行不同作业任务时，具有较好的通用性。例如，通过更换末端操作器，机器人可执行不同的任务。

机器人是机构学、控制论、电子技术及计算机等现代科学综合应用的产物，目前尚处于发展阶段，关于机器人的一些概念、定义，仍处于不断充实、演变之中。国际标准化组织（ISO）对机器人的定义如下。

- 机器人的动作机构具有类似于人或其他生物体的某些器官（肢体、感受等）的功能。
- 机器人具有通用性，工作种类多样，动作程序灵活易变。
- 机器人具有不同程度的智能性，如记忆、感知、推理、决策、学习等。
- 机器人具有独立性，完整的机器人系统在工作中可以不依赖于人的干预。

机器人有以下不同的类型。

1）按技术分类

第一代：示教再现型机器人，具有记忆能力。目前，绝大部分应用中的工业机器人均属于这一类，其缺点是操作人员的水平影响工作质量。

第二代：初步智能机器人，对外界有反馈能力。部分此类机器人已经应用到生产中。

第三代：智能机器人，具有高度的适应性，有自行学习、推理、决策等功能，处在研究阶段。

2）按机器人关节连接布置形式分类

按机器人关节连接布置的形式，机器人可分为串联机器人和并联机器人两类。

串联机器人的杆件和关节是采用串联方式进行连接（开链式）的，本书所涉及的机器人主要是串联机器人，如图 10-1 所示。

并联机器人的杆件和关节是采用并联方式进行连接（闭链式）的，如图 10-2 所示。并联机器人的运动平台和基座间至少由两根活动连杆连接，是有两个或两个以上自由度的闭环结构机器人。

图 10-1　串联机器人

图 10-2　并联机器人

## 10.2　工业机器人的定义与发展

随着计算机控制技术的发展，机器人的研制水平得到了快速提升。机器人在工业生产中逐步得到推广应用。工业机器人延伸和扩大了人的手足和大脑功能。它不仅可以代替人从事危险、有害、有毒、低温和高热等恶劣环境中的工作，还可以代替人完成繁重、单调的重复劳动，提高劳动生产率，保证产品质量。

10-1　流水线物料搬运　　10-2　码垛　　10-3　铣削　　10-4　搬运

国际标准化组织对工业机器人所下的定义：机器人是一种自动的、位置可控的、具有编程能力的多功能机械手，这种机械手具有几个轴，能借助可编程操作来处理各种材料、零件、工具和专用设备，以执行多种任务。

工作机器人由操作机（机械本体）、控制器、伺服驱动系统和检测传感装置构成，是一种仿人操作、自动控制、可重复编程、能在 3D 空间中完成各种作业的机电一体化的自动化生产设备，特别适用于多品种、多批量的柔性生产，它对稳定和提高产品质量、提高生产率、改善劳动条件和产品的快速更新换代起了十分重要的作用。

现代工业机器人出现于 20 世纪中期，在数字计算器、电子技术、可编程的数控机床，还有精密零件加工的基础上产生。

1954年，美国的乔治·戴沃尔制造出第一个机械手并注册了专利，机械手可按照相关的程序执行不同的动作。

1959年，乔治·戴沃尔与约瑟夫·恩格尔伯格联手制造出第一台工业机器人，如图10-3所示，成立了世界上第一家机器人制造工厂Unimation公司。因为约瑟夫·恩格尔伯格对机器人技术研究做出了卓越贡献，所以他被称为"工业机器人之父"。

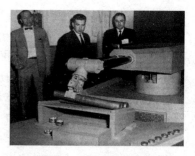

图10-3　第一台工业机器人

## 10.3　工业机器人的组成与分类

工业机器人是先进数字化装备，集机械、电子、控制、计算机、传感器、人工智能等多学科高新技术于一体。归纳起来，工业机器人由3个部分、6个子系统组成，3个部分为机械本体（机械手）、传感器部分和控制部分，6个子系统为驱动系统、机械结构系统、感知系统、控制系统、机器人—环境交互系统及人机交互系统。工业机器人系统结构框图如图10-4所示。

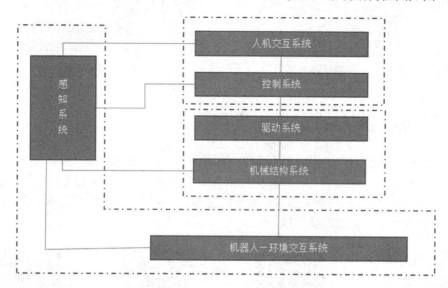

图10-4　工业机器人系统结构框图

### 10.3.1　工业机器人组成

1）驱动系统

工业机器人运行需要给各个关节即每个运动自由度安装传动装置，这就是驱动系统。驱动系统可以是液压、气压或电动的，也可以是把它们结合起来应用的综合系统，还可以直接驱动或通过同步带、链条、轮系、谐波齿轮等机械传动机构进行间接驱动。

2）机械结构系统

工业机器人的机械结构系统由机身、手臂、手部（末端执行器）三大件组成，每一大件都由若干自由度构成一个多自由度的机械系统。若机身具备行走机构，便构成行走机器人；若机身不具备行走及腰转机构,则构成单机器人臂。手臂一般由小臂、大臂和手腕组成。末端执行器是直接装在手腕上的重要部件,它可以是两手指或多手指的手爪,也可以是喷漆枪、焊具等作业工具。工业机器人机械部分组成如图 10-5 所示。

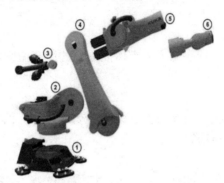

①—底座;②—转盘;③—平衡配重;④—连杆臂;⑤—手臂;⑥—末端执行器

图 10-5 工业机器人机械部分组成

3)感知系统

感知系统由内部传感器和外部传感器组成。其作用是获取机器人内部和外部的环境信息,并把这些信息反馈给控制系统。内部传感器用于检测各个关节的位置、速度等变量,为闭环伺服控制系统提供反馈信息;外部传感器用于检测机器人与周围环境之间的一些状态变量,如距离、接近程度和接触情况等,用于引导机器人,便于其识别物体并进行相应处理。外部传感器一方面使机器人更准确地获取周围环境情况,另一方面能起到误差矫正的作用。

4)控制系统

控制系统的任务是根据机器人的作业指令从传感器获取反馈信号,控制机器人的执行机构,使其完成规定的运动和功能。如果机器人不具备信息反馈特征,则该控制系统称为开环控制系统;如果机器人具备信息反馈特征,则该控制系统称为闭环控制系统。控制系统主要由计算机硬件和软件组成,软件主要有人机交互系统和控制算法等。

5)机器人-环境交互系统

机器人-环境交互系统是实现工业机器人与外部环境中的设备相互联系和协调的系统,工业机器人与外部设备集成为一个功能单元,如加工制造单元、焊接单元、装配单元等。当然,也可以是多台机器人、多台机床或设备、多个零件存储装置等集成为一个执行复杂任务的功能单元。

6)人机交互系统

人机交互系统是使操作人员参与机器人控制,并与机器人进行联系的装置,如计算机的标准终端、指令控制台、信息显示板、危险信号报警器等。该系统归纳起来分为两类:指令给定装置和信息显示装置。

## 10.3.2 工业机器人技术参数

工业机器人的技术参数有许多,但主要的技术参数有 7 个,分别是自由度、工作空间、工作速度、工作载荷、控制方式、驱动方式,以及精度、重复精度和分辨率。

1）自由度

自由度是描述物体运动所需要的独立坐标数。机器人的自由度是表示机器人动作灵活的尺度，一般以轴的直线移动、摆动或旋转动作的数目来表示，手部的动作不包括在内。物体在3D空间有6个自由度。

2）工作空间

工作空间是指机器人手臂或手部安装点所能达到的所有空间区域，不包括手部本身所能达到的区域。

3）工作速度

工作速度是指机器人在工作载荷条件和匀速运动过程中，机械接口中心或工具中心点在单位时间内所移动的距离或转动的角度。

4）工作载荷

工作载荷是指机器人在规定的性能范围内，机械接口处（包括手部）能承受的最大载荷量，用质量、力矩、惯性矩来表示。

5）控制方式

机器人的控制方式有两种：伺服控制和非伺服控制。

6）驱动方式

机器人驱动器是用来使机器人发出动作的动力机构。机器人驱动器将电能、液压能和气压能转化为机器人的动力。驱动方式是指关节执行器的动力源形式，主要有液压驱动方式、气压驱动方式和电动驱动方式3种。

7）精度、重复精度和分辨率

精度是指一个位置相对于其参照系的绝对度量，指机器人手部实际到达位置与所需要到达的理想位置之间的差距。

重复精度是指在相同的运动位置指令下，机器人连续若干次运动轨迹之间的误差度量。

分辨率是指机器人每根轴能够实现的最小移动距离或最小转动角度。精度和分辨率不一定相关。

### 10.3.3 工业机器人分类

工业机器人的分类在国际上没有统一制定的标准，有的按载荷量分，有的按控制方式分，有的按自由度分，有的按结构分，有的按应用领域分。下面用几个有代表性的分类方法列举机器人的分类。

1）按工业机器人结构坐标系统特点方式分类

按工业机器人结构坐标系统特点方式分类，工业机器人可分为直角坐标型机器人、圆柱坐标型机器人、极坐标型（球面坐标型）机器人、多关节坐标型机器人。

（1）直角坐标型机器人（3P）。

直角坐标型机器人具有3个互相垂直的移动轴线，通过手臂的上下、左右移动和前后伸缩构成一个直角坐标系，运动是独立的（有3个独立自由度），其动作空间为一个长方体。

（2）圆柱坐标型机器人（R3P）。

圆柱坐标型机器人机座上具有一个水平转台，在转台上装有立柱和水平臂，水平臂能上下移动和前后伸缩，并能绕立柱旋转，在空间构成部分圆柱面，具有一个回转和两个平移自由度。

（3）极坐标型机器人（球面坐标型2RP）。

极坐标型机器人的工作臂不仅可绕垂直轴旋转，还可绕水平轴做俯仰运动，并且能沿手臂轴线做伸缩运动（其空间位置分别有旋转、摆动和平移3个自由度），能绕立柱旋转，在空间构成部分球面。其特点是结构紧凑，所占空间小于直角坐标型机器人和圆柱坐标型机器人，但仍大于多关节坐标型机器人，操作比圆柱坐标型机器人更为灵活。

（4）多关节坐标型机器人。

多关节坐标型机器人由多个旋转和摆动机构组合而成。其特点是操作灵活性好、运动速度较高、操作范围大，但受手臂位姿影响，实现高精度运动较困难。多关节坐标型机器人对喷涂、装配、焊接等多种作业都有良好的适应性，应用范围越来越广。不少著名的机器人都采用了这种形式。由于其摆动方向主要有铅垂方向和水平方向两种，因此这类机器人又可分为垂直多关节机器人和水平多关节机器人。目前装机最多的多关节坐标型机器人是串联关节型垂直六轴机器人和SCARA型四轴机器人。

① 垂直多关节机器人。

垂直多关节机器人的操作机构由多个关节连接的机座、大臂、小臂和手腕等构成，大臂、小臂既可以在垂直于机座的平面内运动，又可以实现绕垂直轴转动，模拟了人类的手臂功能。手腕通常由2~3个自由度构成。垂直多关节机器人的动作空间近似一个球体，也称为多关节球面机器人。其优点是可自由地实现3D空间的各种姿势，可生成各种复杂形状的轨迹，相对机器人的安装面积来说，其动作范围很宽；缺点是结构刚度较低，动作的绝对位置精度较低。

② 水平多关节机器人。

水平多关节机器人在结构上具有串联配置的两个能够在水平面内旋转的手臂，自由度可根据用途选择2~4个，动作空间为一个圆柱体。其优点是在垂直方向上的结构刚度高，能方便地实现2D平面上的动作，因此在装配作业中得到普遍应用。

2）按工业机器人的控制方式分类

工业机器人的控制方式主要有4种：点位控制方式、连续轨迹控制方式、力（力矩）控制方式和智能控制方式。相应地，工业机器人可分为点位控制型机器人、连续轨迹控制型机器人、力（力矩）控制型机器人和智能控制型机器人。

3）按工业机器人的用途分类

按工业机器人的用途的不同，工业机器人可分为搬运机器人、焊接机器人、装配机器人、喷漆机器人、检测机器人等。

## 10.4　工业机器人编程

机器人运动和作业的指令都是由程序进行控制的，需要用户与机器人之间的接口。为了提高编程效率，人们运用了机器人编程语言，解决了人机通信问题。工业机器人的编程方式主要有3种：示教编程、机器人语言编程、离线编程。对一个机器人程序的要求是高效、无误、易懂、维护简便、清晰明了、具有良好的经济效益。

### 10.4.1 库卡机器人编程指令

库卡机器人编程指令主要包含运动指令和信号控制指令。

1）运动指令

运动指令实现以指定速度、特定路线模式等将工具从一个位置移动到另一个指定位置。运动指令内容如下。

- 动作类型，控制机器人到达指定位置的运动路径采用的运动方式。
- 位置数据，指定目标位置。
- 进给速度，指定机器人运动的进给速度。
- 定位路径，指定相邻轨迹的过渡形式。
- 附加运动指令，指定机器人在运动过程中的附加执行指令。

机器人在空间中进行运动主要有3种方式：点到点运动（PTP）、线性运动（LIN）、圆弧运动（CIRC）。这3种方式的运动指令分别介绍如下。

（1）点到点运动。

点到点运动是指在对路径精度要求不高的情况下，机器人的工具中心点（TCP）从一个位置移动到另一个位置，两个位置之间的路径不一定是直线的运动。点到点运动指令的运动轨迹如图10-6所示。点到点运动指令适合机器人大范围运动时使用，不容易在运动过程中出现关节轴进入机械死点位置的问题。

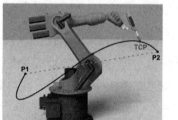

图 10-6 点到点运动指令的运动轨迹

点到点运动指令格式：

```
PTP  P1  Vel=100%  CONT  PDAT1  Tool[0]  Base[0]
```

点到点运动指令说明如表10-1所示。

表 10-1 点到点运动指令说明

| 序号 | 参数 | 说明 |
| --- | --- | --- |
| 1 | PTP | 点到点运动指令 |
| 2 | P1 | 目标点位置数据 |
| 3 | Vel=100% | 速度为参考速度的1%~100% |
| 4 | CONT | CONT：转弯区数据；空白：准确到达目标点 |
| 5 | PDAT1 | 运动数据组：加速度、转弯区半径、姿态引导 |
| 6 | Tool[0] | 工具坐标系 |
| 7 | Base[0] | 基（工件）坐标系 |

点到点运动方式是时间最短，也是最优化的移动方式。在KRL程序中，机器人的第一个指令必须是PTP或SPTP，这样机器人控制系统才会考虑编程设置的状态和转角方向值，以便定义唯一的起始位置。

点到点运动的轨迹逼近是不可预见的，相比较点的精确暂停，轨迹逼近具有的优势有减少运动系统受到的磨损，节拍时间得以优化，程序可以更快运行。

（2）线性运动。

线性运动是指机器人的工具中心点（TCP）从起点到终点之间的路径始终保持直线的运

动,适用于对路径精度要求高的场合,如切割、涂胶等。线性运动指令的运动轨迹如图 10-7 所示。

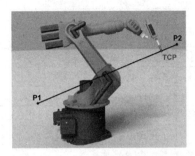

图 10-7 线性运动指令的运动轨迹

线性运动指令格式:
```
LIN  P1  Vel=0.1m/s  CONT  PDAT1  Tool[0]  Base[0]
```
线性运动指令说明如表 10-2 所示。

表 10-2 线性运动指令说明

| 序号 | 参数 | 说明 |
| --- | --- | --- |
| 1 | LIN | 线性运动指令 |
| 2 | P1 | 目标点位置数据 |
| 3 | Vel=0.1m/s | 速度为 0.1m/s |
| 4 | CONT | CONT:转弯区数据;空白:准确到达目标点 |
| 5 | PDAT1 | 运动数据组:加速度、转弯区半径、姿态引导 |
| 6 | Tool[0] | 工具坐标系 |
| 7 | Base[0] | 基(工件)坐标系 |

(3)圆弧运动。

圆弧运动是指机器人在可到达的空间范围内定义 3 个位置点,第 1 个位置点是圆弧的起点、第 2 个位置点是圆弧的曲率、第 3 个位置点是圆弧的终点的运动。圆弧运动指令的运动轨迹如图 10-8 所示。

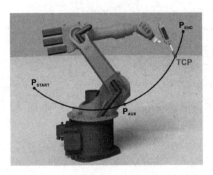

图 10-8 圆弧运动指令的运动轨迹

圆弧运动指令格式:
```
CIRC  P1  P2  Vel= 0.2m/s  CONT  PDAT1  Tool[0]  Base[0]
```
圆弧运动指令说明如表 10-3 所示。

表 10-3　圆弧运动指令说明

| 序号 | 参数 | 说明 |
|---|---|---|
| 1 | CIRC | 圆弧运动指令 |
| 2 | P1 | 辅助点位置数据 |
| 3 | P2 | 目标点位置数据 |
| 4 | Vel=0.2m/s | 速度为 0.2m/s |
| 5 | CONT | CONT：转弯区数据；[空白]：准确到达目标点 |
| 6 | PDAT1 | 运动数据组：加速度、转弯区半径、姿态引导 |
| 7 | Tool[0] | 工具坐标系 |
| 8 | Base[0] | 基（工件）坐标系 |

2）信号控制指令

信号控制指令主要包含 OUT 指令、WAIT 指令、WAIT FOR 指令、FOR 循环指令、IF 条件分支指令。

（1）OUT 指令

OUT 指令格式：

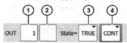

OUT 指令说明如表 10-4 所示。

表 10-4　OUT 指令说明

| 序号 | 说明 |
|---|---|
| ① | 输出端编号 |
| ② | 如果输出端已有名称，则会显示出来。仅限于专家用户组使用：通过单击长文本可输入名称。名称可以自由选择 |
| ③ | 输出端被切换成的状态 |
| ④ | CONT：在预进过程中加工；[空白]：带预进停止的加工 |

如果在 OUT 联机表格中去掉条目 CONT，则在切换过程时必须执行预进停止指令，并在切换指令前于位置点进行精确暂停，给输出端赋值后继续该运动。OUT 指令编程实例如图 10-9 所示。

```
LIN P1 Vel=0.2 m/s CPDAT1
LIN P2 CONT Vel=0.2 m/s CPDAT2
LIN P3 Vel=0.2 m/s CPDAT3
OUT 5 'rob_ready' State=TRUE
LIN P4 Vel=0.2 m/s CPDAT4
```

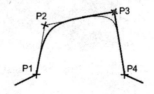

图 10-9　OUT 指令编程实例

由于插入条目 CONT 的作用是使预进指针不被暂停（不触发预进停止），因此在切换指令前，运动可以轨迹逼近，在预进时发出信号。

（2）WAIT 和 WAIT FOR 指令。

在机器人的程序中等待指令有等待时间指令和等待信号指令两种，即 WAIT 指令和 WAIT FOR 指令。

WAIT 指令可以使机器人的运动按编程设定的时间暂停，WAIT 指令总会触发一次预进停止。

WAIT 指令格式：

WAIT 指令说明如表 10-5 所示。

表 10-5　WAIT 指令说明

| 序号 | 说明 |
|---|---|
| ① | 等待时间≥0s |

WAIT 指令编程实例如图 10-10 所示。

```
PTP  P1  Vel=100% PDAT1    ;机器人运动到 P1 点
PTP  P2  Vel=100% PDAT2    ;机器人运动到 P2 点
WAIT Time=2 sec            ;等待 2s
PTP  P3  Vel=100% PDAT3    ;机器人运动到 P3 点
```

说明：机器人在 P2 点中断运动，等待 2s 后，再运动到 P3 点。

WAIT FOR 指令表示机器人在此等待信号，可以等待的信号包括输入信号 IN、输出信号 OUT、定时信号 TIMER、机器人系统内部的存储地址 FLAG 或 CYCFAG。

WAIT FOR 指令将具体的功能与等待信号联系起来，需要时可以将多个信号按逻辑连接，如果添加一个逻辑连接，则联机表格中会出现用于附加信号和其他逻辑连接的栏。

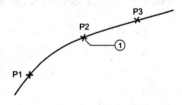

图 10-10　WAIT 指令编程实例

WAIT FOR 指令格式：

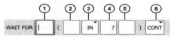

WAIT FOR 指令说明如表 10-6 所示。

表 10-6　WAIT FOR 指令说明

| 序号 | 说明 |
|---|---|
| ① | 添加外部连接。运算符位于加括号的表达式之间，AND、OR、EXOR 添加 NOT、[空白]，用相应的按键添加所需的运算符 |
| ② | 添加内部连接。运算符位于一个加括号的表达式内，AND、OR、EXOR 添加 NOT、[空白]，用相应的按键添加所需的运算符 |
| ③ | 等待的信号：IN、OUT、TIMER、FLAG、CYCFAG |
| ④ | 信号的编号：1-4096 |
| ⑤ | 如果信号已有名称，则会显示出来 |
| ⑥ | CONT：在预进过程中加工；[空白]：带预进停止的加工 |

(3) FOR 循环指令。

FOR 循环指令根据指定的次数，重复执行对应的程序，步幅默认为"+1"，也可通过关键词 STEP 指定为某个整数，具体使用实例如下。

```
DECL INT  i
    ...
    FOR  i=1  TO  4  STEP 2  ;借助 STEP 指定步幅为 2
        $OUT[i] =TRUE
ENDFOR
```

该循环中借助 STEP 指定步幅为 2，循环计数 i 会自动+2，所以该循环只会运行两次，一次为 i=1，另一次为 i=3。当计数值为 5 时，循环立即终止。

(4) IF 条件分支指令。

IF 条件分支指令会根据不同的条件分支执行不同的指令，具体使用实例如下。

```
IF  i==1 THEN
PTP  P1  Vel=100%  PDAT1
PTP  P2  Vel=100%  PDAT2
ELSE
PTP  P3  Vel=100%  PDAT3
   ENDIF
```

### 10.4.2　库卡机器人程序结构

1）库卡工业机器人程序结构

库卡的机器人编程语言（KUKA Robot Language）简称 KRL，由.SRC（源代码文件）和.DAT（数据列表文件）组成。示例如下。

```
DEF MAIN( )         (DEF: Definition, 定义)
INI                 (Initialization File, 系统配置，初始化文件)
FOLD PTP HOME  Vel= 100 %
......
FOLD PTP HOME  Vel= 100 %
END
```

程序结构如下。

SRC 文件中的程序结构在声明部分必须声明变量。

初始化部分从第一个赋值开始，但通常都是从"INI"行开始的。

在指令部分会赋值或更改值。

2）子程序

在编程中，子程序主要用于实现相同任务部分的多次使用，从而避免程序代码重复，而且采用子程序后可节省存储空间。使用子程序还会使程序变得结构化。

子程序应该能够完成包含在自身内部并可解释详明的分步任务。子程序通过其简洁明了、条理清晰的特点而使得维护和排除程序错误更为方便。

子程序的特点：可以多次使用、避免程序代码重复、节省存储空间、各组成部分可单独开发、随时可以更换具有相同性能的组成部分、使程序结构化、将总任务分解成分步任务。

## 10.4.3 数据的存储类型

程序数据是在程序中设定的值和定义的一些环境数据，为编程而设定。机器人中常用的程序数据有整数、实数、布尔数、字符等，还有一些位置数据。在库卡机器人中，常用数据的存储类型有两种，一种是常量，另一种是变量。

1）常量

常量的特点是在定义时已对其赋予了数值，不能在程序中修改，除非重新定义新的数值。常量用关键词 CONST 建立，常量只允许在数据列表中建立。

例如：

```
DECL CONST INT L = 55（L为常量类型为整数数据）
```

其中 DECL 为 declare，声明；INT 为 integer，整数；CONST 为常数。

2）变量

在使用 KRL 对机器人进行编程时，从最普通的意义上来说，变量就是在机器人进程的运行过程中出现的计算值（数值）的容器。

例如：

```
DECL INT B =4 （声明B的整数数据）
```

变量特点：每个变量都在计算机的存储器中有一个专门指定的地址；每个变量都有一个非库卡关键词的名称；每个变量都属于一个专门的数据类型；在使用变量前必须声明数据类型；在 KRL 中，变量可划分为局部变量和全局变量。

变量命名规范：KRL 中的名称长度最多允许 24 个字符；KRL 中的名称允许包含字母（A~Z）、数字（0~9）及特殊字符"_"和"$"；KRL 中的名称不允许以数字开头；KRL 中的名称不允许为关键词；不区分大小写。

## 10.5 库卡工业机器人操作

### 10.5.1 示教器 smartPAD 的介绍

示教器是机器人的人机交互接口，机器人的所有操作基本上都是通过示教器来完成的，如点动机器人，编写、调试和运行机器人程序，设定、查看机器人状态信息和位置等。库卡机器人的示教器 KUKA smartPAD 也叫 KCP，如图 10-11 所示。

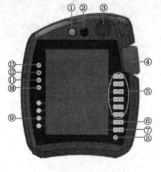
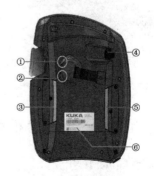

(a) 正面功能键　　　　　　　　　　　(b) 背面功能键

图 10-11　示教器

示教器正面按钮功能介绍如下。

①—拔下示教器的按钮；②—运行模式切换的钥匙开关；③—紧急停止键；④—6D 鼠标；⑤—移动键；⑥—程序倍率键；⑦—手动倍率键；⑧—主菜单按键；⑨—工艺键；⑩—启动键；⑪—逆向启动键；⑫—停止键；⑬—键盘按键。

示教器背面按钮功能介绍如下。

①、③、⑤—确认开关；②—启动键（可启动一个程序）；④—USB 接口（用于存档/还原等方面工作）；⑥—铭牌。

## 10.5.2 示教器 smartPAD 的使用介绍

**1．确认开关的使用**

当操作示教器时，通常先将示教器放在左手上，再用右手在触摸屏上操作。smartPAD 示教器是按照人体工程学设计的，同时适合左利手者操作，使用右手持设备。示教器上总共有有 3 个确认开关，确认开关是工业机器人为保证操作人员安全而设置的，有 3 个档位，只有当确认开关处于中位的时候才能手动操作机器人。示教器确认开关的使用如图 10-12 所示。

**2．6D 鼠标的使用**

示教器 6D 鼠标的使用如图 10-13 所示，各坐标轴功能如下。

$X$ 轴：前后水平移动；$Y$ 轴：左右水平移动；$Z$ 轴：上下水平移动。

$A$ 轴：上下移动旋钮，表示绕轴旋转；$B$ 轴：左右移动旋钮，表示绕轴旋转；$C$ 轴：前后移动旋钮，表示绕轴旋转。

图 10-12　示教器确认开关的使用

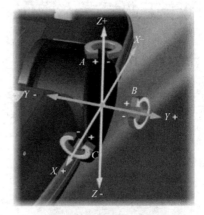

图 10-13　示教器 6D 鼠标的使用

## 10.5.3 库卡机器人示教器操作界面的功能认知与使用

**1．示教器操作界面介绍**

示教器操作界面如图 10-14 所示。示教器操作界面功能说明如表 10-7 所示。

第 10 章 工业机器人

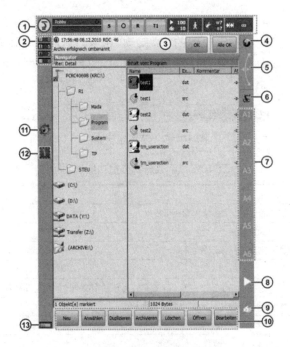

图 10-14 示教器操作界面

表 10-7 示教器操作界面功能说明

| 序号 | 说明 |
| --- | --- |
| ① | 状态栏 |
| ② | 信息提示计数器。信息提示计数器显示每种提示信息类型各有多少条提示信息。触摸信息提示计数器可放大显示信息窗口 |
| ③ | 信息窗口。根据默认设置将只显示最后一条提示信息。触摸提示信息窗口可放大该窗口并显示所有待处理的提示信息。可以被确认的提示信息可用 OK 键确认。所有可以被确认的提示信息可用 OK 键一次性全部确认 |
| ④ | 6D 鼠标的状态显示。该显示会显示用 6D 鼠标手动移动的当前坐标系。触摸该显示就可以显示所有坐标系并可以选择其他坐标系 |
| ⑤ | 显示 6D 鼠标定位。触摸该显示会打开一个显示 6D 鼠标当前定位的窗口,在窗口中可以修改定位 |
| ⑥ | 移动键的状态显示。该显示可显示用移动键手动移动的当前坐标系。触摸该显示就可以显示所有坐标系并可以选择其他坐标系 |
| ⑦ | 移动键标记。如果选择了与轴相关的移动,这里将显示轴号(A1、A2 等)。如果选择了笛卡儿坐标系式移动,这里将显示坐标系的方向($X$ 轴、$Y$ 轴、$Z$ 轴、$A$ 轴、$B$ 轴、$C$ 轴)。触摸该标记会显示选择了哪种运动系统组 |
| ⑧ | 程序倍率键 |
| ⑨ | 手动倍率键 |
| ⑩ | 按键栏。这些按键自动进行动态变化,并总是针对 smartHMI 上当前激活的窗口的。最右侧是按键编辑,用这个按键可以调用导航器的多个指令 |
| ⑪ | WorkVisual 图标。通过触摸该图标可至窗口项目管理 |
| ⑫ | 时钟。时钟显示系统时间。触摸时钟就会以数码形式显示系统时间及当前日期 |
| ⑬ | 显示存在信号。如果显示如下闪烁,则表示 smartHMI 激活:左侧和右侧小灯交替发绿光,交替缓慢(约 3s)而均匀 |

## 2. 示教器状态栏功能介绍

示教器状态栏显示工业机器人设置的状态，如图 10-15 所示，在多数情况下通过触摸就会打开一个窗口，可在其中更改设置。示教器状态栏功能说明如表 10-8 所示。

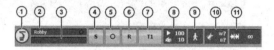

图 10-15 示教器状态栏

表 10-8 示教器状态栏功能说明

| 序号 | 说明 |
|---|---|
| ① | 主菜单按键。用来在 smartHMI 上将菜单项显示出来 |
| ② | 机器人名称。机器人名称可以更改 |
| ③ | 如果选择了一个程序，则此处将显示其名称 |
| ④ | 提交解释器的状态显示 |
| ⑤ | 驱动装置的状态显示。触摸该显示就会打开一个窗口，可在其中接通或关断驱动装置 |
| ⑥ | 机器人解释器的状态显示。可在此处重置或取消勾选程序 |
| ⑦ | 当前运行方式 |
| ⑧ | POV/HOV 的状态显示。显示当前程序倍率和手动倍率 |
| ⑨ | 程序运行方式的状态显示。显示当前程序运行方式 |
| ⑩ | 工具和基坐标的状态显示。显示当前工具和当前基坐标 |
| ⑪ | 增量式手动移动的状态显示 |

## 3. 示教器信息窗口和信息提示计数器

示教器信息窗口和信息提示计数器界面如图 10-16 所示，其功能介绍如下。

① 信息窗口，显示当前信息提示。

② 信息提示计数器，显示每种信息提示类型的信息提示数。

图 10-16 示教器信息窗口和信息提示计数器界面

## 4. 示教器提交解释器的状态显示

示教器提交解释器的状态显示功能说明如表 10-9 所示。

表 10-9 示教器提交解释器的状态显示功能说明

| 图标 | 标色 | 说明 |
|---|---|---|
| S | 黄色 | 选择了提交解释器。语句指针位于所选提交程序的首行 |
| S | 绿色 | 提交解释器正在运行 |
| S | 红色 | 提交解释器被停止 |

续表

| 图标 | 标色 | 说明 |
|---|---|---|
| S | 灰色 | 选择了提交解释器 |

**5. 示教器驱动装置的状态显示**

示教器驱动装置的状态显示功能说明如表 10-10 所示。

表 10-10 示教器驱动装置的状态显示功能说明

| 状态 | 说明 |
|---|---|
| 图标：I | 驱动装置已接通。中间回路已充满电 |
| 图标：O | 驱动装置已关断。中间回路未充电或没有充满电 |
| 颜色：绿色 | 确认开关已按下（中间位置）或不需要确认开关 |
| 颜色：灰色 | 确认开关未按下或没有完全按下 |

## 10.5.4 库卡机器人坐标系

工业机器人的运动实质是根据不同的作业内容、轨迹要求，在各种坐标系下运动。对工业机器人进行示教或手动操作时，其运动是在不同坐标系下进行的。在库卡机器人中有 WORLD（世界）坐标系、ROBROOT 坐标系、BASE（基础）坐标系、TOOL（工具）坐标系、FLANGE 坐标系，库卡工业机器人坐标系说明如表 10-11 所示。库卡工业机器人坐标系如图 10-17 所示。

表 10-11 库卡工业机器人坐标系说明

| 名称 | 位置 | 应用 | 特点 |
|---|---|---|---|
| WORLD 坐标系 | 可自由定义 | ROBROOT 坐标系和 BASE 坐标系的原点 | 大多数情况下位于机器人足部 |
| ROBROOT 坐标系 | 固定于机器人足内 | 机器人的原点 | 说明机器人在 WORLD 坐标系中的位置 |
| BASE 坐标系 | 可自由定义 | 工件、工装 | 说明基坐标在 WORLD 坐标系中的位置 |
| FLANGE 坐标系 | 固定于机器人法兰上 | TOOL 坐标系的原点 | 原点为机器人法兰中心 |
| TOOL 坐标系 | 可自由定义 | 工具 | TOOL 坐标系的原点为 TCP（TCP 即 Tool Center Point，工具中心点） |

1）WORLD 坐标系

WORLD 坐标系是一个固定定义的笛卡儿坐标系，是用于 ROBROOT 坐标系和 BASE 坐标系的原点坐标系。在默认配置中，WORLD 坐标系位于机器人足部。

2）ROBROOT 坐标系

ROBROOT 坐标系是一个笛卡儿坐标系，固定位于机器人足内，它可以根据 WORLD 坐标系说明机器人的位置。在默认配置中，ROBROOT 坐标系与 WORLD 坐标系是一致的。用 ROBROOT 坐标系可以定义机器人相对于 WORLD 坐标系的移动。

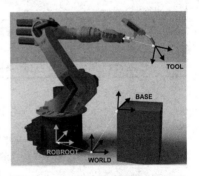

图 10-17 库卡工业机器人坐标系

3) BASE 坐标系

BASE 坐标系是一个笛卡儿坐标系,用来说明工件的位置。

4) TOOL 坐标系

TOOL 坐标系是一个笛卡儿坐标系,位于工具的工作点中。在默认配置中,TOOL 坐标系的原点在法兰中心点上(因而被称作法兰坐标系)。TOOL 坐标系由用户移入工具的工作点。

5) FLANGE 坐标系

FLANGE 坐标系是固定在机器人法兰上的坐标系。

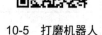

10-5 打磨机器人

### 10.5.5 库卡机器人编程

**1. 编程内容**

机器人从传送带上通过夹具抓取零件(抓取点为 line_pick_point)。先经过过渡点 1(Safe_Transition_point03),再到过渡点 2(Safe_Transition_point04),将零件移动到打磨点(workbeNCh_place_point)位置,磨削厚度为 0.03mm,磨削时间为 10s。零件打磨完成后,先到过渡点 2,再到过渡点 1,将零件放到传送带上的放置点(放置点为 line_pick_point)。

**2. 打磨机器人点位和端口数据**

打磨机器人编程点位和端口数据如表 10-12 所示。

表 10-12 打磨机器人编程点位和端口数据

| 点位或端口 | 说明 |
| --- | --- |
| 抓取点/放置点 line_pick_point | 从传送带上通过夹具抓取零件的抓取点,同时是零件打磨完成后,将零件放到传送带上的放置点 |
| 过渡点 1 Safe_Transition_point03 | 从传送带上抓取零件后,需要将零件移动到打磨位置,移动过程中的两个过渡点,先到过渡点 1,再到过渡点 2(注意,加工完零件,将零件从工作台抓取后,移动到传送带上时,先到过渡点 2,再到过渡点 1) |
| 过渡点 2 Safe_Transition_point04 | 从传送带上抓取零件后,需要将零件移动到打磨位置,移动过程中的两个过渡点,先到过渡点 1,再到过渡点 2(注意,加工完零件,将零件从工作台抓取后,移动到传送带上时,先到过渡点 2,再到过渡点 1) |
| 打磨点 workbeNCh_place_point | 零件放到打磨机上的打磨点 |
| $out[1] | 使用特定的夹具夹取零件。$out[1]=true,夹具闭合,抓取零件;$out[1]=false,夹具张开,松开零件 |
| $out[2] | 打开打磨机。$out[2]=true,打开打磨机;$out[2]=false,关闭打磨机 |

**3. 程序**

程序具体内容如下。

```
DEFModul()
INI
PTP HOME  Vel= 100 % DEFAULT
```

```
XP1=Xline_pick_point
XP1.Z=XP1.Z+100
PTP P1  Vel=100 % PDAT1 Tool[0] Base[0]
XP1.Z=XP1.Z-100
LIN P1  Vel=0.1 m/s CPDAT6 Tool[0] Base[0]

OUT 1 ''  State= TRUE
WAIT Time= 3 sec
XP1.Z=XP1.Z+300
LIN P1  Vel=0.1 m/s CPDAT6 Tool[0] Base[0]

XP3=Safe_Transition_point03
PTP p3 CONT Vel=100 % PDAT0 Tool[0] Base[0]

XP4=Safe_Transition_point04
PTP P4  Vel=100 % PDAT17 Tool[0] Base[0]

XP5=Xworkbench_place_point
XP5.Z=XP5.Z+100
PTP P5  Vel=100 % PDAT17 Tool[0] Base[0]
OUT 2 ''  State= TRUE
XP5.z=XP5.z-100
LIN P5  Vel=0.1 m/s CPDAT7 Tool[0] Base[0]
XP5.z=XP5.z-0.03
WAIT Time= 10 sec
XP5.z=XP5.Z+100
LIN P5  Vel=0.1 m/s CPDAT7 Tool[0] Base[0]
OUT 2 ''  State= FALSE

PTP P4  Vel=100 % PDAT18 Tool[0] Base[0]
PTP P3  Vel=100 % PDAT19 Tool[0] Base[0]

XP8=Xline_pick_point
XP8.Z=XP8.Z+100
PTP P8  Vel=100 % PDAT19 Tool[0] Base[0]
XP8.Z=XP8.Z-100
LIN P8  Vel=0.1 m/s CPDAT8 Tool[0] Base[0]
WAIT Time= 2 sec
OUT 1 ''  State= FALSE
XP8.Z=XP8.Z+100
LIN P8  Vel=0.1 m/s CPDAT9 Tool[0] Base[0]

PTP HOME  Vel= 100 % DEFAULT

END
```

## 延伸阅读材料

### 智慧电厂与巡检机器人应用

　　智慧电厂是对传统发电厂的转型升级，优化了电厂的运行稳定性和安全性。在智慧电厂中采用了更多的先进控制技术，可以实现电厂运行状态的优化、故障的自动诊断、自动隔离和自动恢复等功能。

　　智慧电厂中的巡检机器人可以和监控平台进行信息交互，平台的运维人员能够及时掌握巡检机器人所采集到的电厂运行数据信息，巡检机器人还具备自主充电功能，满足长时间运行的需求。目前在智慧电厂的建设中，采用智能巡检机器人是一种趋势。在工业生产和系统运维中，采用机器人技术可以提高生产率、降低生产成本，在今后具有较大的发展和应用前景。

　　目前，巡检机器人还存在以下缺陷。

　　受空间限制，由于机器人采用轮子行走，没办法跨越相应的障碍物，没办法下台阶，因此可应用的场景有一定的局限性。

　　采集的数据有限，仅能采集温度、湿度、灯闪状态，并不能及时发现气味、异响等。

　　采集数据在机器人本地存储，由于数据分析与导出不方便，因此需要在巡检机器人中采用新技术，提高巡检机器人的综合应用性能。

　　随着智慧电厂建设工作的不断完善，其他关键技术的研究取得突破，如增加现场数据采集测点，实现自动点巡检功能；增加升压站机器人巡检，代替人工巡检；增加人脸识别系统、进一步完善人员管控等。这些功能将越来越可靠地与智慧电厂的实际业务相结合，从而真正优化管理流程，最终提升工作效率，使智慧电厂的新型功能在电力生产的各个环节中得到更加深入的应用。

## 思考题

1. 机器人具有的3个特征是什么？
2. 国际标准化组织（ISO）对机器人的定义是什么？
3. 机器人按技术分类有哪几种？
4. 机器人按关节连接布置的形式分为哪几种？
5. 国际标准化组织对工业机器人所下的定义是什么？
6. 分别介绍工业机器人由哪3个部分、6个子系统组成。
7. 工业机器人的技术参数包含哪些？
8. 工业机器人按照结构坐标系统特点方式分哪几类？
9. 工业机器人按控制方式分哪几类？
10. 工业机器人的编程方式主要有几种？
11. 库卡机器人编程指令主要包含哪几种？
12. 机器人在空间中进行运动主要有哪几种方式？
13. 机器人中常用的程序数据有哪几种？
14. 示教器的基本功能有哪些？
15. 库卡机器人坐标系有哪些？

# 第 11 章 智能制造系统

## 11.1 智能制造和智能制造系统

### 11.1.1 智能制造

智能制造是基于新一代信息通信技术与先进制造技术深度融合，贯穿于设计、生产、管理、服务等制造活动的各个环节，具有自感知、自学习、自决策、自执行、自适应等功能的新型生产方式。智能制造能够有效缩短产品研制周期、提高生产率和产品质量、降低运营成本和资源能源消耗，并促进基于互联网的众创、众包、众筹等新业态、新模式的孕育发展。

智能制造具有以智能工厂为载体、以关键制造环节智能化为核心、以端到端数据流为基础、以网络互联为支撑等特征，这实际上指出了智能制造的核心技术、管理要求、主要功能和经济目标，体现了智能制造对于我国工业转型升级和国民经济持续发展的重要作用。

智能制造包括智能制造技术（Intelligent Manufacturing Technology，IMT）与智能制造系统（Intelligent Manufacturing System，IMS）。

### 11.1.2 智能制造技术

智能制造技术是指一种利用计算机模拟制造专家的分析、判断、推理、构思和决策等智能活动，并将这些智能活动与智能机器有机融合，使其贯穿应用于制造企业的各个子系统（如经营决策、产品设计、生产规划、制造装配、质量保证等）的先进制造技术。该技术能够实现整个制造企业经营运作的高度柔性化和集成化，取代或延伸制造环境中制造专家的部分脑力劳动，并对制造专家的智能信息进行收集、存储、完善、共享、继承和发展，从而极大地提高生产率。

### 11.1.3 智能制造系统概述

智能制造系统是指基于智能制造技术，综合运用人工智能技术、信息技术、自动化技术、制造技术、并行工程、生命科学、现代管理技术和系统工程理论方法，在国际标准化和互换性的基础上，使得制造系统中的经营决策、产品设计、生产规划、制造装配和质量保证等各个子系统分别实现智能化的网络集成的高度自动化制造系统。

具体来说，智能制造系统就是要通过集成知识工程、制造软件系统、机器人视觉与机器人控制等来对制造技术的技能与专家知识进行模拟，使智能机器在没有人工干预的情况下进行生产。简单来说，智能制造系统就是把人的智力活动变为制造机器的智能活动的系统。

智能制造系统的物理基础是智能机器，它包括具有各种程序的智能加工机床、工具和材料传送、准备、检测和试验装置，以及安装装配装置等。智能制造系统的目的是通过设备柔性和计算机人工智能控制，自动地完成设计、加工、控制、管理过程，从而实现适应高度变化环境的制造。

根据知识来源，智能制造系统可分为以下两类。
（1）以专家系统为代表的非自主式制造系统。
该类系统的知识由人类的制造知识总结归纳而来。
（2）建立在系统自学习、自进化与自组织基础上的自主式制造系统。

由于该类系统可以在工作过程中不断自主学习、完善与进化自有的知识，因此具有强大的适应性及高度开放的创新能力。随着以神经网络、遗传算法与遗传编程为代表的计算机智能技术的发展，智能制造系统正逐步从非自主式制造系统向具有自学习、自进化、自组织与持续发展能力的自主式制造系统过渡发展。

## 11.2 智能制造系统体系结构与关键技术

### 11.2.1 智能制造标准化参考模型

智能制造的本质是实现贯穿 3 个维度的全方位集成，包括企业设备层、控制层、管理层等不同层面的纵向集成，跨企业价值网络的横向集成，以及产品全生命周期的端到端集成。标准化是确保实现全方位集成的关键途径，结合智能制造的技术架构和产业结构，可以从系统层级、智能功能和生命周期等 3 个维度构建智能制造标准化参考模型（见图 11-1），帮助我们认识和理解智能制造标准化的对象、边界、各部分的层级关系和内在联系。

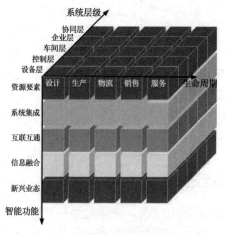

**图 11-1 智能制造标准化参考模型**

智能制造对制造业的影响主要表现在 3 个方面，分别是智能制造系统、智能制造装备和智能制造服务，涵盖了产品从生产加工到操作控制，再到客户服务的整个过程。

**1. 生命周期**

生命周期是由设计、生产、物流、销售、服务等一系列相互联系的价值创造活动组成的链式集合。生命周期中各项活动相互关联、相互影响。不同行业的生命周期的构成不尽相同。

**2. 系统层级**

系统层级自下而上共 5 层，分别为设备层、控制层、车间层、企业层和协同层。智能制造的系统层级体现了装备的智能化和互联网协议（IP）化，以及网络的扁平化趋势。

- 设备层包括传感器、仪器仪表、条码、射频识别、机器、机械和装置等，是企业进行生产活动的物质技术基础。
- 控制层包括可编程逻辑控制器（PLC）、数据采集与监控系统（SCADA）、分布式控制系统（DCS）和现场总线控制系统（FCS）等。
- 车间层实现面向工厂/车间的生产管理，包括制造执行系统（MES）等。
- 企业层实现面向企业的经营管理，包括企业资源计划（ERP）、产品生命周期管理（PLM）、供应链管理（SCM）和客户关系管理（CRM）等。
- 协同层实现产业链上不同企业通过互联网络共享信息进行协同研发、智能生产、精准物流和智能服务等。

**3. 智能功能**

智能功能包括资源要素、系统集成、互联互通、信息融合和新兴业态，具体如下。

- 资源要素包括设计施工图纸、产品工艺文件、原材料、制造设备、生产车间和工厂等物理实体，也包括电力、燃气等能源。此外，人员也可视为资源要素的一个组成部分。
- 系统集成是指通过二维码、射频识别、软件等信息技术集成原材料、零部件、能源、设备等各种制造资源，由小到大实现从智能装备到智能生产单元、智能生产线、数字化车间、智能工厂，乃至智能制造系统的集成。
- 互联互通是指通过有线、无线等通信技术，实现机器之间、机器与控制系统之间、企业之间的互联互通。
- 信息融合是指在系统集成和通信的基础上，利用云计算、大数据等新一代信息技术，在保障信息安全的前提下，实现信息协同共享。
- 新兴业态包括个性化定制、远程运维和工业云等服务型制造模式。

## 11.2.2 智能制造标准体系结构

智能制造标准体系结构包括 A 基础共性、B 关键技术、C 行业应用 3 个部分，主要反映标准体系各部分的组成关系。智能制造标准体系结构如图 11-2 所示。

具体而言，A 基础共性标准包括基础、安全、可靠性、检测评价、管理等 5 类，位于智能制造标准体系结构的底层，是 B 关键技术标准和 C 行业应用标准的支撑。B 关键技术标准是智能制造标准化参考模型中智能功能维度在生命周期维度和系统层级维度所组成的制造平面的投影,其中 BA 智能装备对应智能功能维度的资源要素,BB 智能工厂对应智能功能维度的资源要素和系统集成,BC 智能服务对应智能功能维度的新兴业态,BD 工业软件和大数据对应智能功能维度的信息融合,BE 工业互联网对应智能功能维度的互联互通。C 行业应用标准位于智能制造标准体系结构的顶层,面向行业具体需求,对 A 基础共性标准和 B 关键技术标准进行细化和落地,指导各行业推进智能制造。

智能制造标准体系结构中明确了智能制造的标准化需求,与智能制造标准化参考模型具有映射关系。以大规模个性化定制、模块化设计规范为例,它属于智能制造标准体系结构中 B 关键技术标准中 BC 智能服务中的个性化定制标准。在智能制造标准化参考模型中,它位于生命周期维度设计环节,系统层级维度的企业层和协同层,以及智能功能维度的新兴业态中。

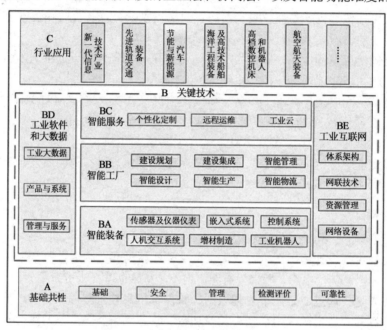

图 11-2　智能制造标准体系结构

**1. 智能装备**

作为高端装备制造业的重点发展方向和信息化与工业化深度融合的重要体现,大力培育和发展智能装备产业对于加快制造业转型升级,提升生产率、技术水平和产品质量,降低能源、资源消耗,实现制造过程的智能化和绿色化发展具有重要意义。智能装备的基础作用不仅体现在对于海洋工程、高铁、大飞机、卫星等高端装备的支撑,还体现在对于其他制造装备通过融入测量控制系统、自动化成套生产线、机器人等技术实现产业的提升。

智能装备是指具有感知、分析、推理、决策、控制功能的制造装备,如图 11-3 所示,它是先进制造技术、信息技术和智能技术的集成和深度融合。基于智能装备,能够实现自适应加工。自适应加工是指通过工况在线感知、智能决策与控制、装备自律执行大闭环过程,不断提升装备性能、增强自适应能力,这是高品质复杂零件制造的必然选择。通过机床的自适应加工,能够实现几何精度、微观组织性能、表面完整性、残余应力分布及加工产品的品质一致性的完整保证。

重点推进高档数控机床与基础制造装备,自动化成套生产线,智能控制系统,精密和智能仪器仪表与试验设备、关键基础零部件、元器件及通用部件,智能专用装备的发展,实现生产过程自动化、智能化、精密化、绿色化,带动工业整体技术水平的提升。例如,在精密和智能仪器仪表与试验设备领域,要针对生物、节能环保、石油化工等产业发展的需要,重点发展智能化压力、流量、物位、成分、材科、力学性能等精密仪器仪表和科学仪器及环境、安全和国防特种检测仪器。

图 11-3　智能装备

### 2. 智能服务

以智能服务为核心的产业模式变革是新一代智能制造系统的主题。新一代人工智能技术的应用催生了产业模式从以产品为中心向以用户为中心的根本转变。随着传统工业巨头的衰落和新兴"数字原生"企业的崛起,企业的竞争力正在被重新定义。在智能制造时代,人、产品、系统、资产和机器之间建立了实时的、端到端的、多向的通信和数据共享;每个产品和生产流程都可以自主监控,感知了解周边环境,并通过与用户和环境的不断交互自我学习,从而创造出越来越有价值的用户体验;制造业也能实时了解用户的个性化需求,并及时进行改进。这种基于数据的智能化给制造业带来的变化不仅是生产率的提升,还会在传统的产品之外衍生出新的产品和服务模式,开辟新的增长空间,制造业的运营模式和竞争力会被重新定义。面向共性需求,制造业将逐渐建立智能制造综合服务发展模式及平台运营机制,打通上下游产业链与服务链,支持面向智能制造领域的服务定制和服务交易;支持各类环节实时在线服务,打造贯通智能制造全行业、全流程、全要素的服务体系。智能服务包括协同设计、大规模个性化定制、远程运维及预测性维护、智能供应链优化等具体服务模式,涉及跨媒体分析推理、自然语言处理、大数据智能、高级机器学习等关键技术。

### 3. 工业软件和大数据

智能制造系统具有数据采集、数据处理、数据分析的能力,能够准确执行指令,实现闭环反馈,这些都是信息技术的体现。智能制造的基础在于互联网时代信息互联,失去了互联网这个基础设施,智能制造就不会成为现代高科技。可以说,智能制造本质是基于信息物理系统的。

信息物理系统(Cyber Physical Systems,CPS)作为计算进程和物理进程的统一体,是集计算、通信与控制于一体的下一代智能系统。信息物理系统通过人机交互接口实现和物理进程的交互，使用网络化空间以远程的、可靠的、实时的、安全的、协作的方式操控一个物理实体。信息物理系统包含了将来无处不在的环境感知、嵌入式计算、网络通信和网络控制等系统工程，使物理系统具有计算、通信、精确控制、远程协作和自治功能。信息物理系统注重计算资源与物理资源的紧密结合与协调，主要用于一些智能系统上，如设备互联、物联传感、智能家居、机器人、智能导航等。

工业软件固化了信息物理系统计算和数据流程的规则，是信息物理系统的核心。信息物理系统应用的工业软件技术主要包括嵌入式软件技术、MBD 技术、CAX/MES/ERP 软件技术。

1）嵌入式软件技术

嵌入式软件技术主要是指把软件嵌入工业装备或工业产品之中，这些软件可细分为操作系统、嵌入式数据库和开发工具、应用软件等。它们被植入硬件产品或生产设备的嵌入式系统之中，达到自动化、智能化地控制、监测、管理各种设备和系统运行的目的，应用于生产设备，实现采集、控制、通信、显示等功能。

嵌入式软件技术是实现信息物理系统功能的载体，其紧密结合在信息物理系统的控制、通信、计算、感知等各个环节。

2）MBD 技术

MBD（Model Based Definition）技术采用了一个集成的全 3D 数字化产品描述方法来完整地表达产品的结构信息、几何形状信息、3D 尺寸标注和制造工艺信息等，将 3D 实体模型作为生产制造过程中的唯一依据，改变了传统以工程图纸为主，而以 3D 实体模型为辅的制造方法。

MBD 技术支撑了信息物理系统的产品数据在制造各环节的流动。

3）CAX/MES/ERP 软件技术

CAX 是 CAD、CAM、CAE、CAPP 等各项技术的综合叫法。CAX 实际上把多元化的计算机辅助技术集成起来协调地进行工作，从产品研发、产品设计、产品生产、产品流通等各个环节对产品全生命周期进行管理，实现生产和管理过程的智能化、网络化管理和控制。CAX/MES/ERP 等管理层各系统功能说明如表 11-1 所示。

表 11-1 CAX/MES/ERP 等管理层各系统功能说明

| 简称 | 英文名称 | 中文名称 | 功能说明 |
| --- | --- | --- | --- |
| CAD | Computer Aided Design | 计算机辅助设计 | 利用计算机及其图形设备帮助设计人员进行设计工作 |
| CAE | Computer Aided Engineering | 计算机辅助工程 | 利用计算机对工程和产品进行性能与安全可靠性分析，对其未来的工作状态和运行行为进行模拟。及早发现设计缺陷，并证实未来工程、产品功能和性能的可用性和可靠性。这里主要指的是 CAE 软件。<br>CAE 包含计算机辅助工程计划管理、计算机辅助工程设计、计算机辅助工程施工管理及工程文档管理等 |

续表

| 简称 | 英文名称 | 中文名称 | 功能说明 |
|---|---|---|---|
| CAPP | Computer Aided Process Planning | 计算机辅助工艺设计 | 借助计算机软硬件技术和支撑环境,利用计算机进行数值计算、逻辑判断和推理等功能,来制订零件机械加工工艺过程。CAPP 是将产品设计信息转换为各种加工制造、管理信息的关键环节;是企业信息化建设中联系设计和生产的纽带,并为企业的管理部门提供相关的数据;是企业信息交换的中间环节 |
| CAM | Computer Aided Manufacturing | 计算机辅助制造 | 利用计算机来进行生产设备管理控制和操作的过程。输入信息是零件的工艺路线和工序内容,输出信息是刀具加工时的运动轨迹(刀位文件)和数控程序 |
| CRM | Customer Relationship Management | 客户关系管理 | 利用相应的信息技术和互联网技术来协调企业与客户间在销售、营销和服务上的交互,向客户提供创新式的个性化的交互和服务的过程 |
| MES | Manufacturing Execution System | 制造执行系统 | 面向制造企业车间执行层的生产信息化管理系统,为企业提供包括制造数据管理、计划排程管理、生产调度管理、库存管理、质量管理、生产过程控制、底层数据集成分析、上层数据集成分解等管理模块,为企业打造一个扎实、可靠、全面、可行的制造协同管理平台 |
| PDM | Product Data Management | 产品数据管理 | 用来管理所有与产品相关信息(包括零件信息、配置、文档、CAD 文件、结构、权限信息等)和所有与产品相关过程(包括过程定义与管理)的技术。PDM 的基本原理是在逻辑上将各个 CAX 信息化孤岛集成起来,利用计算机系统控制整个产品的开发设计过程,通过逐步建立虚拟的产品模型,最终形成完整的产品描述、生产过程描述及生产过程控制数据 |
| PLM | Product Lifecycle Management | 产品生命周期管理 | 应用于在单一地点的企业内部、分散在多个地点的企业内部及在产品研发领域具有协作关系的企业之间,支持产品全生命周期的信息的创建、管理、分发和应用的一系列应用解决方案,能够集成与产品相关的人力资源、流程、应用系统和信息 |
| SCM | Supply Chain Management | 供应链管理 | 在满足一定的客户服务水平的条件下,为了使整个供应链系统成本达到最小,而把供应商、制造商、仓库、配送中心和渠道商等有效地组织在一起来进行的产品制造、转运、分销及销售的管理软件系统,包括计划、采购、制造、配送、退货五大基本内容 |
| ERP | Enterprise Resource Planning | 企业资源计划 | ERP 是企业进行物质资源、资金资源和信息资源集成一体化管理的企业信息管理系统。ERP 是一个以管理会计为核心,可跨地区、跨部门,甚至跨公司整合实时信息的企业管理软件,是针对物资资源管理(物流)、人力资源管理(人流)、财务资源管理(财流)、信息资源管理(信息流)集成一体化的企业管理软件 |

实现智能工厂,概括为"一硬"(感知和自动控制)、"一软"(工业软件)、"一网"(工业网络)、"一平台"(工业云和智能服务平台)。其中,工业软件代表了信息物理系统的思维认识,是感知控制、信息传输、分析决策背后的世界观、价值观和方法论。

工业大数据泛指工业领域数字化、自动化、信息化应用过程中产生的数据,它基于先进大数据技术,贯穿于工业的设计、工艺、生产、管理、服务等各个环节,使工业系统具备描述、诊断、预测、决策、控制等智能化功能的模式和结果。

大数据的数据有很多种来源，包括公司或机构的内部来源和外部来源。数据来源可以分为以下 5 类。

1）交易数据

交易数据包括 POS 机数据、信用卡刷卡数据、电子商务数据、互联网点击数据、企业资源计划系统数据、销售系统数据、客户关系管理系统数据，以及公司的生产数据、库存数据、订单数据、供应链数据等。

2）移动通信数据

智能手机等移动通信设备越来越普遍。移动通信设备记录的数据量和数据的立体完整度，常常优于各家互联网公司掌握的数据。移动通信设备上的软件能够追踪和沟通无数事件，从运用软件存储的交易数据（如搜索产品的记录事件）到个人信息资料或状态报告事件（如地点变更即报告一个新的地理编码）等。

3）人为数据

人为数据包括电子邮件、文档、图片、音频、视频，以及通过微信、博客等社交媒体产生的数据流。这些数据大多数为非结构性数据，需要用文本分析功能进行分析。

4）机器和传感器数据

机器和传感器数据包括来自传感器、量表和其他设施的数据，定位系统数据等，还包括功能设备创建或生成的数据，如智能温度控制器、智能电表、工厂机器和联网的家用电器数据。来自新兴的物联网的数据是机器和传感器所产生的数据的例子之一。来自物联网的数据可以用于构建分析模型、连续检测行为（如当传感器显示值有问题时进行识别）、提供规定的指令（如警示技术人员在真正出问题之前检查设备）等。

5）互联网上的开放数据

互联网上的开放数据包括政府机构、非营利组织和企业免费提供的数据。尽管上面列出了大量的数据源，但是要满足具体企业或机构的具体需要，也常常有困难。

总体而言，工业大数据实时性要求高、数据多元且数据量较大，数据格式结构化和非结构化并存，更强调不同数据之间的物理关联，分析结果具有实时性且对精确度要求较高，与传统工业数据和互联网大数据存在差异。

**4. 工业互联网**

工业互联网是新一代信息通信技术与工业经济深度融合的新型基础设施、应用模式和工业生态，通过对人、机、物、系统等的全面连接，构建起覆盖全产业链、全价值链的全新制造和服务体系，为工业乃至产业数字化、网络化、智能化发展提供了实现途径，是第四次工业革命的重要基石。

工业互联网不是互联网在工业中的简单应用，而具有更为丰富的内涵和外延。它以网络为基础、以平台为中枢、以数据为要素、以安全为保障，既是工业数字化、网络化、智能化转型的基础设施，又是互联网、大数据、人工智能与实体经济深度融合的应用模式，同时是一种新业态、新产业，将重塑企业形态、供应链和产业链。

当前，工业互联网融合应用向国民经济重点行业广泛拓展，形成平台化设计、智能化制造、网络化协同、个性化定制、服务化延伸、数字化管理六大新模式，赋能、赋智、赋值作用不断显现，有力地促进了实体经济提质、增效、降本、绿色、安全发展。

## 11.3 智能工厂

随着物联网、大数据、移动应用等一系列前沿信息技术的发展，全球范围内的新一轮工业革命开始提上日程，工业转型进入实质阶段，国家已经开始积极行动起来，发力把握新一轮工业发展机遇、实现工业智能化转型。智能工厂作为工业智能化发展的重要实践形式，已经引发了行业的广泛关注。

智能工厂是实现智能制造的载体，如图 11-4 所示。在智能工厂中，通过生产管理系统、计算机辅助工具和智能装备的集成与互操作来实现智能化、网络化分布式管理，进而实现企业业务流程、工艺流程及资金流程的协同，以及生产资源（材料、能源等）在企业内部及企业之间的动态配置。

实现智能制造的利器就是数字化、网络化的工具软件和制造装备，包括以下类型。

- 计算机辅助工具，如 CAD（计算机辅助设计）、CAE（计算机辅助工程）、CAPP（计算机辅助工艺设计）、CAM（计算机辅助制造）、CAT（计算机辅助测试，如 CT 信息测试、FCT 功能测试）等。
- 计算机仿真工具，如物流仿真、工程物理仿真（包括结构分析、声学分析、流体分析、热力学分析、运动分析、复合材料分析等多物理场仿真）、工艺仿真等。
- 工厂/车间业务与生产管理系统，如 ERP（企业资源计划）、MES（制造执行系统）、PLM（产品全生命周期管理）、PDM（产品数据管理）等。
- 智能装备，如高档数控机床与机器人、增材制造装备（3D 打印机）、智能炉窑、反应釜及其他智能化装备、智能传感与控制装备、智能检测与装配装备、智能物流与仓储装备等。
- 新一代信息技术，如物联网、云计算、大数据等。

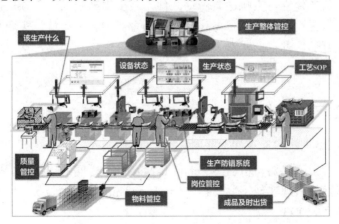

图 11-4 智能工厂

### 11.3.1 智能工厂的典型场景

在智能工厂中，借助各种生产管理工具、软件、系统和设备，打通企业从设计、生产到销售、维护的各个环节，实现产品仿真设计、生产自动排程、信息上传下达、生产过程监控、质量在线监测、物料自动配送等智能化生产。下面介绍几个智能工厂中的典型"智能"生产场景。

场景 1：设计/制造一体化。在智能化较好的航空航天制造领域，采用基于模型定义的技术实现产品开发，用一个集成的 3D 实体模型完整地表达产品的设计信息和制造信息（产品结构、3D 尺寸、BOM 等），所有的生产过程（包括产品设计、工艺设计、工装设计、产品制造、检验检测等）都基于该模型实现，这打破了设计与制造之间的壁垒，有效解决了产品设计与制造的一致性问题。制造过程的某些环节，甚至全部环节都可以在全国或全世界进行代工，使制造过程性价比最优化，实现协同制造。

场景 2：供应链及库存管理。企业要生产的产品种类、数量等信息通过订单确认，这使得生产变得精确。例如，使用 ERP 或 WMS（仓库管理系统）进行原材料的库存管理，包括各种原材料及供应商信息。当客户下达订单时，ERP 自动计算所需的原材料，并且根据供应商信息即时计算原材料的采购时间，确保在满足交货时间的同时使得库存成本最低，甚至为零。

场景 3：质量控制。车间内使用的传感器、设备和仪器能够自动在线采集质量控制所需的关键数据；生产管理系统基于实时采集的数据，提供质量判异和过程判稳等在线质量监测和预警方法，及时有效发现产品质量问题。此外，产品具有唯一标识（二维码、电子标签），可以以文字、图片和视频等方式追溯产品质量所涉及的数据，如用料批次、供应商、作业人员、作业地点、加工工艺、加工设备信息、作业时间、质量检测及判定、不良处理过程等。

场景 4：能效优化。采集关键制造装备、生产过程、能源供给等环节的能效相关数据，使用 MES 或 EMS（能源管理系统）对能效相关数据进行管理和分析，及时发现能效的波动和异常，在保证正常生产的前提下，相应地对生产过程、设备、能源供给及人员等进行调整，实现生产过程的能效提高。

综上，智能工厂的建立可大幅改善劳动条件，减少生产线人工干预，提高生产过程可控性，最重要的是智能工厂能够借助信息化技术打通企业的各个流程，实现从设计、生产到销售各个环节的互联互通，并在此基础上实现资源的整合优化和提高，从而进一步提高企业的生产率和产品质量。

## 11.3.2 智能工厂的特点

**1. 生产设备网络化，实现车间物联网**

传统的车间只实现了机器与机器（Machine to Machine）之间的连接，这是传统工厂的 M2M 通信模式。而物联网的出现实现了物与物（Things to Things）、物与人、所有的物品与网络的连接，我们一般称之为 T2T。

**2. 生产过程透明化，MES 成为智能工厂的"神经网络"**

MES 是对整个生产过程进行管理的软件系统，智能工厂的"神经网络"主要由 MES 构成。

因为有了 MES 的存在，整个智能系统才能够获取足够多的生产数据，才使得智能系统的数据分析成为可能，所以说 MES 是智能工厂的"神经网络"毫不为过。

#### 3．生产数据可视化，大数据分析进行决策

在智能工厂的生产现场，智能系统每隔几秒就收集一次 MES 上传的数据。工厂的智能系统可以利用这些数据对各个环节进行分析并制定相应的改进方案，通过不断优化来使工厂的生产达到最优状态。

#### 4．生产现场无人化，真正做到无人工厂

在自动化生产的情况下，智能系统一般自行管理工厂中的所有生产任务，如果生产中遇到问题，一经解决，则立即恢复自动化生产，整个生产过程无须人工参与，真正实现无人的智能生产。

#### 5．生产文档无纸化，实现高效、绿色制造

生产文档进行无纸化管理，需要的生产信息都可在线快速查询、浏览、下载，不仅提高了效率，还减少了资源浪费。

### 11.3.3　智能工厂的典型网络结构

智能工厂的典型网络结构如图 11-5 所示。

**1．企业层**

企业层实现面向企业的经营管理，如接收订单、建立基本生产计划（如原料使用、交货、运输）、确定库存等级、保证原料及时到达正确的生产地点，以及远程运维管理等。ERP、PLM、PDM、CAPP、OA 等管理软件都在该层运行。

**2．执行层**

执行层实现面向工厂车间的生产管理，如维护记录、详细排产、可靠性保障等。MES 在该层运行，MES 系统流程如图 11-6 所示。

MES 旨在加强 MRP 的执行功能，把 MRP 和生产现场控制设施联系起来。这里的生产现场控制设施包括 PLC、数据采集器、条码、各种计量及检测仪器、机械手等。MES 设置了必要的接口，与提供生产现场控制设施的厂商建立合作关系。

**3．采集层**

采集层实现面向生产制造过程的监视和控制，包括可视化的数据采集与监控（SCADA）系统、人机交互（HMI）、实时数据库服务器等，以及各种可编程的控制设备，如 PLC、DCS、工业计算机（IPC）和其他专用控制器等。

**4．设备层**

设备层实现面向生产制造过程的传感和执行，包括各种传感器、变送器、执行器、RTU（远程终端设备）、检测设备、射频识别，以及立体库、机器人、CNC、热处理炉、AGV（自动引导车）、自动化线等制造装备，这些设备统称为现场设备。

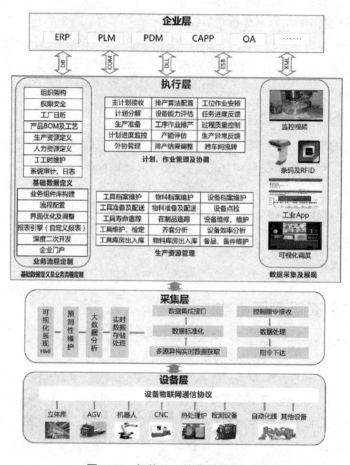

图 11-5 智能工厂的典型网络结构

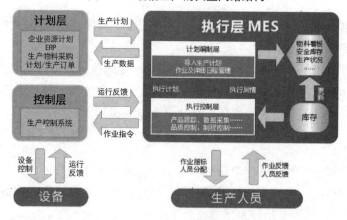

图 11-6 MES 系统流程

工厂/车间的网络互联互通本质上是实现信息/数据的传输与使用,具体包含以下含义:物理上分布于不同层次、不同类型的系统和设备通过网络连接在一起,并且信息/数据在不同层次、不同设备间传输;设备和系统能够一致地解析所传输信息/数据的数据类型,甚至了解其含义。前者指网络化,后者需要定义统一的设备行规或设备信息模型,并通过计算机可识别的方法(软件或可读文件)来表达设备的具体特征(参数或属性),这一般由设备制造商提供。

如此，当生产管理系统（如 ERP、MES、PDM）或监控系统接收到现场设备的数据后，就可解析出数据的数据类型及其代表的含义。现场数据采集整体框架如图 11-7 所示。

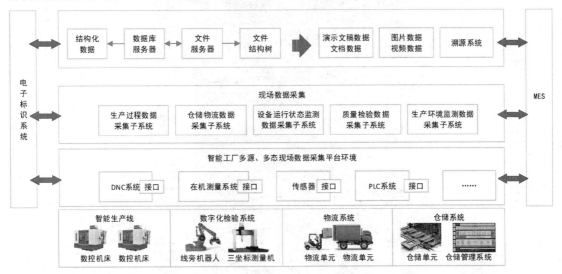

图 11-7　现场数据采集整体框架

1）设备层模型

基于离散型智能制造工程的智能工厂设备层模型如图 11-8 所示，基于分散式制造岛的概念，通过功能分类汇集成岛，通过灵活物流连接成线和系统。

2）DNC 系统

DNC（Distributed Numerical Control，分布式数控）是网络化数控机床常用的制造术语。DNC 系统的本质是计算机与具有数控装置的机床群使用计算机网络技术组成的分布在车间中的数控系统，如图 11-9 所示。DNC 系统负责底层的物理连接、机床的加工代码传输、机床的相关文件传输等，实现代码及机床参数等文档的传输。

DNC 系统的联网方案如下。

- 获取数控机床的实时传输状态，包括机床的通信端口的状态、当前传输的程序名称、传输的进度等。
- 获取数控机床的实时加工状态，包括机床的操作工、程序号、图纸号、加工时间等，并且用不同颜色显示机床状态。
- 查看系统历史记录，包括系统的所有运行状态记录，以及文件的传输记录、数控程序编码传输成功还是失败等信息，可进行自定义查询。
- 基于 WEB 服务器，DNC 与 MES 无缝对接，数控代码可根据 MES 进行集成和对接，同时开放数据 DNC 网络数据接口，可供二次开发、集成和系统数字化功能扩展。
- 配套数控 DNC 接口硬件，接口采用 TCP/IP 与外部进行通信。

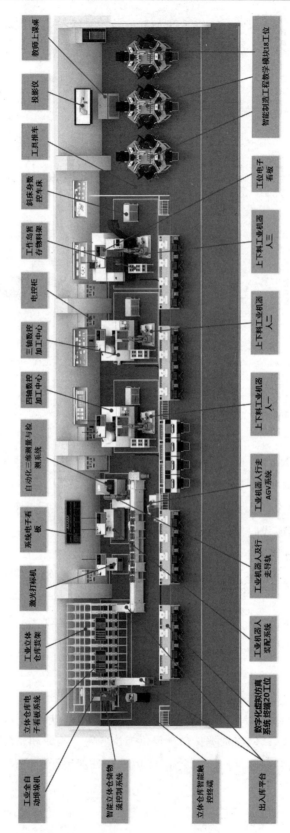

图 11-8 基于离散型智能制造工程的智能工厂设备层模型

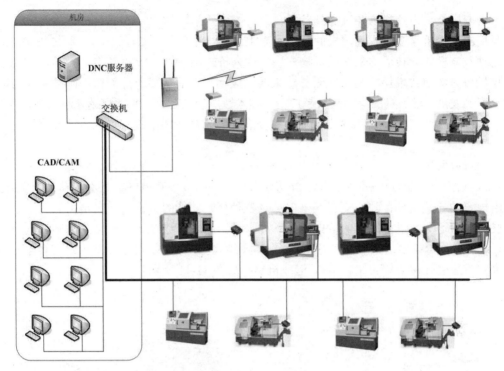

图 11-9　DNC 系统

3）MDC 系统

MDC（Manufacturing Data Collection&Status Management，制造数据采集管理）是一套用来实时采集，并报表化和图表化车间的详细制造数据和过程的软硬件解决方案。MDC 系统将数控设备的运行参数及加工状态通过相关硬件和软件的配合自动采集到网络 MDC 数据库中，支持多种数据采集方式、实时监控和采集、实时存储大数据，还支持视频的监控采集。

MDC 系统针对离散型制造系统、制造岛和数控机床，通过现场数据采集端实时采集现场数据，并通过后台强大数据分析系统进行处理，其主要功能包括机床（生产线）实时监控、机床利用率分析、劳动率追踪、生产报表生成、数控程序管理、设备档案管理等。

MDC 系统由设备实施状态监控模块、权限管理和配置模块、数据状态管理模块、图形化效率管理模块、OEE 报表管理模块等组成。

4）工业立体仓库货架

工业立体仓库货架是物流仓储中出现的新概念，如图 11-10 所示。利用立体仓库设备可实现仓库高层合理化、存取自动化、操作简便化。自动化立体仓库是当前技术水平较高的形式。自动化立体仓库的主体由货架、巷道式堆垛机、入（出）库工作台和自动运进（出）及操作控制系统组成。货架是钢结构或钢筋混凝土结构的建筑物或结构体，货架内是标准尺寸的货位空间，巷道式堆垛机穿行于货架之间的巷道中，完成存、取货的工作。自动化立体仓库在管理上采用计算机及条码技术。

5）工业全自动堆垛机

堆垛机是立体仓库中最重要的起重运输设备，是代表立体仓库的标志。

堆垛机的主要作用是在立体仓库的巷道内来回运行，将位于巷道口的货物存入货架的货格,或者取出货格内的货物并运送到巷道口。

早期的堆垛机是在桥式起重机的起重小车上悬挂一个门架(立柱),利用货叉在立柱上的上下运动及立柱的旋转运动来搬运货物,通常称为桥式堆垛机。1960年左右,美国出现了巷道式堆垛机。巷道式堆垛机利用地面导轨来防止倾倒。其后,随着计算机控制技术和自动化立体仓库的发展,堆垛机的运用越来越广泛,技术性能越来越好,高度也越来越高。如今,堆垛机的高度可以达到40m。事实上,如果不受仓库建筑和费用限制,堆垛机的高度还可以更高。

6) AGV系统

AGV(Automatic Guided Vehicle,自动导引车)是指装备有电磁或光学等自动导航装置,能够沿规定的导航路径行驶,具有安全保护及各种移载功能的运输车。它是工业应用中不需要驾驶员的搬运车,以可充电的蓄电池为动力来源。一般可通过计算机来控制其行进路径和行为,或者利用电磁轨道来设立其行进路径,电磁轨道粘贴于地板上,AGV则依靠电磁轨道所带来的讯息进行移动与动作。AGV运载机器人如图11-11所示。

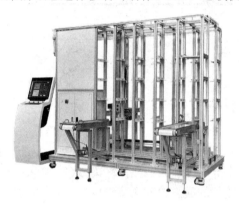

图11-10 工业立体仓库货架

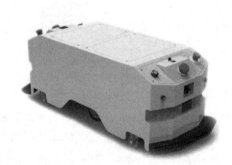

图11-11 AGV运载机器人

7) RFID系统

RFID(射频识别)系统是一种非接触式的自动识别系统,它通过射频无线信号自动识别目标对象,并获取相关数据,由电子标签、读写器和计算机网络构成。RFID系统以电子标签来标识物体,电子标签通过无线电波与读写器进行数据交换,读写器可先将主机的读写命令传输到电子标签,再把电子标签返回的数据传输到主机,主机的数据交换与管理系统负责完成电子标签数据信息的存储、管理和控制。RFID应用实物如图11-12所示。

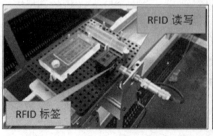
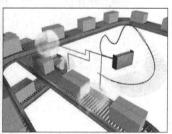

图11-12 RFID应用实物

## 11.4 应用实例——直升机旋翼系统制造智能工厂

### 11.4.1 案例基本情况

针对直升机产品协同研制、敏捷制造的需求，某公司形成了以直升机部装、总装过程为主线的生产组织模式，分别构建了旋翼系统制造、整机铆装等总厂。本案例以直升机旋翼系统核心零部件制造及装配为核心，通过车间级的工业互联网桥梁，构建了直升机旋翼系统制造智能工厂，实现了产品研制周期缩短 20%，生产率提高 20%，生产人力资源减少 20%，产品零部件不良率降低 10%，单线年产 50 架的批生产能力。智能工厂系统架构如图 11-13 所示。智能工厂生产线实景如图 11-14 所示。

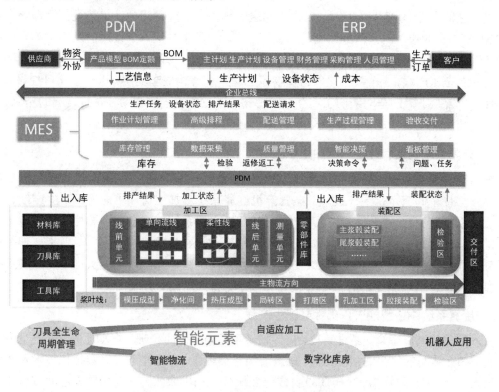

图 11-13 智能工厂系统架构

图 11-14 智能工厂生产线实景

## 11.4.2 案例系统介绍

旋翼系统制造总厂在现有动部件数控加工、复材桨叶成型、动部件装配、ERP/MES 初步集成的基础上,建设线前单元、单向流线、柔性线、线后单元、测量单元等实体内容;开发 MES、DNC 系统、智能仓储与物流控制系统等软件内容;搭建工业级互联网络,利用感应元件进行对各执行终端数据的实时采集,在系统软件的统筹指挥与管控下,实现生产现场自动物流配送及无人工调度等,以此来构建直升机旋翼系统制造智能工厂,适应和满足直升机旋翼系统年生产配套发展的需求。

直升机旋翼系统制造智能工厂的建设融入了状态感知、实时分析、自主决策、精确执行的理念,结合直升机旋翼系统核心零部件制造及装配中的业务流程特征,搭建企业层、车间层、单元层的 3 层构架智能工厂。以物流配送系统、制造过程管理、工艺设计管理等高度集成的 MES 为企业层;由 4 条单件流、一条单向流、一条柔性流、一条线前及应急单元构成的机加(机械加工)示范生产线,一条复合材料桨叶示范生产线(桨叶线),由 4 个单元构成的旋翼装配示范生产线,3 个数字化库房及物流配送系统等构成车间层;以数字化可控设备、感应元件为单元层。借助车间级的工业互联网桥梁,以业务流程来驱动各执行终端的精确执行,实现产品的制造全生命周期,助推企业旋翼系统高效、稳定的批量生产。

**1. 旋翼系统制造智能工厂机加生产线**

根据旋翼系统中机加件的制造特征,建设一个锻铸件基准制造执行单元、4 条直升机旋翼系统桨毂零件单向流示范生产线、一条直升机旋翼系统难加工盘环单向流示范生产线、一个直升旋翼系统接头零件制造示范单元、一个直升机旋翼系统铝合金盘环柔性制造示范单元。加工过程自动感知毛坯状态、机床状态和特征状态,对缺陷情况、受力大小、误差、偏差进行实时分析,自主决定余量分布、参数变化、参数补偿、错误追溯,驱动执行单元开展基准制作、参数调整、精确加工、信息输出等工作,实现加工过程的智能化。

**2. 旋翼系统制造智能工厂部件装配生产线**

引入智能化装配理念,结合桨毂、自倾仪装配特点,设计和研究自动化的孔挤压强化、温差控制、部件装配的执行终端。同时,融入数字化装配工具、智能设备、数字化技术及传感技术,建设 3 条桨毂装配生产线和 3 条自倾仪装配线。利用成熟的工业机器人,通过智能视觉处理系统进行自我分析、位置补偿和姿态调整后精确定位,把支臂安装槽插入弹性轴承配合面。机器人末端执行器使用自适应夹紧装置,适应不同机型零件的外形轮廓差异,提高多机型通用性。利用集成自动控制软件,实现装配过程动作的标准统一、时间固定可控,出现故障或干涉进行预警并自动停止。

**3. 旋翼系统制造智能工厂复合材料桨叶数字化生产线**

基于桨叶成型制造技术,建设集成智能化数据管理系统、智能化运行与管理系统、制造过程智能控制系统等功能于一体的生产体系,实现桨叶产品全生命周期的管理和控制。

建立低温储存材料的数字化、智能化管理系统,实现预浸料等材料的外置期、储存期管理及出入库管理,同时实现材料的预警功能,保证材料的有效性;应用铺层工艺仿真技术、数控下料技术、激光铺层定位技术、数控切边镗孔技术及激光散斑检测技术等,实现桨叶制造全过程的数字化;发展桨叶成型工艺模拟仿真技术,进行桨叶铺层和固化工艺参数的模拟验证,确定泡沫压缩量、加压压力和温度等参数;发展和应用桨叶制造 MBD 技术,实现桨叶图纸信息、桨叶制造工艺信息的电子化记录和存储,推进过程控制的智能化进程。

**4. 旋翼系统制造智能工厂执行系统**

通过与上层 ERP 系统、工艺系统紧密集成,建立了一套基于旋翼系统零部件生产及装配的智能制造生产线的 5 层架构数字化平台执行系统,同时利用嵌入式传感器等设备与操作层、现场控制层紧密集成。生产线执行系统以整个工厂的数据集成为核心,以生产跟踪为主线,对车间的数据采集、产品数据管理、生产计划管理、流程管理、配送管理、生产过程管理、库房管理、质量管理、统计分析、看板管理、设备管理、工装及刀夹量具管理等车间生产业务实施全面管控。生产线执行系统架构如图 11-15 所示。

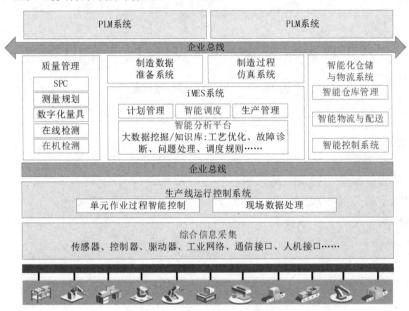

图 11-15 生产线执行系统架构

**5. 旋翼系统制造智能工厂仓储与物流**

建设一个由刀具库、毛坯立体库及零件立体库构成的数字化仓储、智能化的物流线(主线物流和线内物流)及中央控制系统、仓储与物流系统。利用射频技术,对仓储系统各原件进行实时感知,中央控制系统对各站位反馈信息进行实时分析,自主分析各执行终端的需求,通过仓储与物流系统实现精确配送。

1)智能物资管理仓库

物资管理仓库由刀具库、毛坯立体库、零件立体库构成,物资管理仓库自主进行物资搬运、摆放、清理等作业,达到仓库空间充分合理利用、物资数据掌握及时精确、搬运工作准确高效的目的。

2)智能物流与配送

利用感应元件智能识别执行终端工作状况,优化排产,调整资源分配,进行智能判断,工件和刀具在生产线内自动流转，实现工件和刀具自动配送到工位、工件在工序间智能流转。

3）智能仓库及物流控制系统

对接生产执行及管控系统，仓库及物流控制系统自动执行中央控制系统发送的物流指令，调度主线物流和线内物流的运行；根据公司生产计划，向物流控制系统发送物流指令，并监控整个车间的生产情况，突破生产能力瓶颈。同时，系统具备智能仓库定制、账目管理、动态监控、风险预警等功能，能对采集的数据进行逻辑判断与处理，下达科学的执行指令等，提升综合管理能力。物流集成接口数据流向如图 11-16 所示。

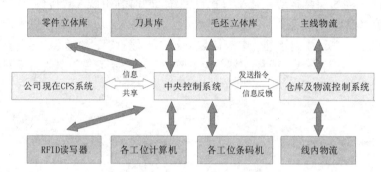

图 11-16　物流集成接口数据流向

# 思考题

1. 什么是智能制造、智能制造技术、智能制造系统？
2. 智能制造的关键技术有哪些？
3. 列举你所知道的工业软件和它们的功能。

# 第 12 章

# 创新实践综合案例

## 12.1 智造金工锤

### 12.1.1 项目任务

金工锤的制作是典型的工程训练项目，智造金工锤是传统金工锤项目的升级。在普通车削加工、钳工基础上，还需要使用逆向设计、快速成型、特种加工等方法，自行设计制作出有创意的金工锤手柄套和 Logo，最后进行装配，智造金工锤实物图如图 12-1 所示。

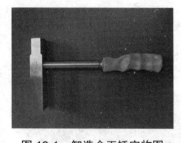

图 12-1 智造金工锤实物图

项目综合了传统和现代加工技术，锤柄和锤头由教师给定尺寸和精度要求，手柄套及 Logo 为开放式自主设计制作。具体包括以下几个部分。

逆向个性化创意设计：使用油泥创造出属于自己独一无二的金工锤手柄套，通过 3D 扫描，建立数字化模型。

3D 打印：使用快速成型设备，设置相关加工参数，制作出创意手柄套实物。

普通车削加工：熟练掌握普通车削加工的原理和典型零件加工方法，制作出金工锤手柄。

钳工：利用锉削、锯削、钻削等操作，制作出金工锤锤头。

特种加工激光打标：需要了解激光打标的基本原理，掌握激光打标的基本操作，在金工锤上自主设计与制作 Logo。

### 12.1.2 制作锤手柄套

（1）实物准备。

用油泥捏出需要的手柄套形状，参考样式如图 12-2 所示，此处可根据具体情况捏出合适的造型。

（2）3D 测量，数据采集。

粘贴标志点，如图 12-3 所示。在贴点时要注意：不能是直线、等边三角形，不能在特征处贴点（倒角、圆角、小孔、曲率小的部位），尽量贴在平缓的位置。

图 12-2 手柄套参考样式

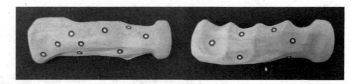

图 12-3 粘贴标志点

打开扫描软件 Techlego，新建工程，如图 12-4 所示。

图 12-4 新建工程

打开相机，对焦中心。

采集数据。从多角度、多方位分次进行数据扫描，每次扫描都需要保证投射十字在相机白色方框中心范围，在扫描过程中物体和扫描设备需要保持相对静止，注意保存工程数据。采集数据如图 12-5 所示。

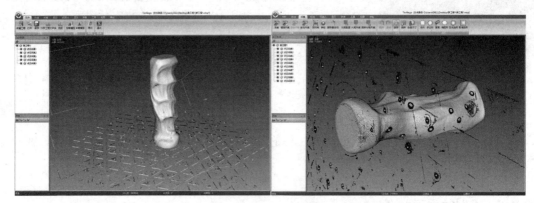

图 12-5 采集数据

杂点去除。利用套索工具选中多余的杂点，去除，如图 12-6 所示。

数据导出。选择导出命令将数据导出。

（3）数据处理，建立数字模型。

打开 Geomagic Wrap 软件，导入上一步得到的点云数据。删除体外孤点和非链接项，进行减少噪声、面片封装、边界删除、填充孔等操作，数据处理如图 12-7 所示，处理完毕后将数据另存为 *.stl 格式。

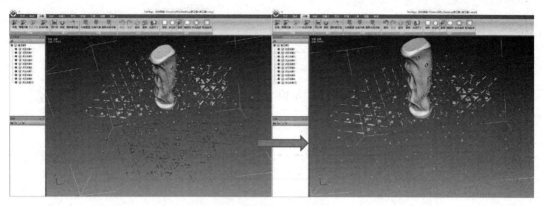

图 12-6  杂点去除

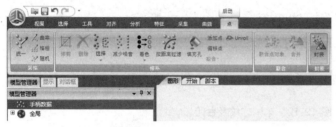

图 12-7  数据处理

打开 3Done 软件，导入上一步得到的*.stl 文件，进行建模打孔，完成后仍然保存为*.stl 格式，该文件即可用于 3D 打印的数字模型，如图 12-8 所示。

（4）3D 打印实物，如图 12-9 所示。

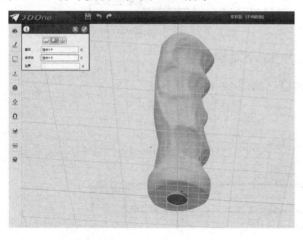
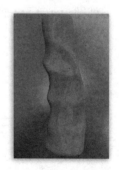

图 12-8  数字模型　　　　　　　　　图 12-9  3D 打印实物

## 12.1.3  制作锤柄

锤柄制作采用普通车削加工，给定的锤柄毛坯尺寸为$\phi$18mm×200mm 的铝棒料。工艺步骤如下。

车削端面，保证长度为 195±0.2mm，两端钻中心孔，如图 12-10 所示。

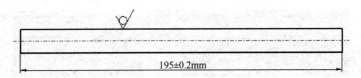

图 12-10 车削端面

粗车 $\phi$14mm 外圆,保证 $\phi$14mm 尺寸精度,如图 12-11 所示。

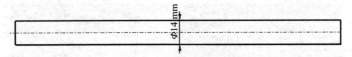

图 12-11 粗车外圆

车削 M10mm 螺纹及 $\phi$10mm×(20±0.5mm)台阶,如图 12-12 所示。

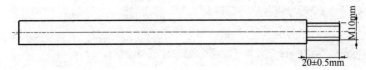

图 12-12 车削螺纹及台阶

根据做好的手柄套内孔尺寸,配做 $\phi$10mm 的外圆,如图 12-13 所示。

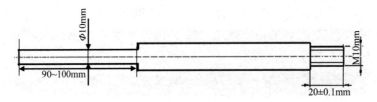

图 12-13 配做外圆

精车外圆,保证 $\phi13.5^{0}_{-0.1}$mm 尺寸精度,如图 12-14 所示。

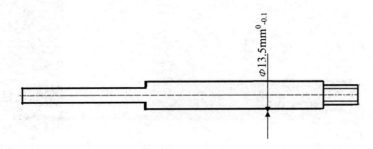

图 12-14 精车外圆

## 12.1.4 制作锤头

锤头尺寸图如图 12-15 所示,毛坯尺寸为 20mm×20mm×107mm。工艺步骤如下。

# 第 12 章 创新实践综合案例

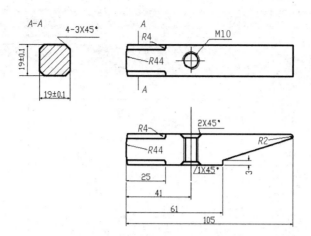

图 12-15 锤头尺寸图（单位为 mm）

锉削平面①～平面⑤，保证平面相互垂直，如图 12-16 所示。
划斜线、锯斜面并锉平，如图 12-17 所示。

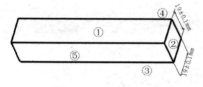 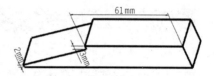

图 12-16 锉削平面　　　　　　　图 12-17 划斜线、锯斜面并锉平

划中心线及高度线，如图 12-18 所示。
划线锉削 4-3×45°，如图 12-19 所示。

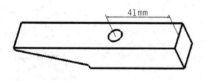 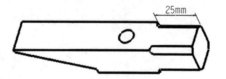

图 12-18 划中心线及高度线　　　　图 12-19 划线锉削

锉削 R2mm、R44mm 圆弧面，如图 12-20 所示。

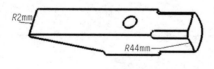

图 12-20 锉削圆弧面

攻螺纹并精加工，即可完成。

## 12.1.5　激光打标

CAD 建模，保存为*.dxf 格式，如图 12-21 所示。此处以学校 Logo 为例，学习者可自行设计各式图样。

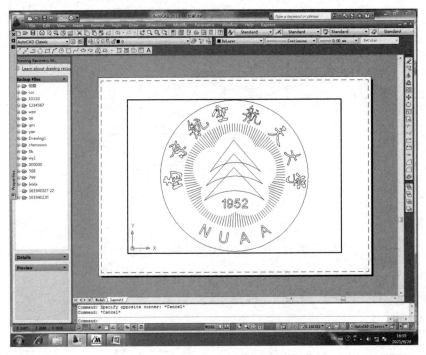

图 12-21　CAD 建模

将上一步完成的*.dxf 格式文件发送到激光打标机的共享文件夹内。

打开 YMmark 软件,导入文件,设置参数即可开始打标。导入文件开始打标如图 12-22 所示。

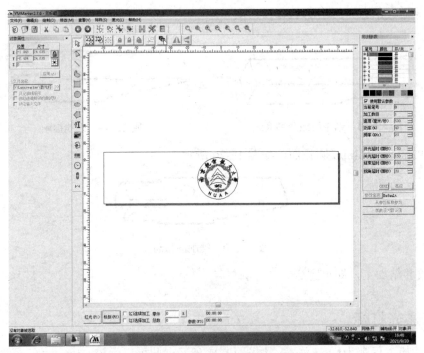

图 12-22　导入文件开始打标

激光打标完成如图 12-23 所示。

图 12-23 激光打标完成

最后将所有零件进行装配，成品如图 12-1 所示。

## 12.2 势能小车设计与制作

本节以全国大学生工程训练综合能力竞赛为背景，设计用重力势能驱动的具有方向控制功能的自行小车，简称势能小车。本节主要从势能小车项目任务、理论模型设计、结构模型设计、制造工艺与经济性分析、调试与验证等方面依次展开，将工程实践问题化繁为简，分步解决。

### 12.2.1 项目任务

依照赛题，需要设计并制作一种具有方向控制功能的自行小车，按照规定赛道自主行进，要求其在行走过程中完成所有动作所需的能量均由给定重力势能转换而得，不可以使用任何其他来源的能量。该给定重力势能由竞赛时统一使用质量为 1kg 的标准砝码（$\Phi$50mm×65mm，碳钢制作）来获得，要求砝码的可下降高度为 400±2mm。标准砝码始终由小车承载，不允许从小车上掉落。势能小车原理示意图如图 12-24 所示。

要求小车具有转向控制机构，且此转向控制机构需要具有可调节装置，以适应放有不同间距障碍物的竞赛场地。按照不同的项目分组，有"S"形赛道常规赛、"8"字形赛道常规赛和"S 环"形赛道挑战赛三个项目组别，其区别在于需要势能小车完成的轨迹。

"S"形赛道如图 12-25 所示。赛道宽度为 2m，沿直线方向水平铺设。赛道按隔桩变距的规则设置障碍物（桩），障碍物（桩）为直径 20mm、高 200mm 的塑料圆棒，要求竞赛小车在前行时能够自动绕过赛道上设置的障碍物。沿赛道中线从距出发线 1m 处开始按平均间距 1m 摆放桩，奇数桩位置不变，根据现场公开抽签的结果，第一个偶数桩位置在±(200～300)mm 范围内进行调整（相对于出发线，正值表示远离，负值表示移近），随后的偶数桩依次按照与前一个偶数桩调整的相反方向进行相同距离的调整。以小车成功绕障数量和前行的距离来评定成绩。每绕过一个桩得 8 分（以小车整体越过赛道中线为准），一次绕过多桩或多次绕过同一个桩均算作绕过一个桩，桩被推出定位圆或被推倒均不得分；小车前行的距离每延长 1m 得 2 分，在赛道中线上测量。

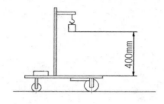

图 12-24 势能小车原理示意图

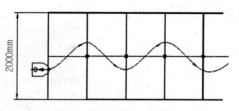

图 12-25 "S"形赛道

"8"字形赛道如图 12-26 所示，竞赛场地在半张标准乒乓球台（长为 1525mm、宽为 1270mm）上，有 3 个障碍桩沿中线放置，障碍桩为直径 20mm、高 200mm 的塑料圆棒，两端的桩至中心桩的距离为 350±50mm，具体数值由现场公开抽签决定。

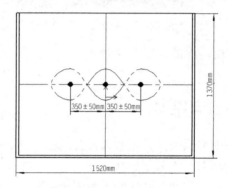

图 12-26 "8"字形赛道

势能小车需要绕赛道中线上的 3 个障碍桩按"8"字形轨迹循环运行，以小车成功完成"8"字绕行圈数的多少来评定成绩。一个成功的"8"字绕障轨迹为 3 个封闭圈轨迹和轨迹的 4 次变向交替出现，变向指的是轨迹的曲率中心从轨迹的一侧变化到另一侧。

"S 环"形赛道如图 12-27 所示，由直线段和圆弧段组合成一个封闭环形赛道，沿赛道中线放置 12 个障碍桩，障碍桩为直径 20mm、高 200mm 的塑料圆棒。势能小车能够在环形赛道上以"S 环"形路线依次绕过赛道上的障碍桩，自动前行直至停止。赛道水平铺设，直线段宽度为 1200mm，两侧直线段赛道之间设有隔墙；沿赛道中线平均摆放 5 个障碍桩，奇数桩位置不变，偶数桩位置根据现场公开抽签结果，在±(200～300)mm 范围内相对于中心桩进行相向调整（相对于中心桩，正值表示远离，负值表示移近）。

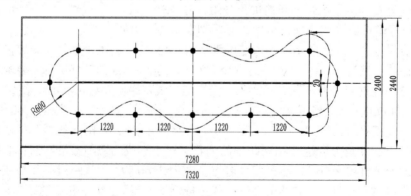

图 12-27 "S 环"形赛道（单位为 mm）

三个项目组别均要求小车为三轮结构。其中一轮为转向轮，另外两轮为行进轮，允许两行进轮中的一个为从动轮。在比赛过程中，小车需要连续运行，直至停止。

## 12.2.2 势能小车理论模型设计

首先分析势能小车的转向结构。依照势能小车的功能要求，可以看出"S"形赛道常规赛、"8"字形赛道常规赛和"S环"形赛道挑战赛的区别在于对势能小车的运行轨迹的要求不同。常见的转向结构包括曲柄推杆式、曲柄连杆式（空间四连杆式）、凸轮式、间歇结构式等。对于"S"形赛道常规赛和"8"字形赛道常规赛，轨迹相对较简单，既可通过空间四连杆式结构实现，又可通过凸轮式结构来实现。此处着重比较空间四连杆式结构和凸轮式结构这两种常用的转向结构，如表12-1所示。

表12-1 常见三轮式势能小车方向控制方案对比

| 转向实现形式对比项 | 空间四连杆式结构 | 凸轮式结构 |
| --- | --- | --- |
| 设计难度 | 较低 | 较高 |
| 调节难度 | 适中 | 适中 |
| 轨迹稳定性 | 较低 | 较高 |

从表12-1中可以看出，空间四连杆和凸轮式结构控制各具优缺点。对于"S环"形赛道挑战赛，由于其要求轨迹的复杂性，无法通过空间四连杆式等简单结构实现，因此必须采用凸轮式结构实现对势能小车的方向控制。为了更加清晰地介绍空间四连杆式和凸轮式这两种转向结构的理论分析，分别以"8"字形赛道和"S环"形赛道为例来进行设计。

**1. 空间四连杆式势能小车**

空间四连杆式结构是3D空间中活动的连杆构成的经典机械结构，应用广泛。"8"字形赛道常规赛要求势能小车绕3个障碍桩呈"8"字形状移动，将空间四连杆式结构应用于"8"字形势能小车方向控制，"8"字轨迹解析模型如图12-28所示（图示仅为一种结构，其具有灵活的布置形式）。平面 $XOY$ 平行于水平面，平面 $YOZ$ 垂直于水平面，且 $Y$ 轴方向为势能小车车头方向。其中 $OA$ 为曲柄，$OA$ 运动轨迹在平面 $YOZ$ 上；$BC$ 为摆杆，可绕 $C$ 点在平面 $XOY$ 内旋转；$AB$ 为连杆。为简化设计可进行如下设定：令 $O$ 点在平面 $XOY$ 上，即曲柄中心在摆杆 $BC$ 运动轨迹所确定的平面上。$BC$ 为前轮摆杆，$A$、$B$ 为球关节。

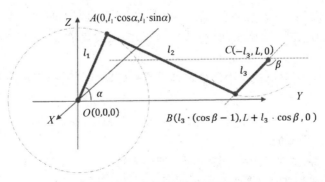

图12-28 "8"字轨迹解析模型

同时基于以上模型，提出以下假设。
- $O$ 为坐标原点，按照图 12-28 所示形式建立坐标系。
- $X$ 轴所在位置为曲柄驱动轴所在位置，$Y$ 轴正方向为势能小车车头方向。
- $A$、$B$ 点为理想球铰，可自由运动。
- $C$ 点为前轮（势能小车转向轮）在平面 $XOY$ 的投影点，$BC$ 为前轮转向杆在平面 $XOY$ 的投影。

通过图 12-28 可以看出，通过调节 $OA$、$AB$、$BC$ 的长度，可使得 $BC$ 在 $OA$ 旋转一周的过程中在平面内不同幅度地摆动。分别以 $l_1$、$l_2$、$l_3$ 来表示 $OA$、$AB$ 和 $BC$ 的长度，$L$ 表示势能小车曲柄驱动轴与转向轮在水平面上沿车前进方向的投影距离。由图 12-28 中 $A$、$B$ 两点坐标表达 $l_2$，从而可建立方程求解转向轮角度 $\beta$。

由于势能小车在沿"8"字轨迹运行时，虽然已经满足了在轨迹上不同位置处势能小车的转弯半径等于轨迹曲率半径，但仍无法直接进行势能小车轨迹设计，因此采用搜索法进行小车轨迹设计，即指定 $l_1 \sim l_3$ 的变化范围，通过各个连杆之间的约束关系和小车结构尺寸初始值（按照经验预设），建立起空间四连杆式结构模型与小车运行轨迹之间的关系，计算小车在曲柄旋转一周之后的位置，通过调节连杆长度来保证轨迹符合要求。

对于空间四连杆式势能小车，其显著特点是在小车行驶过程中，直行状态存在时间极短，小车只有左转和右转两种持续状态。因此，对"8"字轨迹进行分析，可将轨迹按照左转和右转进行分割，如图 12-29 所示。因轨迹的对称性，仅需考虑半个轨迹即可，即在小车行驶过程中，曲柄旋转 2 周，小车完成 1 个轨迹。可以看出小车在曲柄旋转一周过程中左转和右转占的份额不对等。由图 12-29 可以得知，当势能小车在空间四连杆作用下起始姿态和终止姿态成 180°，且所形成的轨迹满足赛道要求时，即可完成轨迹的设计。

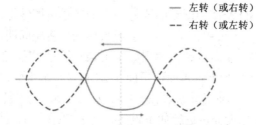

图 12-29 "8" 字轨迹分割示意

对此，依照以上模型，可通过优化 $OA$、$AB$ 和 $BC$ 3 个连杆长度及车身关键尺寸（$L$，驱动轮直径 $d$，传动比 $i$，主动轮和从动轮间距 $m$）来满足所要求的形状。"8"字轨迹优化流程如图 12-30 所示。

① 依照工程经验，为解析模型中各个参量设置初始搜索区间和初始筛选条件，即构成空间四边形的基本条件。

② 通过列方程，在搜索区间中按步长逐一确定参量值，步长可采用粗筛、精筛相结合的方法灵活选取，以节省搜索时间。

③ 通过确定的一组参量，计算势能小车在曲柄旋转一周前后的小车姿态，如图 12-29 中箭头所示，设置条件判断图示位置小车前后两个状态是否接近 180°。

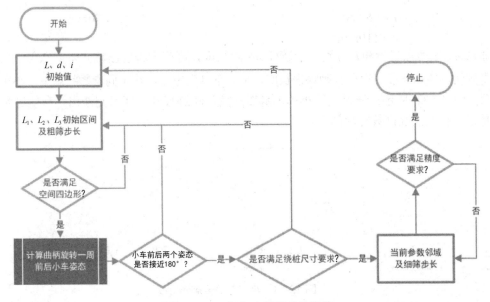

图 12-30 "8"字轨迹优化流程

④ 若满足条件③,则进一步判断小车行驶的轨迹尺寸是否符合赛道要求,否则直接进行下一步搜索。

⑤ 若满足条件④,则采用较小步长进行细筛,进一步精确相关变量的计算精度,直至得到满足精度要求的结果。

针对粗筛一遍没有获得符合要求的参数组,需要先调整小车关键尺寸(如 $L$、$d$、$i$、$m$),再重新进行搜索。

通过以上方式可以得到符合要求的多组参数,为了节省能量与避免碰撞障碍桩,需要设置优化条件进一步优选。对节省能量而言,可直接评价轨迹长度,但轨迹长短与距障碍桩的距离相关,为了行驶安全必须保证小车轨迹与障碍桩之间有较为合理的安全距离,提高小车轨迹的包容性。对此,可采用加权法来综合评价一组参数:

$$V_i = S_i \cdot a_0 + L_{is} \cdot a_1 + L_{ic} \cdot a_2$$

式中,$i$ 表示第 $i$ 个参数组;$V$ 表示参数组综合评价值;$S_i$ 表示此参数组计算出的轨迹长度与各参数组计算出的轨迹长度平均值的比值,进行归一化处理,$S_i = \dfrac{s_i}{\sum s_i / i}$;$L_{is}$ 和 $L_{ic}$ 分别表示势能小车轨迹在绕两边障碍桩(下标为 s)和绕中间障碍桩(下标为 c)时距障碍桩最小距离的归一化值,$L_i = \dfrac{l_i}{\sum l_i / i}$;$a_0$、$a_1$ 和 $a_2$ 分别表示轨迹长度、绕两边障碍桩最小距离和绕中间障碍桩最小距离的权重参数。取 $a_0$ 为负,$a_1$ 和 $a_2$ 为正,选取综合评价值最大的参数组为优。

为了优化连杆长度及势能小车尺寸,需要编程以实现具体优化流程。常用的编程软件包括 MATLAB、Python、C++、JAVA 等,此处选择 MATLAB 作为实例进行具体分析。依照图 12-28 中解析模型及工程经验,确定以下小车参数初始值:

$L_1 = 20\text{mm}$ $\qquad\qquad\qquad\qquad L_2 = 65\text{mm}$

$L_3 = 35\text{mm}$ $\qquad\qquad\qquad\qquad d = 90\text{mm}$

$i = 96/20$                                                             $L = 70\text{mm}$
$m = 110\text{mm}$

通过 $A$、$B$ 两点坐标和 $l_2$ 分别表示连杆 $AB$ 的长度，可列方程解出转向轮姿态角，从而可依次得到轨迹曲率半径、小车行驶路程长度、小车车身姿态角。在不同参数状态下，小车车身姿态角如图 12-31 所示，通过判断小车车身姿态角、轨迹尺寸，即可判断出小车轨迹是否合格、是否能够保证绕桩数圈后的重合度。

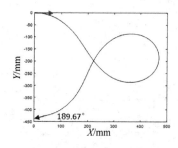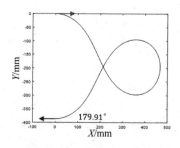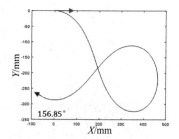

图 12-31　小车车身姿态角

通过 MATLAB 计算出的一组理想参数所绘制的理想"8"字轨迹如图 12-32 所示。中曲线 2 表示的是势能小车转向轮的轨迹，曲线 1 和曲线 3 表示的是小车主动轮和从动轮的轨迹。图 12-32 中的小圆圈表示障碍桩位置，且左右两侧均绘制了两个，分别代表左、右障碍桩的极限位置。可以看出，理论上小车在行驶数圈后，轨迹可以保持较高的稳定性，这为后续的结构设计提供了重要理论依据。

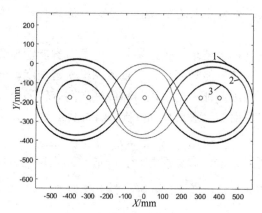

图 12-32　理想"8"字轨迹

**2. 凸轮式势能小车**

凸轮式势能小车的轨迹相对于空间四连杆式势能小车具有更高的灵活性，同时设计更为复杂。"S 环"形赛道轨迹需要采用凸轮式结构来控制方向，以便整个轨迹设计更具灵活性。对赛道进行分析，势能小车按照轨迹运动需要满足两个条件：一是小车从出发到轨迹上任意一点所走的路程长度等于轨迹从起点至小车所在位置整段曲线的弧长积分，即小车每时每刻都在轨迹上；二是对于小车在轨迹上的任意一点，小车驱动轮和转向轮姿态确定的转弯半径与轨迹曲率半径相对应。基于以上分析，势能小车轨迹必须满足二阶导数连续（非解析时采用差商代替导数），可以对要求的赛道进行分段考虑。经过分析，可通过不同振幅、频率的余弦曲线和圆弧曲线的拼接，设置拼接处不同曲线的一阶导数、二阶导数来确定曲线参数，实现赛道轨迹的设计；也可通过余弦曲线与贝塞尔曲线的拼接，实现赛道轨迹半周期的设计，"S 环"形余弦曲线+贝塞尔曲线拼接轨迹方案如图 12-33 所示。同理，可直接采用闭合贝塞尔曲线作为势能小车的运动轨迹，从一个轨迹周期的角度出发整体设计轨迹，这不仅会使势能小车的轨迹更加灵活，还可使轨迹设计更加合理。

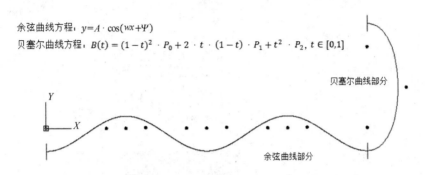

图 12-33　"S 环"形余弦曲线+贝塞尔曲线拼接轨迹方案

以闭合贝塞尔曲线轨迹为例，"S 环"形闭合贝塞尔曲线轨迹方案如图 12-34 所示，整个贝塞尔曲线轨迹由 $P_0 \sim P_{11}$ 共 12 个点控制。通过对"S 环"形赛道分析，可以得出赛道具有较强的对称性，因此，事实上只需要控制 $P_0 \sim P_3$ 共 4 个点便可控制整个轨迹的形状。

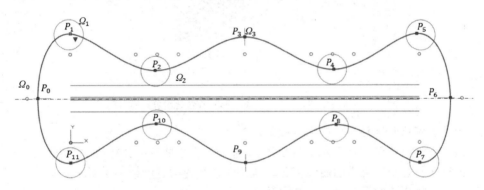

图 12-34　"S 环"形闭合贝塞尔曲线轨迹方案

如图 12-34 所示，点 $P_1$ 和 $P_2$ 的活动区域分别为域 $\Omega_1$ 和 $\Omega_2$，用半径为 $r$ 的圆域表示；点 $P_0$ 和 $P_3$ 因位置特殊，可调范围为域 $\Omega_0$ 和 $\Omega_3$，用长度为 $k$ 的直线域表示。按照以上预设，在域内灵活调整控制点，可得到形状不同但相近的一族曲线。

随后，需要对以上曲线族进行优化。优化目标函数主要包括：轨迹长度、轨迹曲率变化率、小车绕桩时距障碍桩的最小距离。其中优化轨迹长度的主要目的在于节省小车行驶能量，通过减少一个周期势能小车所走轨迹长度来保证小车在有限的能量条件下可以绕过更多的障碍桩，完成更多圈数；优化轨迹曲率变化率的主要目的在于优化凸轮形状，曲率变化越平稳，越有利于凸轮转向的平稳；优化小车绕桩时距障碍桩的最小距离的主要目的在于提高势能小车运行时的包容性。

针对以上模型，需要先通过编写相关程序进行搜索、调整控制点的位置来调整轨迹形状，找出满足轨迹要求的一系列曲线,再通过优化算法进行优选。"S 环"形轨迹优化流程如图 12-35 所示。

① 依照工程经验,初步确定势能小车关键尺寸,包括驱动轮直径 $d$、传动比 $i$、凸轮轴线与转向轮在水平面上的投影距离 $l_1$、主动轮轴线与转向轮在水平面上的投影距离 $l_2$、凸轮与转向轮的横向偏距 $l_3$。

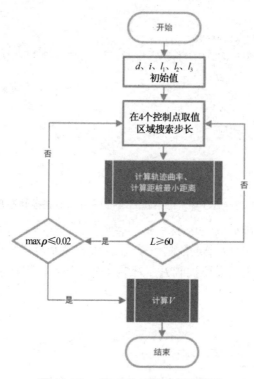

图 12-35 "S 环"形轨迹优化流程

② 指定控制点变化范围,按步长搜索。
③ 按照控制点计算闭合贝塞尔曲线(1/4 部分)各点曲率,计算最大曲率。
④ 计算从起点至任意点的曲线积分、轨迹距各个障碍桩的最小距离。
⑤ 设定距障碍桩的最小距离,暂定≥60mm。
⑥ 设定曲率上限,暂定为 0.02/mm,确保可以搜索到控制点组满足要求。
⑦ 综合评价轨迹性能:$V_i = S_i \cdot a_0 + \max\rho_i \cdot a_1 + L_i \cdot a_2$。

其中,$i$ 表示第 $i$ 个控制点组,用来区分组别;$V$ 表示参数组合的综合评价值;$\max\rho_i = \dfrac{\max\rho_i}{\sum \dfrac{\max\rho_i}{i}}$ 表示控制点组所得轨迹曲率最大值,进行归一化处理;$L_i = \dfrac{l_i}{\sum \dfrac{l_i}{i}}$,表示参数组所得轨迹距障碍桩的最小距离;$S_i = \dfrac{s_i}{\sum \dfrac{s_i}{i}}$,表示此参数组计算出的轨迹长度与各参数组计算出的轨迹长度平均值的比值;$a_0$、$a_1$ 和 $a_2$ 分别为轨迹长度、最大曲率和最小距离的权重参数。

⑧ 取 $a_0$、$a_1$ 为负,$a_2$ 为正,选取综合评价值最大的控制点组为优。

### 12.2.3 势能小车结构模型设计

针对势能小车的理论模型，还需要进行结构方面的细化考虑，才能完成整个势能小车的设计工作。本节主要从势能小车的结构总体设计与结构局部优化两个部分来进行详细说明。

**1. 结构总体设计**

势能小车总体包括支撑结构、转向结构、传动结构、驱动结构4个部分。12.2.2节中所涉及的小车结构初始尺寸，涵盖了转向结构、传动结构及驱动结构，对支撑结构进行简化，方便结果计算。

支撑结构即小车的主体，这里将重物支撑部分、滑轮等均归结于此，主要用来支撑砝码及小车各个部件。在结构设计阶段，支撑结构与转向结构、传动结构、驱动结构密切相关，支撑结构的具体细节直接由转向结构、传动结构、驱动结构决定。势能小车的支撑结构既可采用整体式结构，又可采用分块式结构，也可两者结合使用，需要依照具体结构进行甄别，以保证在有限的经济成本下完成所需结构设计与加工制造。

传动结构的主要功能是将砝码所存储的重力势能转化为动能，驱动小车前进及转向。传动结构通常包括齿轮传动、绳传动、链条传动等，依照功能需要进行相应设计。

驱动结构的主要功能是用传动结构传递过来的动力驱动小车行驶、转向，常见的结构有差速驱动和主从动轮驱动。差速驱动为势能小车轨迹计算设计带来了极大方便，可将研究点定于小车两个驱动轮连线中点；主从动轮驱动的显著特点是结构简单、成本低廉，在进行轨迹研究时需要将研究点定于主动轮上。

转向结构的主要功能是利用传动结构传递过来的动力驱使势能小车前轮进行转向，控制整个小车按照预定轨迹运行。常见的转向结构包括曲柄推杆式、曲柄连杆式（空间四连杆式）、凸轮直推式、凸轮推杆式、间歇结构式等。

各部分之间虽然可以分块考虑，但设计时仍需要协调统一、整体规划，应当遵循"先整体，后局部"的原则。

**2. 结构局部优化**

进行结构总体设计后，还需要有针对性地进行局部设计，以使设计出的结构更好地满足使用要求，达到优化的目的。

1）减重拓扑优化

由于势能小车在竞赛过程中主要对其行驶轨迹进行要求，其他方面（如质量、材质）均不限制。因此，在有限的驱动能量条件下，为使小车能够完成更多的绕桩任务，需要对小车进行拓扑优化设计，在满足强度、刚度、稳定性的前提下尽可能减轻小车质量。既可以从结构方面考虑，又可以从阻尼系数较小的材料方面考虑。例如，相较于普通金属，可以采用亚克力等非金属材料来制作势能小车的轮子，从而减小势能小车行驶过程中的阻力以节省能量。

2）微调结构设计

微调结构对于势能小车而言必不可少。机械加工由于其加工形式、方法、条件，必然会出现加工误差。为了使加工出的零件合乎使用要求，在设计时会有针对性地进行公差标注，重要的尺寸会标注较高公差。势能小车作为一个装配体，其主要的结构尺寸不会与理论模型的尺寸完全一样，因此必须为势能小车设计相应的微调结构来进行误差补偿。微调结构的关键在于方便调节和调节量微细、可控。为了方便调节，微调结构需要设计在结构特殊且对于小车轨迹影响较大的几个点上，一般而言，微调结构有 2~3 处即可。微调处太多不利于控制变量，不能很好地起到调节效果，反而会为小车调试带来不便；微调处太少（如仅 1 处）则极大地限制了轨迹调节的灵活性且极有可能无法调节出预期轨迹。为使调节量微细，可将微分结构灵活运用至微调处，微分头标准件如图 12-36 所示，也可自行设计微调形式，方便制造及使用。

3）快速拆装设计

竞赛过程对势能小车提出了拆装要求，因此小车结构不仅要满足功能需求，还要从简洁、便于拆装的角度进行结构设计，以使设计出的势能小车结构、布局更加合理。快速拆装设计主要可以从安装、定位、配合等角度进行考虑。

图 12-36　微分头标准件

## 12.2.4　势能小车制造工艺与经济性分析

对于势能小车制造，需要从生产设备配置及布局、人力资源配置、质量管理、现场管理等方面综合考虑。

**1. 生产设备配置及布局**

依据势能小车 5000 件/年的生产纲领，即约 20 件/工作日。综合考虑车间生产需要的设备和人员、工时成本、劳动强度等，配置数控铣床 1 台、普通铣床 1 台、数控车床 1 台、普通车床 1 台、钳工装配调试设备及仓库设备辅助。生产流程如图 12-37 所示。

项目主管对整个生产流程进行把控调度、总体规划。车床、铣床负责主要的加工任务，由车床、铣床加工出的零件交到钳工装配调试区进行检验，检验无误后进行组装，再进行整车调试，否则零件返工重新生产。生产配置布局如图 12-38 所示。

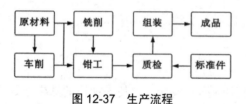

图 12-37　生产流程　　　　　　　图 12-38　生产配置布局

**2. 人力资源配置**

综合考虑小车的批量大小、加工方式、加工精度、装配等的要求，无碳小车的生产共配备 7 人，通过一定的任务分配来达到最大的经济效益，人员分配表如表 12-2 所示。

表 12-2　人员分配表

| 职位 | 人数/人 | 职能 |
| --- | --- | --- |
| 项目主管 | 1 | 负责综合管理、生产计划制定和对外联络，负责调度、指挥和控制现场，并兼任采购工作 |
| 车床工人 | 2 | 数控车床工人、普通车床工人各一名，负责零件的加工，主要进行回转零件的加工<br>数控车床工人负责加工精度尺寸要求较高的表面，其余由普通车床工人完成 |
| 铣床工人 | 2 | 数控铣床工人、普通铣床工人各一名，负责零件的加工，主要进行平面的铣削、钻孔等<br>数控铣床工人负责加工精度尺寸要求较高的表面，其余由普通铣床工人完成 |
| 钳工 | 1 | 负责零件的加工，主要进行零件的攻丝、锯切、锉削等 |
| 质检人员 | 1 | 负责对加工出的零件进行质量管理 |

### 3. 质量管理

按照 ISO9001 标准建立无碳小车生产质量管理体系，从原料、制造、成品 3 个方面进行全面质量控制。质量控制架构如图 12-39 所示。

（1）原材料质量管控。

选择能生产出质量过硬的原材料、外购件的供应商，同时应做好原材料、外购件入库前、出库后的质量把关，杜绝质量异常的原材料及外购件出现，及时记录并向上反馈，相关管理人员及时找出原因，防患于未然。

（2）生产制程管控。

加强工艺管理，严格审查工艺规程，关键工序要安排质检，严防不合格产品流入下一道工序。若产品在制造过程中出现质量异常，则现场管理人员应及时追查原因，并加以处理，做好向上反馈工作。

（3）成品质量管控。

质量检验员应依据成品质量检验标准及检验规范实施质量检验。在每批产品出货前，成品检验员应进行出货检验，并将质量与包装检验结果记录后向主管领导反馈。

### 4. 现场管理

采用 6S 现场管理方法，开展整理、整顿、清扫、清洁、素养和安全 6 项活动，如图 12-40 所示，保持现场工作环境的洁净，实施严格的工艺管理、设备管理、工具管理、计量管理及能源管理。

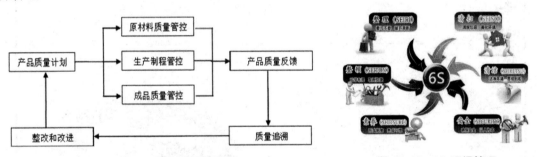

图 12-39　质量控制架构　　　　　　　图 12-40　6S 现场管理

（1）开工前：确保机器处于良好的工作状态，准备好所需的工件器具，对加工现场进行全面检查，区分必需品和非必需品；清扫现场内的脏污，防止污染，保持卫生环境。

（2）作业中：按照《在制品质量标准及检验规范》的规定对划线、打孔、线切割、车削、铣削等各个工序质量进行规范检查。

（3）完工时：按照《在制品质量标准及检验规范》的规定，对零件的尺寸精度进行检验，计量和测试小车的各个零件，必须保证计量器具有明显的合格标识，保证质量数据的准确性；及时清扫设备、工具、量具的油污、灰尘等，规范整理工具、夹具、钳工台、卡盘、钻头、铣刀、车刀和锉刀等，保证工作台面、作业场所干净整洁；定期进行现场检查，保证现场的规范化，并养成习惯。

除上述 3 点外，在整个生产周期内各部门都应严格遵守 6S 规则。通过整理、整顿将加工及设计区域内所有物品进行统一规划标识，消除过多的积压物品，防止误用，塑造清爽的工作场所，同时进一步进行清扫，保持工作区域清洁，稳定品质，减少工业伤害。

### 5. 加工工艺安排示例

工艺设计方案 The Process Plan

第六届全国大学生工程训练综合能力竞赛
The 6th National Undergraduate Engineering Training Integration Ability Competition

共 4 页　第 1 页
编　号
(赛务工作人员填写)

# 机械加工工艺过程卡片 Machining Process Card

| 第六届全国大学生工程训练综合能力竞赛 The 6th National Undergraduate Engineering Training Integration Ability Competition | | | | | | 共4页 | 第2页 | 编号 | |
|---|---|---|---|---|---|---|---|---|---|
| | | | | | | 产品名称 | 无碳小车 | 生产纲领 | 5000件/年 |
| 材料 | LY12 | 毛坯种类 | 铸件 | 毛坯外形尺寸 | Ø175mm×23mm | 零件名称 | 从动轮 | 生产批量 | 420件/月 |
| 序号 | 工序名称 | 工序内容 | | | 每毛坯可制作件数 | 1 | 每合件数 | 1 | 备注 |
| | | | | | 工序简图 | | 机床夹具 | 刀具 | 量具辅具 |
| 05 | 铸造 | 1、从动轮金属压力铸造；<br>2、清砂、去毛刺；<br>3、时效处理 | | | Ø175<br>6×Ø40EQS<br>Ø16 Ø40<br>23<br>9<br>技术要求：<br>1. 未注倒角C3，拔模斜度1：3<br>2. 未注几何尺寸公差按GB6414<br>铸件尺寸公差<br>3. 铸件表面不允许有裂纹、裂缝、缩松、穿透性缺陷<br>（单位：mm） | | | | 游标卡尺<br>（0~150mm） |
| 10 | 车 | 三爪卡盘软爪夹Ø175mm外圆：<br>1、车端面，保证台肩长15mm；<br>2、车Ø40mm台肩至Ø36mm；<br>3、倒角C2 | | | 15 36 C2<br>（单位：mm） | | 普通车床、三爪卡盘 | 90°外圆偏刀 | 游标卡尺<br>（0~150mm） |
| 标记 | 处数 | 更改文件号 | 签字 | 日期 | | 编制（日期） | 审核（日期） | 标准化（日期） | 会签（日期） |

工时（min）: 4, 3

| 第六届全国大学生工程训练综合能力竞赛 The 6th National Undergraduate Engineering Training Integration Ability Competition || 机械加工工艺过程卡片 Machining Process Card ||| 产品名称 | 无碳小车 | 编 号 | |
|---|---|---|---|---|---|---|---|
| | | | | | 零件名称 | 从动轮 | 生产纲领 | 5000件/年 |
| | | | | | 每合件数 | 1 | 生产批量 | 420件/月 |
| 材料 | 毛坯种类 | 铸件 | 毛坯外形尺寸 | ∅175mm×23mm | 每毛坯可制作件数 | 1 | 共4页 第3页 |||
| 序号 | 工序名称 | 工序内容 ||| 工序简图 || 机床夹具 | 刀具 | 量具辅具 | 备注 | 工时(min) |
| 15 | 车 | 三爪卡盘软爪夹∅36mm外圆:<br>1. 半精车端面至从动轮厚19.2mm,外圆至∅170.2mm,倒角C3;<br>2. 精车端面,保证19±0.05mm,外圆至∅170$^{+0.022}_{-0.018}$mm;<br>3. 粗镗孔至∅18.8mm;<br>4. 精镗孔至∅19$^{+0.021}_{0}$mm ||| (单位: mm)<br>Ra 3.2<br>∅170$^{-0.022}_{-0.018}$<br>∅19$^{+0.021}_{0}$<br>C3<br>19±0.05<br><br>(√)<br>R30 R70 ∅100<br>12×∅10DEGS<br>6×40DEGS<br>Ra 1.6<br>∅195$^{+0.021}_{0}$ ∅36 C2 C3<br>∅170$^{+0.022}_{-0.018}$ 19±0.05 || 数控车床、三爪卡盘 | 62.5°菱形车刀、双刃镗刀 | 游标卡尺(0~200mm)、∅19mm塞规、外径千分尺(150~175mm) | | 5 |
| 20 | 检测 | 抽样检验、合格品入库 ||| | | | | 游标卡尺(0~150mm)、∅19mm塞规、外径千分尺(150~175mm) | | 3 |
| | | | | | | 编制(日期) | 审核(日期) | 标准化(日期) | 会签(日期) ||
| 标记 | 处数 | 更改文件号 | 签字 | 日期 | | | | | | |

# 第12章 创新实践综合案例

| 第六届全国大学生工程训练综合能力竞赛<br>The 6th National Undergraduate Engineering Training Integration Ability Competition | 加工工艺分析<br>Processing Technology Analysis | 共 4 页 | 第 4 页 | 编 号 | |
|---|---|---|---|---|---|
| | | 产品名称 | 无碳小车 | 生产纲领 | 5000件/年 |
| | | 零件名称 | 从动轮 | 生产批量 | 420件/月 |

**1、零件加工工艺性分析**

从动轮是铝合金的盘形零件。在中批量生产中,轮体先铸造再车削加工,提高材料利用率,节约加工时。在车削加工中,利用软爪三角卡盘装夹定位,保证精度便于批量生产,采用两步车削工序作业,加工尺寸稳定,尺寸一致性好。

**2、零件加工机床选择**

使用普通车床与数控车床。数控车床可数控车床而普通车床完成加工,降低加工成本。

**3、零件装夹定位方式及工装选择**

车床用三爪卡盘装夹。粗、精车采用三爪卡盘软爪装夹,轴向定位,提高定位精度,防止夹伤零件表面(车轮外圆 $\emptyset 170^{+0.022}_{-0.018}$mm 与轴承孔 $\emptyset 19^{+0.021}_{0}$mm 与外圆轮廓 B 的同轴度 $\emptyset 0.02$mm 要求。

**4、加工刀具选择**

车刀:工件粗车采用90°外圆偏刀,外径千分尺,粗、半精车、精车采用62.5°菱形车刀。镗刀:选用短柄双刃通孔镗刀。

**5、关键部位精度检测方法、误差分析及解决方案**

(1)检测使用游标卡尺,外径千分尺和塞规。标注公差要求 $\emptyset 19^{+0.021}_{0}$mm 的孔用塞规测量, $\emptyset 170^{+0.022}_{-0.018}$mm 的外径用规格为 150～175mm 的外径千分尺测量,其余用 0～150mm 游标卡尺测量。

(2)影响驱动轮精度的主要因素如下。

a、$\emptyset 19^{+0.021}_{0}$mm 的孔要与轴承配合,粗镗后精镗,用 $\emptyset 19$mm 塞规检查。

b、$\emptyset 170^{+0.022}_{-0.018}$mm 外轮廓与轴承孔 $\emptyset 19^{+0.021}_{0}$mm 之间的同轴度 $\emptyset 0.02$mm 要求。在数控车床上,一次装夹完成孔与外圆的加工,轴承孔 $\emptyset 19^{+0.021}_{0}$mm 与端面 A 的垂直度 0.05mm。

(3)采用数控车床软爪三爪卡盘,一次定位,完成从动轮外圆加工与孔的粗、精镗。

### 12.2.5 势能小车调试与验证

势能小车从计算、设计到绘图、加工及装配,基本完成了准备工作。小车的性能如何,很大程度取决于调试结果和小车发车时的准备状态,两者缺一不可。即对于势能小车,想要按照要求充分利用能量完成绕桩任务,有两个前提:一是小车经过调试后状态良好,能够满足赛道轨迹要求;二是小车发车时砝码高度满足要求,发车位置在发车区域内,且发车位置在理论轨迹对应点处,转向结构在对应姿态。

**1. 小车启动调节**

依照竞赛题目要求,势能小车在出发时,砝码高度限制在 400±2mm,达到高度要求且小车在发车区域才可发车。这一点仅是必要条件,在满足这一条件的基础上,小车在赛道上的位置、姿态(车身方向),以及小车转向结构姿态(转向轮方向)需要参赛选手在发车区域内不断调节。

以"8"字势能小车为例进行说明。"8"字势能小车传动结构展开如图 12-41 所示。砝码下落带动绕线轴旋转,由齿轮将动力传递至曲柄,曲柄将一部分动力通过空间四连杆式结构用以转向控制,另一部分动力由曲柄轴上的齿轮传递至主动轮的驱动轴,驱动小车前进。

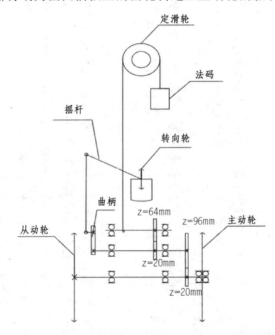

图 12-41 "8"字势能小车传动结构展开

为使轨迹平稳,小车应匀速运行。但由于小车从静止状态转变为匀速运动状态需要一个加速过程,且由静摩擦转化为滚动摩擦,因此小车在启动时和平稳运行时所需的驱动力矩不同。

以势能小车整体为研究对象,小车所受摩擦力为

$$f = \mu(M + m)g$$

式中,$M$ 为砝码质量(kg);$m$ 为小车质量(kg);$\mu$ 为小车与赛道的摩擦因数。

## 第 12 章 创新实践综合案例

通过分析，小车所受摩擦力主要作用在主动轮上，因而小车整体所受摩擦力矩为

$$M_f = \mu(M+m)g$$

当小车处于匀速运动状态时，由牛顿第二定律可得

$$T - M_f = 0$$

式中，$T$ 为小车匀速直线运动时所需驱动力矩。设 $T_s$ 为小车启动时所需力矩，则有

$$T_s > T$$

同时，为了平稳启动，$T_s$ 应当逐渐过渡至 $T$，以保证加速度不发生突变。

现有相关技术通常在势能小车顶部装定滑轮。采用绳轮结构将砝码重力作用于绕线轴上，绕线轴结构如图 12-42 所示，这是一种驱动力矩过渡结构，即将绕线轴设计为梯形，通过将绳子绕在不同直径上来实现不同驱动力矩的变化调节。

梯形绕线轴理论上虽然可以实现驱动力矩的变化，但通过实践发现，在绕线时引入了其他问题。绳子将砝码与驱动小车前进的齿轮副相约束，从而也约束了小车转向轮姿态与砝码高度之间的关系。由于设计方面的原因，在装配小车时必须先将绳子的有效长度调节合适，使得小车转向轮姿态与砝码高度相匹配，才能解决这一问题。因此，这对小车装配提出了较高要求。与此同时，在经验指导下，绳子会因为长时间使用或其他原因而发生长度变化的现象，最终给小车的启动造成不便。

针对以上问题，采用一种势能小车变矩启动装置，首先将砝码高度调节和小车转向轮姿态调节分离；其次针对势能小车在启动时需要较大力矩，在行驶过程中需要较小力矩这一特点，设计了一种平稳加力结构，辅助势能小车启动。势能小车变矩启动装置如图 12-43 所示。

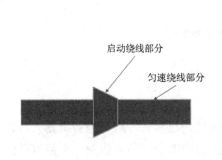

1—加力臂；2—输入绕线筒；3—定位轴套；4—加力臂定滑轮；
5—加力臂轴；6—输出绕线筒；7—单向轴承

图 12-42 绕线轴结构　　　　图 12-43 势能小车变矩启动装置

势能小车变矩启动装置可作为一个整体安装于势能小车顶部。加力臂结构一端与双绕线筒结构同轴安装，并在其间装有单向轴承，加力臂结构可绕该轴线旋转，当势能小车启动时，加力臂与水平方向成一定夹角，随着小车的启动，加力臂与输出绕线筒同步旋转，此过程加力臂与水平方向夹角逐步增大，直至加力臂与水平方向成 90° 后不再作用于输出绕线筒。加力臂的实际使用角度可以根据实际场地情况灵活调节，以充分节省能量。同轴安装的双绕线筒结构包括输出绕线筒和输入绕线筒，其间装有单向轴承，输入绕线筒可在输出绕线筒不动的情况下单独旋转，从而调节砝码高度。在小车结束启动过程正常行驶时，输入绕线筒与输

出绕线筒同轴同步旋转,驱动小车继续行驶。输出绕线筒和输入绕线筒的绕线半径成一定比例,输出绕线筒与小车绕线轴通过绳子相连,输入绕线筒与砝码通过绳子相连,可实现在不改变小车轨迹设计时的传动比(不改变轨迹形状)的前提下改变小车的驱动力矩,充分利用砝码的重力势能。输入绕线筒边缘设计有滚花结构,便于小车在发车准备阶段调节砝码高度和启动力臂与水平方向的夹角。

**2. 小车调试验证**

势能小车调试主要是指通过调节所设计的微调结构来补偿制造、装配为小车引入的模型误差,缩小与理论模型之间的差别,充分发挥小车的性能。

势能小车微调结构一般有 2~3 处,可调变量对轨迹的影响程度、效果不尽相同。连杆、摇杆变化时的轨迹离散度如图 12-44 所示,有学者进行了空间四连杆式结构中连杆长度和摇杆长度对轨迹影响程度的探究。从图 12-44 上可以清晰地看出,由于在连杆和摇杆长度变化率相同时,连杆长度对轨迹的影响程度更大,因而在小车设计时,连杆上需要设计较为精细的微调结构。调试者需要对理论模型进行分析,评价可调变量之间的耦合关系,通过不断尝试与观察,并逐步调节,使得势能小车显现预期的状态。

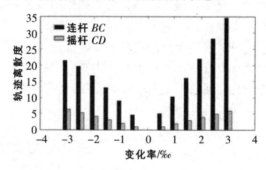

图 12-44 连杆、摇杆变化时的轨迹离散度

## 12.3 跨障越野机器人的设计

跨障越野机器人是针对不同任务和特殊环境具有适应性的机器人。跨障越野机器人可以在人不能到达或不便到达的环境中进行作业,还可用于工业中的一些险难作业,不但可提高产品的质量与产量,而且对保障人身安全、改善劳动环境、减轻劳动强度、提高劳动生产率、节约原材料消耗及降低生产成本,有着十分重要的意义。非结构环境中的多功能全自主的跨障越野车技术一直是机器人研究中的热点问题之一。

### 12.3.1 项目任务

自主设计并制作一款能跨越各个障碍物的越野机器人。该机器人能够在规定场地内从出发区出发,沿着黑色引导线,跨越各个障碍物,最后到达终点。机器人工作场地如图 12-45 所示。障碍物分别为模拟工业用栅格地毯、台阶、管道、斜坡桥。

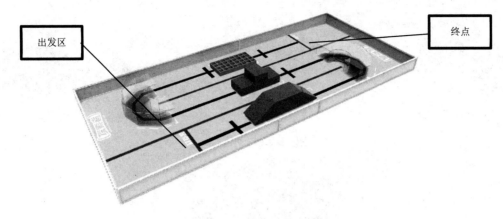

图 12-45 机器人工作场地

## 12.3.2 机器人功能分解

根据任务要求,我们把机器人要实现的机械运动分为直行、转弯和越障。

## 12.3.3 机器人功能原理分析

**1. 机器人直行和转弯**

机器人直行和转弯可以采用行走、行驶、履带式等方式实现。

行走方式:模仿人和动物迈步行走的原理完成移动功能,有两足、四足、多足和爬行等形式,如图 12-46 所示。采用行走方式的机器人能适应较复杂的环境,移动速度相对慢,一般要求有特殊的机械结构和健壮的控制方式,难点是步态控制与协调。

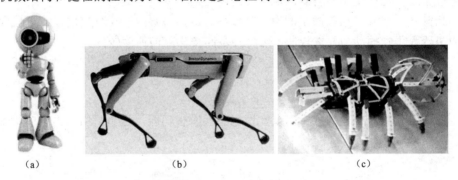

(a)　　　　　　　　(b)　　　　　　　　(c)

图 12-46 行走方式

行驶方式:通过轮子的转动实现移动,有三轮、四轮、多轮、全向轮和麦克纳姆轮等形式,如图 12-47 所示。一般通过差速机构和前轮转向机构来完成转弯功能。行驶方式在普通平坦路面上具有较高的移动效率,机械结构相对简单,但轮式结构不适应复杂地形。

履带式:采用装甲运兵车或坦克的移动原理实现移动,有单履带和多履带等形式,履带式结构如图 12-48 所示。移动是由驱动扭矩通过驱动轮使履带与地面间产生摩擦、相互作用而实现的,当驱动力大于滚动阻力与牵引阻力之和时,就产生了前进移动的力。履带式结构的传动效率比较高,移动时重心波动很小、运动平稳,使用地形范围较广,机械结构相对简单。

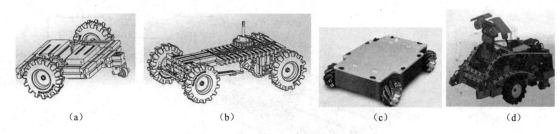

图 12-47 行驶方式

图 12-48 履带式结构

**2. 越障功能**

机器人要越过的障碍物为栅格地毯、台阶、管道和斜坡桥。分析障碍物特点，栅格地毯和管道比较简单，这里要解决的是如何爬台阶和斜坡桥，常用的攀爬方式有以下 3 种。

动力式：利用机器人本身的冲力实现机器人爬升的目的，这样可以避免行走状态的切换，一般采用履带式结构为宜。

行星轮式：这是目前研究机械爬坡的主流方案，如行星轮式爬楼梯轮椅、提菜小车等可以兼顾平地行走和爬楼梯功能，是比较理想的爬楼解决方案。

抬升式：抬升式结构通常的设计是在前方或后方设立一个独立前足，分段爬升，该种方案对机器人本身的动力要求较低，可爬升较高楼梯，但速度较慢且设计较复杂。

### 12.3.4 机器人运动方案设计

综合以上功能原理的分析，要实现机器人所有功能，这里采用动力式单履带结构运动方案，如图 12-49 所示。

图 12-49 动力式单履带结构运动方案

机器人直行的驱动方式是两个直流编码电动机先驱动两个轮子并带动履带转动，履带再带动前后轮转动实现移动功能。当机器人直行时，左右电动机同步中速旋转；当机器人右转时，左电动机顺时针转动，右电动机停止或逆时针转动，根据转弯弯度的不同，设置成不同的差速；当机器人左转时，右电动机顺时针转动，左电动机停止或逆时针转动，同样根据转弯弯度的不同，设置成不同的差速；当机器人越障时，左右电动机同步高速旋转。为了实现爬台阶的功能，这里采用前方大轮、后方小轮的结构，利于爬坡和上台阶。

## 12.3.5 机器人控制方案设计

根据机器人的运动方案，我们把机器人控制要完成的功能分为机器人循迹功能、机器人越障功能两个部分。

**1．控制板选择**

ROBOTICSTXT 控制板有 8 个输入和 8 个输出，可以带动 4 个 9V 直流电动机工作，符合机器人对控制的要求。

**2．传感器的选择**

场地轨迹为 20mm 宽的黑线，整个行程为一个环形。这里选择 1 个红外轨迹传感器装在机器人底盘来完成检测轨迹的功能。机器人在平滑路面行驶，为了达到循迹功能，机器人速度不能过快，但是在跨障时，过小的速度无法驱动机器人越障，这里选择 1 个超声波距离传感器装在机器人身前来完成对前方障碍物的预测判断。

1）红外轨迹传感器

当前选择的红外轨迹传感器为 2 路，机器人与轨迹的相对状态如表 12-3 所示。

表 12-3　机器人与轨迹的相对状态

| 机器人位置/传感器信号 | 信号 1 | 信号 2 |
| --- | --- | --- |
| 在中间 | 0 | 0 |
| 在右边缘 | 0 | 1 |
| 在左边缘 | 1 | 0 |
| 脱轨 | 1 | 1 |

2）超声波距离传感器

当机器人检测到前方 20mm 处（根据不同障碍物的特点分别选择不同的距离）有障碍物时，机器人跳出循迹状态，进入越障过程，左右轮同步高速越过障碍物。

**3．硬件电路设计**

输入口 I1、I2：红外轨迹传感器信号。

输入口 I3：超声波距离传感器信号。

输出口 M1：左电动机。

输出口 M2：右电动机。

**4．控制程序**

主程序如图 12-50 所示，循迹子程序如图 12-51 所示，越障子程序如图 12-52 所示。

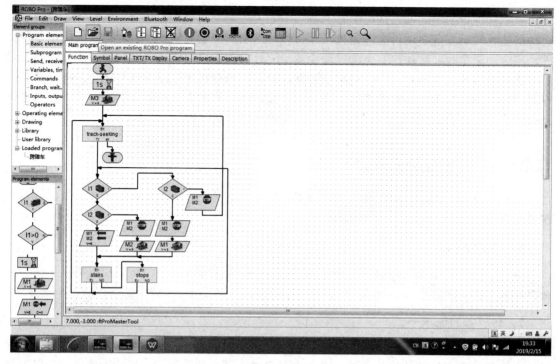

图 12-50　主程序

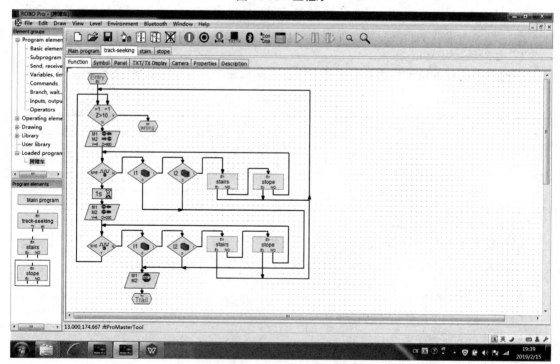

图 12-51　循迹子程序

第 12 章　创新实践综合案例

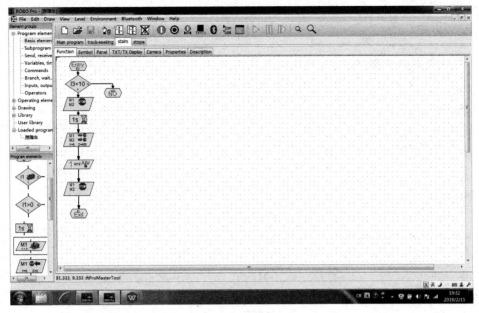

图 12-52　越障子程序

## 12.4　创意陶瓷花器的设计

随着社会的发展和生活水平的不断提高，人们的审美情趣随之提升，传统的陶瓷花器已不能满足人们的需要。现代陶瓷花器设计除对传统陶瓷花器形制的延续、创新外，更多的是要与当代文化艺术结合，融入情感元素，分析具象与抽象的转化，从而设计并制作出适合当代生活的、集实用与观赏于一体的花器。

### 12.4.1　项目任务

自主设计并制作一款富有传统元素的现代陶瓷花器（见图 12-53 和图 12-54）。花器以陶或瓷为原料，使用所学成型、装饰工艺进行制作，使作品不仅具有实用功能，还有一定的趣味性、创意性，融合现代审美观念及创作者个人情感的表达，将艺术与生活紧紧地联系在一起，让人从中享受到自然的回归。

图 12-53　现代陶瓷花器 1

图 12-54　现代陶瓷花器 2

## 12.4.2 项目分析

**1. 陶瓷花器的造型设计**

图 12-55 具象形态的陶瓷花器

（1）具象形态的陶瓷花器。

具象形态的陶瓷花器如图 12-55 所示，其主要是对自然界存在的物体及现有物品的模仿、变形，通过对大自然或现有物品的素材进行筛选、借鉴，在模仿后进行创作，对器皿赋予一定的寓意，并进行材料转换。大家可搜集一些自然物或现成品，如树枝、花、山石、衣物、生活用品、古代器物等。

（2）抽象形态的陶瓷花器。

抽象形态的陶瓷花器经过高度概括，对传统器型进行扭曲、分割、拼接等变形处理，具有自由、灵活、流畅、几何化等造型特征，如图 12-56 所示。抽象形态的陶瓷花器在设计中融入情感，集合了理性美与感性美，在设计中通过点、线、面、体的转换来传达不同的情感。

点在陶瓷花器造型中最常见，通过应用点的数目、大小、位置、排列等设计，进行情感的传达。

在陶瓷花器设计中，线的应用较广。以直线为主的花器给人严肃、规整的感觉；以曲线为主的花器给人生动、活泼的感觉，以曲线为主的陶瓷花器如图 12-57 所示。由几何形体构成的陶瓷花器给人简洁、理性的感觉；由非几何形体构成的陶瓷花器给人生动、自然的感觉。

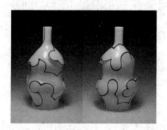

图 12-56 抽象形态的陶瓷花器

图 12-57 以曲线为主的陶瓷花器

**2. 山石主题的花器设计**

（1）形态设计。

山石主题融合了具象形态与抽象形态。首先选择合适的传统器型并将其变形扭曲、切割、重组，再搜集山石素材，捏塑后与器皿黏连成一个整体。在搜集素材时，可以选择山石主题的雕塑、剪纸图案、书法、国画等，提取适合的元素进行整合。

（2）制作。

用泥片成型法制作花器的下半部分，切割几片不规则泥片，刮毛接触面，抹上泥浆进行黏和，接缝处用泥条黏补。待坯体稍微晾干便可进行下一步操作。器皿的上半部分用泥条盘筑法进行制作，泥条盘筑适合制作不规则造型，造型较易把控。先将泥块捏成长条，再放置桌面，用双手手心将之搓成手指粗细，当盘筑时，注意每层泥条之间抹上泥浆，手指均匀用力将之按压牢固，以免干燥后开裂分层。依据设计形态，盘筑好后将器皿表面抹光滑，与泥片成型的部分衔接自然、浑然一体。成型完毕便可进行装饰，需要镂空的地方先用铜管锉孔，再用不锈钢刀镂空成需要的形状。接着用手捏成型法捏制几组山石雕塑，用泥浆黏至器皿表面，确保黏连牢固。待坯体稍晾干，用鬃毛刷子沾化妆土在花器表面涂刷，注意肌理效果的表现。待坯体完全干燥后素烧，最后上透明釉中温烧成。花器制作过程如图12-58所示。

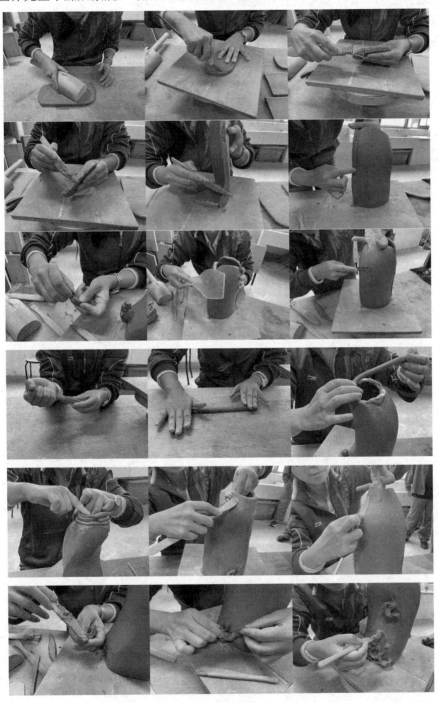

图12-58 花器制作过程

思考题

1. 简述跨障越野机器人的设计过程。
2. 简述势能小车设计要考虑哪些因素。
3. 常见的转向结构有哪些？各有什么特点？
4. 势能小车的总体设计有哪些？

# 参考文献

[1] 周燕飞，刘润，张莉，等．现代工程训练[M]．北京：国防工业出版社，2009．
[2] 陈蔚芳．机床数控技术及应用[M]．北京：科学出版社，2014．
[3] 苑海燕．数控加工技术教程[M]．北京：清华大学出版社，2009．
[4] 晏初宏．数控机床[M]．北京：机械工业出版社，2002．
[5] 涂勇，李建华．数控铣削编程与操作[M]．北京：机械工业出版社，2019．
[6] 贺小涛，曾去疾，汤小红．机械制造工程训练[M]．长沙：中南大学出版社，2003．
[7] SIEMENS 公司．SINUMERIK 828D 操作和编程手册[Z]．2013．04 版本．
[8] 吕常魁．工程训练中的 DNC 教学实践[D]．南京：南京航天航空大学学报，2006．
[9] 蒋召杰．初级装配钳工技术[M]．天津：天津科学技术出版社，2017．
[10] 周宇明，陈运胜．钳工工艺学[M]．重庆：重庆大学出版社，2016．
[11] 张国瑞，王慧．钳工技术[M]．北京：北京理工大学出版社，2015．
[12] 唐仲明．钳工[M]．济南：山东科学技术出版社，2006．
[13] 童永华，冯忠伟．钳工技能实训（第四版）[M]．北京：北京理工大学出版社，2018．
[14] 刘元义．工程训练[M]．北京：科学出版社，2016．
[15] 王志海．机械制造工程实训及创新教育教程[M]．北京：清华大学出版社，2018．
[16] 刘承等．光学测试技术[M]．北京：电子工业出版社，2013．
[17] 沙定国．光学测试技术[M]．北京：北京理工大学出版社，2010．
[18] 埃里克·P．古德温．光学干涉检测[M]．杭州：浙江大学出版社，2014．
[19] 朱才德．钣金工艺学[M]．北京：机械工业出版社，1992．
[20] 陶长根．钣金工艺学（中级）[M]．哈尔滨：哈尔滨工程大学出版社，1989．
[21] 《钣金技术》编写组．钣金技术[M]．北京：国防工业出版社，1974．
[22] 季林红，阎绍泽．机械设计综合实践[M]．北京：清华大学出版社，2011．
[23] 郭仁生．机械设计基础[M]．北京：清华大学出版社，2011．
[24] 景维华，曹双．机器人创新设计—基于慧鱼创意组合模型的机器人制作[M]．北京：清华大学出版社，2014．
[25] 全权．多旋翼飞行器设计与控制[M]．北京：电子工业出版社，2018．
[26] 冯新宇，范红刚，辛亮．四旋翼无人飞行器设计[M]．北京：清华大学出版社，2017．

# 反侵权盗版声明

电子工业出版社依法对本作品享有专有出版权。任何未经权利人书面许可，复制、销售或通过信息网络传播本作品的行为；歪曲、篡改、剽窃本作品的行为，均违反《中华人民共和国著作权法》，其行为人应承担相应的民事责任和行政责任，构成犯罪的，将被依法追究刑事责任。

为了维护市场秩序，保护权利人的合法权益，我社将依法查处和打击侵权盗版的单位和个人。欢迎社会各界人士积极举报侵权盗版行为，本社将奖励举报有功人员，并保证举报人的信息不被泄露。

举报电话：（010）88254396；（010）88258888
传　　真：（010）88254397
E-mail：　dbqq@phei.com.cn
通信地址：北京市海淀区万寿路173信箱
　　　　　电子工业出版社总编办公室
邮　　编：100036